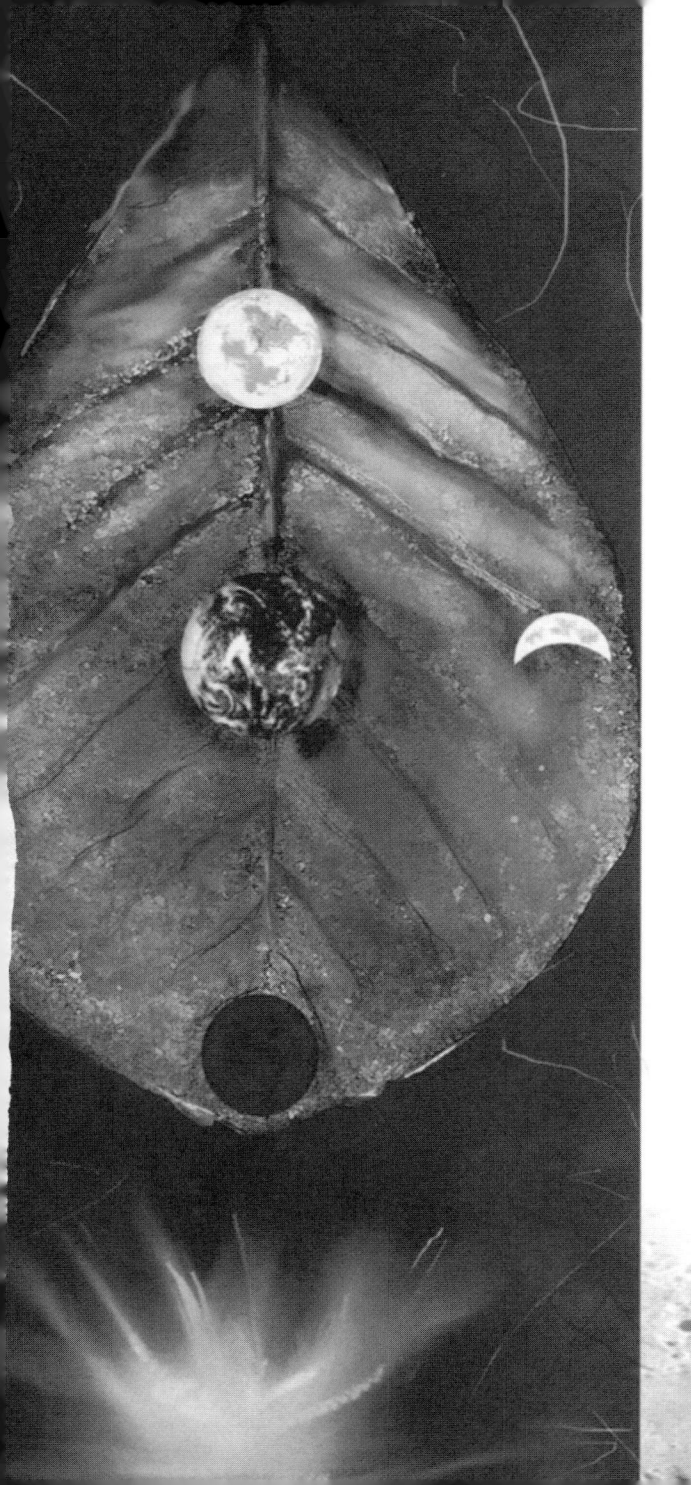

LA LUNA

月と農業

中南米農民の有機農法と暮らしの技術

Jairo Restrepo Rivera

ハイロ・レストレポ・リベラ著
日本語版監修：福岡正行・小寺義郎
訳：近藤恵美

はじめに —日本の読者のために

　日本では今はどんな山奥に行っても電気の灯りがある。おかげできれいな夜空を見上げることがめっきり少なくなった。停電でもおきれば別かもしれない。しかしたとえ停電になっても、今度はビルや山が邪魔をして、全天の星を仰ぎ見るなどということはおそらくできない。そうしたことは富士山の頂上にでも行かない限り現在の日本では無理になったと思う。

　それに比べ、以前滞在したボリヴィアの標高1600mの高地や、ニカラグアのサボテン畑の真ん中で見た夜空はすごかった。そこでは何も遮るものとてなく、「満天の星空」がその表現のままに星で溢れかえっていた。寝室の窓から寝ながらにして見た北斗七星や南十字星、天高くかかるさそり座、流れ星も毎夜確実に数個は観測できるその空は、日本ではとうてい味わえないものだった。とにかくすごい星の数であった。

　しかしそんな星の迫力にもまして私が驚いたのは地平線から昇る満月の大きさだった。月にはカニやサルがいる、ウサギが餅を搗いているなどのお伽話の世界が、なぜだか現実のものとも思えてくるほどに圧倒的な迫力をもち、存在している。彼の地では、緯度の低さということもあるけれど、星だけでなく月も近くて大きいのだった。そして思ったことは、大きさ、近さは別にして、月の存在感というものはかつての日本でも確かにあったのではないかということだ。そんな以前の話でなく、ついこの間までは、日本でも月はもっと身近だったはずだ。

　第一に、農業がそうだった。かつての暦、旧暦は月の満ち欠け、月齢を取り入れたもので、それが農事暦になっていた。たとえば、私の故郷京都を代表する漬物のスグキは、タネを播く日が旧暦の8月28日と決められていた。これは、漬け込む時期の気温を考慮したのだろうが、三日月から満月になる頃に収穫できるようにしたためだと聞いている。

　一般の暮らしの中にも旧暦は身近だった。以前は春になると潮干狩りに行く習慣があったが、いつでもよいのでなかった。旧暦の3月3日がよいとされたものである。なぜならこのときに海が大潮になり、水が引いて大きな干潟が出現するからだ。本書にもあるが、じつは海の満ち干は月の動きと関わりがある。旧暦の3月3日はちょうど新月から月が膨らみ始めていく頃にあたっていて、このとき月・太陽・地球は一直線に並んで、太陰潮と太陽潮とが重なりあい、高低差が大きい大潮となるのである。

　また多くの太公望たちは、もう一つの大潮である満月の夜は魚釣りに適さないことを知っている。満月に映し出される人の影や、あやしげなエサを魚が警戒するからである。

　このように月はわれわれの日常生活と密接に関連して、私たちの暮らし、生産に一定の存在感をもっていた。それが今日なくなり、ことさら意識などしなくなっているのだが、多くの国では現在も太陰暦を中心とした生活が営まれている。その証拠にお隣の中国・台湾はもとよりイスラム諸国、中南米の農業関係機関提供のカレンダーには必ず月齢が記載されているのである。

○

　本書の舞台になっている中南米の農村では、今日でも月はとても大事な存在だ。現実の問題として月明かりがある。こうした農村では便所は母屋から10mぐらい離れたところにある。夜にそこで用をたすときは、月明かりが頼りだ。そのときに自然と月を見上げ、月齢がわかる。今がどんな月で、どんなことをしたらよいか、あるいはしてはいけないかが意識される。どこに行っても光に溢れる日本とは違う暮らしがそこにはある。だからボリヴィアやニカラグアの農家に月と農業の関係はこうで、このように作物に影響するという話をしても、あまり関心はもたれない。すでに彼らにとって月との関わりは理屈でなく、子々孫々伝えられた農業のやり方そのもの、作法として身に付いたものとなっているからだ。

　私が経験したことでいえば、こんなことがある。ある農家にタケを買いに出掛けたときのことだが、なぜかその農家はタケを売ってくれない。次の火曜日に来いという。云われた通り翌週に出直すと、今度は「お前は長持ちするよいタケを手に入れた」という。あとで暦を見るとその翌日が新月にあたり、このときにタケの樹液は地下部に降りて地上部の細胞が密になっている。おかげで、病害虫の侵入する隙を与えず、保存がきくということを知ったのである。たしか、そういえば、その日はほかにもタケを買いに来た人で一杯だった。

また、私が下宿していた農家にパイナップル畑があって、月に一度収穫する。月に一度なので中には果実の熟度の違うものがある。それでも2haの畑のパイナップルをいっぺんに収穫してしまうので、なぜと訊くと、「いや、この日は果実が重たくなるからかえって高く売れるのさ」という。この日とは、樹液が地上部に溢れる満月に近く、この日に収穫すれば果実がよりジューシーになる。熟す一歩手前でも、少し待って新月に向かう時期（樹液が地下部に下がってジューシーでなくなる）に穫るよりはるかにいいのだというわけである。これは農家だけでなく市場の仲買人も知っていて、この日にパイナップルを売りに来る農家は信用できるとお墨付きなのだ。

　月齢が農業に及ぼす影響を知らない者は収入を減らすか、破産するだけ。ある農家は、こういってのけた。ニカラグアでは月が農業に及ぼす影響など改めていうほどのものではない。あるとき、日本の友人が野菜の種を播いているのを見て、現地の人が笑っていた。数日して友人から「種が芽を出さないが…」と連絡があり、見たら、播種日は新月に向かう月齢で、発芽に不適なときと知れた。彼の振るまいを現地の人が笑っていたわけはこれだった。

○

　本書で取り上げているのは上記のような月と農業の関わり、その影響関係を著者がブラジルやコロンビア、ニカラグアなどの農民（主に小農）から聞いてまとめたもので、いまだ伝統的な要素を残す彼らの農業の実際に根ざす知恵や発想が溢れている（主に3章、4章）。科学的根拠を問われればはたしてどうかと思うものも中にはあるが、経験を集積した技術や知恵の宝庫として、採るものは採るという態度で楽しめばよいと思う。

　月と農業やその他の事象との関わりの探求は、古代から行なわれてきた。人類はいろいろな天空の現象と、そのときに引き起こされる地上の現象を結びつけ、その関連性を確認してきた。それは時代時代のいわば最新の科学技術と国家や権力の力をもって行なわれたのであり、その成果に基づいて、人類は生活をしてきた（1章では、その具体的なイメージを暦の成り立ちを通して知ることができる）。本書で紹介していることがまったく否定できないと思うのは、それが今日にも息づくまさにその人類の成果そのものであり、非科学的としてその遺産をなげうつほど愚かであってはならないと思うからだ。また少なくとも、ここに書かれてあることが間違いだという証明も為されていないのだから。

　著者のハイロ レストレポ リヴェラ（Jairo Restrepo Rivera）氏は、コロンビアに生まれ、現在も同国のカリ市に在住している。環境学、自然科学、農学を専門とする在野の研究者で、中南米各地の農家、現地指導者の人気は高い。中南米中心に21ヵ所の大学や農業研修機関などで教鞭をとったこともある。これまでに有機農業に関する14冊の著作があり、FAO（国連食糧農業機関）など国際機関とも関わりがある。

　本書日本語版の翻訳出版にあたっては快くご了承いただき、心よりお礼を申し上げたい。

○

　ところで、本書にしたがって作物の播種や施肥、果樹のせん定などを行なうと、成果の異なることをしばしば感じる。私（福岡）が今取り組んでいるピタハヤ（ドラゴンフルーツ）は、開花シーズンになると毎日のように新芽を着けるが、約29日周期で2～3日の間に一斉開花する。この期間以外でも咲く花はあるが、それらは咲いても着果しないことが多いのだ。お気付きのように29日は月の公転周期である。今考えているのは、この月の周期を生かした着果管理などができないかということである。

　また小寺は、テスターで果樹の樹液の伝導度と月齢との関わりを調べ、一部の熱帯果樹の接ぎ木・さし木効果を高めたり、害虫の生態サイクルと月齢との関連調査を実施して、害虫の発生予察に役立てたりしている。木酢など有機資材による害虫防除が月齢によってどう違うかという試験にも取り組んでおり、こちらの成果も期待したいところである。

○

　この本に書かれていることは難しいものではなく、気を張らずに時間があるときに興味のあるページから読み始めることができる。枕元に置いて、ときには月を見上げながら古の知恵に思いを馳せてみてはいかがだろうか。多くの方に本書を役立てて頂ければ幸いである。

日本語版監修　福岡正行、小寺義郎

献辞

　満月に向かう三日月の光に照らされて命を受けたすべての人々へ。
　これから生まれ、そしてこのことを信じる者、どの月齢のときにでも生長していく者たちへ。
　さまざまな月齢に亡くなり、大地に戻っていったすべての者へ。
　月に影響を受け、図らずも消されていった者たちへ。
　新月に向かう下弦の月の薄暗い暗闇で、拷問を受け叫んでいたすべての者へ。
　毎日の戦いの中で、星々あるいは月をそして太陽を見つめながら、自由を希求してやまないすべての者たちへ。
　満月の月光を受けて毎日夢を実現するべく、理想郷をもつすべての人々へ。
　無限に続く新月に潜在するすべての者へ。
　月明かりに照らされて夜会を楽しもうとするすべての者へ。
　その知恵と実践を通して生活し、あわせてわれわれの会議での夢を確固たるものにしてくれるすべての農民へ。
　宇宙空間で一番美しい彼女（月）へ、夜がすべての彼女へ、月、大地、太陽と豊穣、日中の条件なしの永遠の希望であり、夢のアフロディアへ。

　　私の初めての自由の叫び　1997年10月17日　新月　午後7時

本書で取り上げているマヤ文明においては、時は脈々と続くサイクルと考えられていた。（彼らは）「また数学の幅広い知識によって天文学の複雑な計算を可能にし、同時に測量技術にも長けていた。その他農業、土木、水工学にも優れた技術を有した。」（グスマン・B　1986年）

　またエジプト人たちは、紀元前4000年にすでに天文学を理解し、1年365日ということを知っていた。中国文明では紀元前3000年に黄道に通じ、日食も予想することができた。
　紀元前3000年にバビロニア人たちは星のサイクルを見つけている。紀元前380年には月齢の移り変わりを29.5日と算出し、完全に太陽が隠れる日食の最古の記録を残している。それは紀元前763年6月15日のことであった。その他バビロニア人たちは、星座の名前も現在に伝承している。
（レイチ、コンフォード、1977年）

　宗教の儀式で月は二つの目的をもっていた。それは、秘教の目的で使われる女神、または寓話や象徴としての男の神であった。陰の哲学ではわれわれの星は性別のない権力と考えられていた。これは畏敬の念をもつためだと思われる。

　ドルイド教では月は崇める対象であった。その他の宗教でも見られるように月は繁栄の主、幸運の印でもあった。中世のドイツにいたユダヤ人は婚姻を満月にのみ行なった。ゲール語で満月は幸運を表わすものであった。

目次

はじめに―日本の読者のために 2
献辞 4

第1章　人類は時をどのように分けたのか? 9

1. 暦 12
2. 月と曜日の起源 13
3. 古代文明における暦 14
   - 3.1　フェニキア 14
   - 3.2　バビロニア 14
   - 3.3　エジプト 14
   - 3.4　中国 14
   - 3.5　ヘブライ 15
   - 3.6　アラビア 15
   - 3.7　ローマ 15
   - 3.8　ユリウスの改革 15
   - 3.9　カトリックとグレゴリウス暦 17
   - 3.10　アステカ 17
   - 3.11　インカ 18
   - 3.12　マヤの暦 21

第2章　月とは 29

1. その起源 31
   - 1.1　さまざまな仮説 31
   - 1.2　諸説の信憑性 32
2. 月の動き 33
3. 月の二面性 33
4. 月の特徴と数値 34
   - 4.1　月面の岩石の含有物 35
   - 4.2　月面の表土 35
   - 4.3　蝕（日食・月食） 36
5. サロス周期 38
6. 太陰周期、または月齢 38
   - 6.1　新月 38
   - 6.2　三日月 39
   - 6.3　上弦の月 39
   - 6.4　十三夜 39
   - 6.5　満月 39
   - 6.6　十八夜 40
   - 6.7　下弦の月 40
   - 6.8　二十六夜 40

第3章　月齢が植物に及ぼす影響 57
1. 月齢が樹液の流れに及ぼす影響 59
- 1.1　月光の影響 60
- 1.2　月光と雨の関係 61
- 1.3　植物内に循環する樹液に対する月齢の影響 62

2. 1年生作物栽培に与える月齢の影響 63
- 2.1　野菜 63
- 2.2　穀物と穀類 65
- 2.3　サトウキビの生産 66
- 2.4　塊茎、球根、根茎の栽培 66
- 2.5　薬草や香料・薬味植物の収集とその使用 67

3. 永年性作物に与える月齢の影響 69
- 3.1　月齢とコーヒー栽培 69
- 3.2　月齢と果樹栽培 70
- 3.3　月齢とブドウの栽培 73
- 3.4　月齢と牧畜―飼料用雑木の管理 74
- 3.5　月齢とノバルサボテン、オウガタホウケン、リュウゼツランの栽培 75
- 3.6　月齢と繊維作物の収穫 76

4. 月齢とそのほかの作物栽培 76
- 4.1　雑草管理と被覆作物 76
- 4.2　緑肥作物の栽培管理 77
- 4.3　青刈り用と乾燥用飼料作物の栽培と収穫 77
- 4.4　林木・野菜・果実・花卉などの苗木管理 78
- 4.5　採種および生物肥料と岩粉による種子処理 78
- 4.6　押し花や薬草の収穫 79
- 4.7　アエロパティコへの影響 79
- 4.8　有機質肥料、生物肥料、ミネラル液の施肥時期 80
- 4.9　植物と昆虫、微生物、土壌 80

第4章　月齢と動物との関係 143
1. 月と動物の性 145
2. 月と魚介類の性 145
3. 月齢と産み分け、去勢と解体 146

第5章　月齢が海に及ぼす影響 155
1. 潮の干満 157
2. 大気の潮 158

第6章　星座と月齢の関係 ………………………… 163

 1. 黄道星座と植物の性 ……………………… 166
 2. 黄道星座と栽培 …………………………… 166
 3. 黄道星座と月齢が薬用植物に及ぼす影響 …… 167
 4. 月齢および星座と人間の健康との不可思議な関係 …………………………………………… 167
 5. 植物生育や人の健康状態に月が及ぼす促進力、減退力 ………………………………………… 169
 6. 黄道表の便利な利用法 …………………… 170

＊本書をお読みになる前に
○本書はJairo Restrepo Rivera『LA LUNA:el sol nocturno en los tròpicos y su influencia en la agricultura』（1st ed.Managua 2004）の全訳です（第1章〜第6章）。ただし、占星術について書かれた第6章1〜3と、その関連する図99、図100、及び参考文献などの付録ページは省きました。また同様の判断から省いた図表があります。
○翻訳にあたっては現地の表現、用語で日本語にどうしても訳しきれないもの（植物名など）は読み方をカタカナで示しています。
○また訳注や簡単な用語解説を"§"として文中に挿入しています。

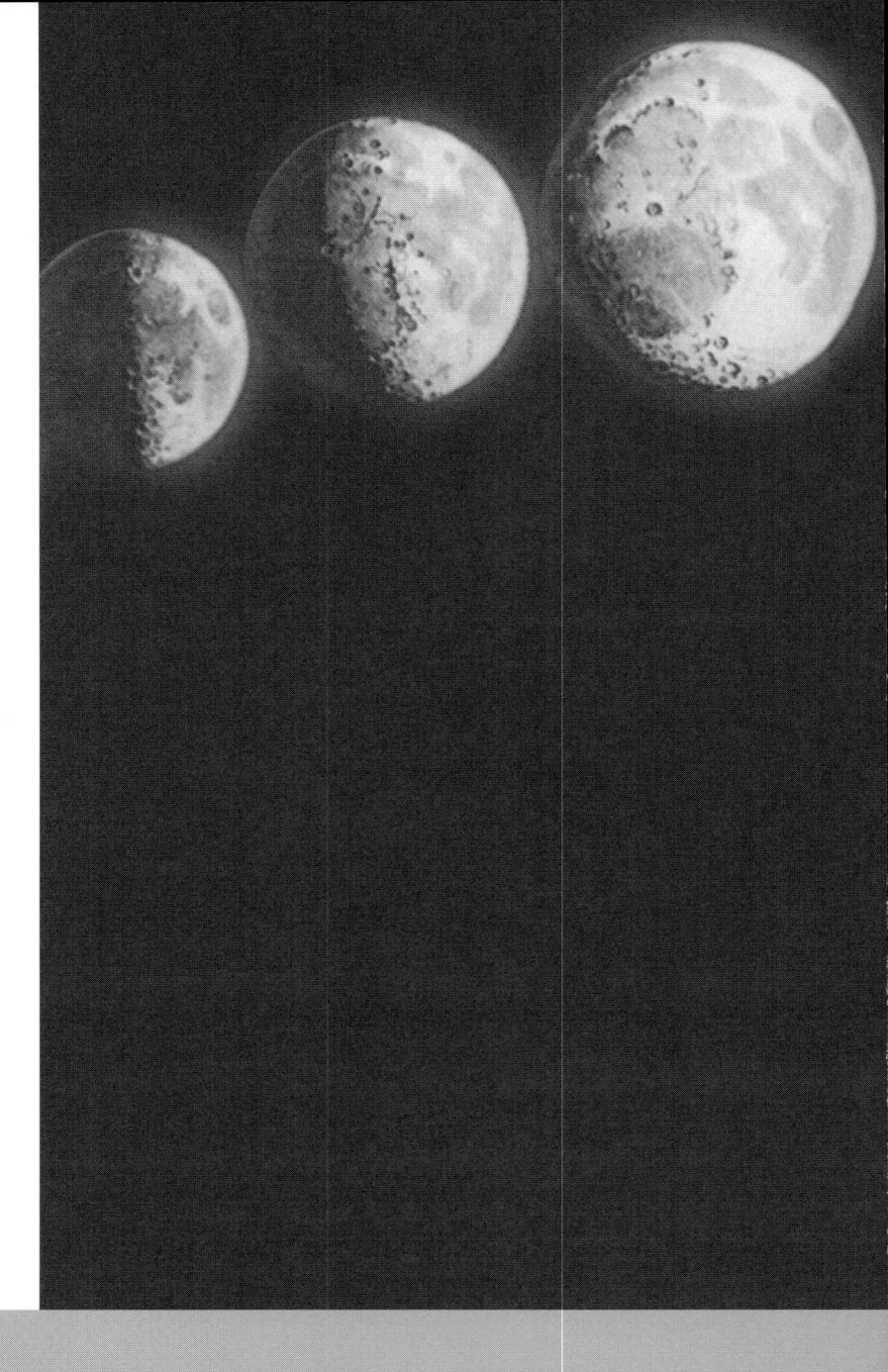

Primera Parte

第1章 人類は時をどのように分けたのか？

MAR DEL FRIO
GOLFO DEL ROCIO
GOLFO DE LOS IRIS
Promontorio Laplace
Platón
Promontorios Heráclides
MAR DE LAS LLUVIAS
Arquímedes
Apolo 15
Promontorio Fresnel
MAR DE LA SERENIDAD
Lago de la Muerte
Lago de los Sueños
Hércules
Atlas
MAR DE LAS CRISIS
OCEANO DE LAS TORMENTAS
Aristarco
Herodoto
Luna 13
Krafft
Cardano
Luna 8
Eratóstenes
Copérnico
Kepler
MAR DE LOS VAPORES
GOLFO TORRIDO
MAR DE LA TRANQUILIDAD
Surveyor 6
Surveyor 1
Luna 5
Surveyor 3
Apolo 12
Apolo 14
Ptolomeo
MAR CONOCIDO
Gassendi
MAR DE LOS NUBLADOS
MAR DE LOS HUMORES
MAR DEL NECTAR
Schiller

第1章　人類は時をどのように分けたのか？

Los cultos lunar y solar son los más antiguos del mundo. Ambos han sobrevivido y prevalecen hasta el presente en toda la Tierra; para algunos abiertamente; para otros de un modo secreto, como por ejemplo, en la simbología cristiana. El gato, símbolo lunar, estaba consagrado a Isis, que en cierto sentido era la Luna, lo mismo que Osiris era el Sol.

　月、この古代の象徴は大変に詩的であると同時に、哲学的であるといってもいい。古代ギリシア人は、それを示した。そして現代詩人はそれを思う存分使用してきた。「夜の女王」。夜のとばりに、左右対称ではない光を宵の明星まで放つ。銀色のマントをはてしなく続く恒星に広げている。月はキリスト教世界ではミルトン、シェークスピアから最近の詩人にいたるまで格好のテーマであった。しかしこの夜のまばゆいばかりのランプは、数えられないほどの星の従者を従え、世俗の者たちの想像を駆り立てる。つい最近まで、宗教界も科学の世界も、この美しい伝説に口を挟まなかった。しかしながらシェリーの言葉を借りれば「微笑みかけるすべてのものを美しく変容させ、ゆるやかな、そして冷たい炎を放つ放浪の聖域、つねに移り行きながらも変わらないもの。熱くはないが照らし……」という貞淑で冷たい月は、衛星の中でも、この地球の大地との密接な関わりをもつ。太陽は地球上のすべての生態系の源である。月は私たちの地球に生命を与えるもの。このことを最初の人類は子どものころから承知していた。

　月と太陽の信仰は世界で一番古い宗教といえる。世界中に両方の信仰は残っている。ある者はオープンに表し、他の者は隠れて。隠れてとは、たとえばキリスト教に残る象徴画の中などに、である。

　猫は月の象徴であるが、イシス（豊穣と受胎の女神）を聖別した。これはある意味、月と考えられていたともいえる。オシリス（冥界の王）が太陽と考えられていたように。

　猫の目は月齢のように変わるといわれている。また猫の目は夜の闇に光る2つの星のようだ。エジプトの神話の中で台風（オ

シリスの仮の姿）から逃れるためにダイアナは猫に化けて、他の神々とともに月に隠れたという寓話はここからきている。エジプトでは、月はホルスの目、太陽はオシリスの目ともいわれている。

マヤの司祭は、太古から自然現象が絶えずくり返されることに注目していた。旱魃の次には雨がめぐり、雪の後にはやがて植物、花、実が姿を現わすことを知っていた。1日のうちに明るい日中と暗い夜、月齢が定期的にめぐってくること、女性の妊娠も一定の期間で決まっていること、動物の雌の受胎についてもその時があることに気付いていた。これら長年のくり返しの中から、それぞれの現象の始まりと終わりを予期するようになっていった。とくに主食作物の種播きと収穫の時期を知るようになっていった。おそらく月齢の状態、または太陽の位置、星座の位置と自然現象との関係などもわかっていったのであろう。

これらのことから、マヤの人々は、時は脈々と続くサイクルと考えていた。彼らは「また数学の幅広い知識によって天文学の複雑な計算を可能にし、同時に測量技術にも長けていた。その他農業、土木、水工学にも優れた技術を有した。」（グスマン・B、1986）

またエジプト人たちは、紀元前4000年にすでに天文学を理解し、1年365日ということを知っていた。中国文明では紀元前3000年に黄道に通じ、日食も予想することができた。

紀元前3000年にバビロニア人たちは星のサイクルを見つけている。紀元前380年には月齢の移り変わりを29.5日と算出し、完全に太陽が隠れる日食の最古の記録を残している。それは紀元前763年6月15日のことであった。その他バビロニア人たちは、星座の名前も現在に伝えている。（レイチ、コンフォード、1977年）

宗教の儀式で月は二つの目的をもっていた。それは、秘教の目的で使われる女神、または寓話や象徴としての男の神であった。陰の哲学ではわれわれの星は性別のない権力と考えられていた。これは畏敬の念をもつためだと思われる。

ドルイド教では月は崇める対象であった。その他の宗教でも見られるように月は繁栄の主、幸運の印でもあった。中世のドイツにいたユダヤ人は婚姻を満月にのみ行なった。ゲール語で満月は幸運を表わすものであった。

1. 暦

カレンダーの語源はギリシア語のKaleinであり、その意味は「呼ぶ」ということである。なぜなら昔は、月の初めの日に大声でそれを知らせたからという。暦は、天文をもとに、さらにいえば月と太陽の動き、夏至・冬至、春分・秋分などをもとに決められたといえる。

'時'は移り変わりの側面といえる。それはその間隔の大小によって決定づけられる。現在使用している単位は、世紀、年、月、週、日、時、分と秒である。

基本の単位である日と年は、地球の回転と関係している。太陽をもとに、地球が自転することで1日（23時間56分4秒）とする。また月が公転することが1月、太陽の周りを地球が1週することで1年となる。

われわれの1日は、太陽の日照時間で見、1ヵ月を月の月齢で知ることができる。この場合の1

月とは、29日12時間44分2.8秒である。

地球：

　地球と他の惑星の関係を、地球がもつ性質で知ることができる。

　ガイア、地球は、水星、金星に続いて太陽系の第3番目の星である。45億年前に太陽系の星雲から生まれた生命体を有する唯一の惑星である。赤道の直径が12,756kmあり、極性直径が12,713kmある。つまり完全な球形ではなく、0.0034ほど押しつぶされたような形をしている。この変形は他の惑星と同様、質量にかかる重力と自転による。**(図1参照)**

　地球は、1億4700万kmから1億5200万kmの距離をもって、太陽の周りを時計と逆周りに（西/東）わずかに波動しつつ、論理的に知られている道筋、すなわち変形のある軌道の9億3000万kmを回転すること（公転）により、1年（365日と6時間9分9.5秒）となる。この回転では、毎秒29.8km、毎時10万7000km進む。1日にすれば257万4000kmである。地球、太陽その他惑星間にある重力の働きで、楕円軌道の、ある一点に達したとき、地球は太陽と一番離れるところで遠日点となり、逆に太陽に一番近づくところで近日点となる。これが、北半球では地軸の傾きによって太陽光線が垂直に射す夏至となり、傾向した近日点で冬至となる。また太陽の投射が赤道に対して直角になったときに日と夜の長さが同じになり、これを春分点・秋分点という。このようにして四季が成り立っている。**(図2参照)**

2. 月と曜日の起源

　暦の1年の月数と週数は、月の影響から決められていることは疑いのないことである。スペイン語で月を表わすmesの語源はラテン語だが、その語源はさらにギリシア語に遡る。また月期(正確な月々の期間)は、29.53059日からなる。このことから月の平均日数は30日となっている。この月期の間に、約7日間ずつ4つの様相をもつ。新月は7日と9時間11分0.7秒続く。上弦の月は14日と18時間22分1.4秒で、満月になると22日3時間33分2.1秒になり、これは次の月期が始まるまでの、月の合の期間となる。月の各月齢が週の7日間に相当し、これをローマ人たちが太陽、月その他の惑星から名前を取り、命名した。

```
1. 月曜－月
2. 火曜－火星
3. 水曜－水星
4. 木曜－木星
5. 金曜－金星
6. 土曜－土星
7. 日曜－太陽        （アロチ、1987）
```

　一方、アテナイ（ギリシア）の天文学者メトンは、紀元前432年に19太陰年、すなわち225月期に一度、同じ月齢が同じ月日に重なることを発見した。つまり1976年の1月1日は新月だったが、その19年後の1995年1月1日にも新月が観測され、さらに2014年1月1日の月齢も新月であることが今からわかっている。出発点は、紀元前1年1月1日が新月であったことから割り出していったものである。このように太陰暦では数を拾っていくと、大切な日付けがわかってくる。

　最後に太陽暦でも類似したことがある。それは28年ごとに月日と曜日が同じくなるということである。

3. 古代文明における暦

3.1 フェニキア

フェニキア太陰暦では、新月の到来を特別なものとして祝っていたようである。太陽をもとにした暦はほとんど知られていないが、セム族の暦がもっとも古いものとして参考にされており、その考えは、すべての惑星は太陽の配下にあるというものである（アロチ、1987）。

3.2 バビロニア

バビロニアでは1ヵ月が29.5日からなる、1年354日の太陰暦を使用していた。当初は太陰暦で1年12ヵ月を使っていたが、後に1ヵ月足された。その理由は、それぞれの四季の移り変わりと日常生活での活動を一致させるためである。そのため1年は12ヵ月と13ヵ月の二通りの月数が存在した。

7の倍数（14, 21, 28）の日は不吉な日と考えられており、ある者が行事に参加するのを禁じたり、いくつかの儀式を執り行なうのを禁じたりしていた。バビロニア暦の1ヵ月のうちの7日間の間隔はグレゴリオ暦の1週間7日と同等だったと思われる（アロチ、1987）。

3.3 エジプト

エジプトの暦は365日であったが、閏年はなかった。その替わり1年360日という年を設けていた。閏年はエポゴメノス"epagómenos"と名づけられ、年を合わせるためにマヤ文明で取り入れられていたのと類似している。この1年最後の5日間も、不幸なまたは不吉な日と考えられていた。エジプトの暦は1年12ヵ月、各月30日であった。それに年明けの5日間である。エジプトでは、年を「vago＝あいまい」と呼んでいた。なぜならば、いつも新年はその年によって違う季節から始まっていたからだ。エジプト人は年間で消えうせる4分の1日については気にかけなかったようである。

またエジプト人たちは、太陽の次に明るい星であるシリウス星からとった暦ももっていた。回帰年による1年とこの暦は1460年で一致していた。古代の2大天文学者のヒパルコとプトロメオが夏至・冬至と秋分・春分を決定し、回帰線による1年と恒星年を設定した（アロチ）。

回帰年：春の始まりから次の春までの期間で、もっとも短い年。天文学的にいえば春（fruhlingsknotenpunkt）を基本とした考え方。1年365.2422日。

恒星年：太陽の周りを地球が一周するのを基準にした期間で、もっとも長い年。一周は回帰年より0.01416日長く、1年365.2564日（ゼマネック、1987）。

3.4 中国

アベチによれば、紀元前2608年に黄帝（Hoang Ti）は暦を正しくする目的で観察機関を設立させた。暦の確定は、天文学者に授けられた重要な仕事であった。天文学者たちは月・太陽・他惑星と星について研究に研究を重ね、食の正確な日付けを予言した。太陽暦と太陰暦を調整するために19年のうちに7回の月期を挟んだ。

紀元前2317年Vao皇帝の統治中に、1年が365.25日と定められた。紀元前1100年になると、太陽の観察を通じ、冬至の正確な月日が割り出せるようになった。

3.5 ヘブライ

バビロニアで使用されていた12ヵ月の月の名前を受け継ぎつつ、月齢にそって手を加えた暦を利用していた。まずは1年を354日（太陰の12ヵ月）とし、3年に1度、暦年として使用されていた太陽暦と合わせるために一ヵ月を足していた。そのほかに教会暦も併用していた。その後、紀元4世紀になってバビロニア独自の暦が確立する。その暦は、新月及び春分・秋分点も正確に割り出せるものであった。時を年、月に分けるのみならず、1ヵ月を大体7日間くらいの月期をもとに4つに細分するようになった。この7日間が現在も使用されているグレゴリオ暦の由来である。土曜が最後の日であり、休日と考えられていた。ユダヤ人による創世記、すなわち紀元前3761年の人類が始まった日から暦が始まっていると想定されていた（アロチ、1987）。

3.6 アラビア

アラビア人は商人で知られているが、天文学も優れていた。アル・バターニ（9世紀）、ラテン語でアルバテニウスとして一般に知られている人物は、『天文学作品（Opus Astronomicum）』を著した。その中で星座の高さと太陽時間を通して時を計り、春分・秋分点も2時間くらいの誤差で割り出しを可能とした。また、春分・秋分と夏至・冬至の期間を、かなりの正確さで割り出してもいる。これによりギリシア人が発見したものよりさらに正確に太陽の軌道が判明した。

アラブ人が天文学の世界に残したものは多く、スペイン語の暦（almanaque）、頂点（cenit）、天底（nadir）、アルタイル（altair）などすべて語源はアラビア語である（アロチ、1987）。

イスラム暦は陰暦の1年354日を常用している。閏年は1年355日となる。30年間に11回、閏年があった。（セマナ、1987）

3.7 ローマ

現在の暦に多く影響を与えている。ロムロとその弟レモはローマを創設したといわれ、紀元前753～715年まで統治した。その暦とは、1年を354日とし、季節の始まりと暦の月日が一致するよう、月を挿入していくものである。

この追加の月は、2年ごとに年の最後の月の23日以降に大神官の命により加えられていた。回帰年の365日と4分の1日に合うよう、ある年は1ヵ月22日を加え、また別の年は1ヵ月23日が加えられた。

また1年を12ヵ月に分け、以下のように命名した。最初の月は、現在の3月（marzo）にあたるが、戦いの神である火星（Marte）から名を取った。次は4月（abril）で動詞の"aperio"からきており、これはスペイン語の（abrir）開けるという意味であり、花が開く月という由来である。5月（mayo）はローマの神Maiusから取り、6月（junio）は女神のJunoから取っている。その後5番（quinto）、6番（sexton）、7番（septimo）、8番（octavo）、9番（noveno）、10番目（decimo）の月は、その順番を表わす名詞のとおりになっている。

11番目の月は、"januarius"1月で、Janoというこれも神の名から取っている。最後の月の2月（febrero）は、Februaと呼ばれるこの月に祝っていた祭りから取られている。この暦が、ローマが始まって（紀元前753年）以来使用されてきた（アロチ）。

3.8 ユリウスの改革

1年354日に月を挿入するという方式で、暦に明らかな狂いが出てきた。

ユリウス・カエサルの時代に、恒星年と比較して、一般に使われていた暦のほうが、約3ヵ月程度進んでいる状況になっていた。ユリウスはこれを是正すべく、前46年〜47年頃、アレキサンドリアの天文学者ソシゲネスに依頼して狂いを訂正した。恒星年と一致した暦になるよう一定の規則を設定した。したがって、季節と合うように、また大神官の干渉もないようにした。

訂正の方法は、一般の暦の354日に11日付け加えるというもので、これで365日と4分の1日となるようにした。これは、ソシゲネスによって割り出された恒星年の、1年365.25日と一致するようにしたものである。

また1年の最初を、3月からでなく1月1日から始まるようにし、これを冬至の後の新月と合わせた。また5番目の月"quintiles"を（Julio）と命名し直した。

この一見単純に見える訂正は、さまざまな混乱を引き起こした。2ヵ月も遅れてしまっていた春分点と四季を一致させるために、最初の年が445日となってしまったのである。また加算された月は実際の経過なく数えられた。

とはいえ、暦の訂正は算出の時点でミスがあった。その後、4世紀にこれをアウグスト（カエサル・オクタビオ）がさらに直し、叔父であったユリウス・カエサルに劣らないよう"sextilis"すなわち6番目の月を"Agusto"（スペイン語で8月Agosto）と命名させ、なおかつ日数も7月（Julio）より少なくならないように、2月を1日減らして28日とし、これを8月にもってきて31日に定めたのである。このユリウス暦は現在でもギリシアの一部のキリスト教者によって受け継がれている（アロチ、1987）。

ローマ皇帝ユリウス・カエサルによって制定された暦は、ユリウス暦と呼ばれている。この暦の特徴は、4の倍数となる年が閏年となることで、世紀の終わりの年であっても、この法則が除外されることはなかった。カトリック教会が改革を行なう16世紀の終わりまで、この地域の人々はユリウス暦を使用していた。その後、西洋ではグレゴリオ暦を登用するようになった（ユリウス・カエサルは、月齢が満月の月に殺された）。

ローマ人の間では、ユリウスが改定するまで7月（Julio）は1年の5番目の月であり、1年が始まるのは3月からだった。7月（Julio）はユリウス・カエサルを記念して命名され、これは今見てきたようにオクタビオにも継承され、8月（augusto）の名を残している。

オクタビオは叔父に対する栄誉では飽き足らず、1年の6番目の月、これは彼にとって一番ついている月だったので、これを自分の名で呼ぶように定めた。しかし、元老員の議員たちは問題にぶち当たる。彼が選んだ6番目の月つまり8月は30日しかなく、ユリウス・カエサルの名誉で名づけられた月は31日あったことだ。そこで8月（agosto）に1日加えることにした。そればかりか、3ヵ月間続けて31日の月とならないように、後に続く月の日数を変えたりもした。その月の名前は、1年が3月から始まっていたのでそれから単純に順番どおりの名前を付けた。つまり数字の7から10を付けたのである。

ところで、8月に加えた1日はどこから取ったのか？　というと（先にも述べたように）2月である。2月はもともと不吉な月とされており、29日間しかなかった。ここから1日もらって28日としてもとくに問題はなかったのである。

ついでに、閏年（bisiesto）の語源だがこれは4年に一遍、2月に1日が加えられるという事実に由来する。これは23日のくり返しであることがわかり、くり返す（bis）と6番目（sexton）を合わせて"bis-sexto"となった。これは3月1日の前日であった。また、暦（calenndario）は、ローマ人が「ついたち」のことを"calandas"と呼んでいたところからきている。

3.9 カトリックとグレゴリウス暦

カトリック教会では、ユリウス暦を改定する必要があると考えていた。前46年にソシゲネスによって算出されたこの暦は、恒星年で1年365.25日であるのに対し、実際には365.2422日で、多少の違いがあった。つまりユリウス暦は恒星年に対して、毎年11時間オーバーしていた。この小さなずれが世紀をまたいで大きな隔たりとなっていった。そこで、1471年から1484年まで教皇を務めたシクスト4世は、1475年に数学者であり天文学者でもあったコニンスバーグ出身で、モンテレイ人としても知られるファン・ムリェールに命じて、これを訂正させようとした。しかし、ファン・ムリェールの死により107年もの間、頓挫してしまう。その後1582年、教皇グレゴリウス8世の大勅使を受けて、数学者リリウスとクラビウスがその役目を命じられる。この年は春分点が3月11日にあたっており、それにより325年にニセア公会議で決定された春分の3月21日から約10日間の誤差が出ていた。この10日間を暦から削除し、1582年10月4日（木）を同年同月の15日（金）と定めた。

また、将来的に春分・秋分点が前へずれ込み、暦に狂いが生じないように、365日が3年続いた後に、366日の年が閏年としてくるよう調整した。ユリウス暦によって、4世紀ごとに生じた3.12日の超過は、400年のうちの400で割り切れない閏年に3日間削減することで合わせた。そういうわけで、1700年、1800年、1900年と2000年は、閏年ではなかった。今後は、2400年が閏年となる。また、400年の間に97回閏年を制定した。

教皇は代々、太陽または月にまつわる礼賛を守り続けてきた。星や大自然の力に対するのと同様に。これらは、キリスト教神学にも見られる。

グレゴリウス暦は、ギリシアの一部キリスト教者を除き、キリスト教文化圏で広範囲に使用されている（アロチ、1987）。

今日でもキリスト教の祭りは、月と深い関係がある。たとえば、新月は復活祭の月日を決定するのに欠かせない。また、この復活の日を基準にほかの多くの祭日が決められているのである。ニセア公会議で、キリストの復活を祝う復活祭は、3月21日の次の満月から14日目の日曜日と定められた。3月21日の後の最初の満月の日を割り出せば、復活祭はその後にくる最初の日曜日となるようにしたのである。復活祭でもっとも早い日付けは3月22日で、逆にもっとも遅い日付けは4月25日となるが、実際はこのように極端に早い、または遅い復活祭は珍しい。

3.10 アステカ

1519年、アステカ帝国の都テノチティランにスペイン人が到着したとき、（彼らは）シフイトゥル"shihuitl"と呼ばれる暦を使っていた。これは1年を365日とし、18のセンポウアリス"cempohuallis"と呼ばれる月が、それぞれが20日間の単位に分かれていた。そしてネモンテミ"nemontemi"と呼ばれる5日間が年末に

存在していた。4年に1度、太陽の動きと一致するように、年末の5日間を6日間に増やしていた。

もう一つの日数の数え方は、トナウポアリ"tonalpohualli"というもので、1単位20日間が13に分かれていた260日間を1年としていた。シフイトゥル"shihuitl"とトナウポアリ"tonalpohualli"を合わせて、52年（1万8989日）の周期を形成していた。これは、アステカにとって52年間の周期が永遠に継続するもの、シウオモノリリ"xiuhomonolilli"、すなわち年を結ぶ、という意味であった（アロチ、1987）。

フェルナンド・ディアス・インファンテは、その著書『太陽の石碑とアステカの暦』の中で、メシカ族にとって石碑は日常欠かせない大切なものであったと記している。大神殿の中に、祭司たちは石碑を使いながら、太陽に向い建つもっとも大きな台座に祈りを捧げ、それぞれの太陽（星座・星）の歴史を語り、また自然のバランスが崩れることにより、5番目の太陽（星）が地震によって崩壊することを予知したりもした。

その石碑の中には、1日の時の流れ、または四季の移り変わりのタイミングに加え、種播き、収穫のときも記されていた。

アステカの人々は、この石碑のお告げを信頼していた。自分の誕生日の象徴するものが何であるかとか、将来についての占いなどである。メシカの五つの方位点がどこであるか、宇宙の中で地球の位置する場所、数学式、天文学などがその中に書かれていた。これらを読み解けるものはごく限られた者のみでもあった。

また太陽が、闇の主との毎日の戦いに勝ち続け輝けるように、人間が捧げる供養、苦行などの記述もある。

3.11 インカ

ペルーの高地では、インカにより高度な天文学が発達した。太陽暦を用い、1年365日（30日が12ヵ月と5日間の補助日数からなる）とし、春分点・秋分点を基準に独自の祭日を決めていた。さらに、惑星の太陽をめぐる周回についても精通していた（レイチ・ウンド、コンフォード、1977）。

古代から農耕民族であったアンデスの人々は天空の観察を日常ふつうに行なっていた。彼らの天文分野に関する知識は、主に生活と密接に関わっていた。

その意味で、天界は彼らにとっての神々の住む場所であり、つねに畏敬の念をもって眺める対象だった。この観察に、インカの人々はタルプンタエス"Tarpuntaes"と呼ばれる太陽を代表するという意味の司祭を立て、この司祭がいる神殿を天文観察の最高の場所として他と区別した。

また、彼らは月食・日食を大変特別なものと捉えていた。あるときはこれを天体の儀式と捉え、またあるときはそれが太陽、もしくは月の怒りを表わし、また太陽・月が猛獣に攻撃され断末魔の苦しみを受けているなどと想像していた。こうした場合、インカの人々は、太陽または月をこのままにはしておくまいという強い願望と、何とかしてこの急場を救おうという気持ちから、占い師のもとに出向き、助けを求めた。占い師はすぐにおびただしい数の、そして高額の捧げものをした。それは金・銀の偶像であり、性別を問わない動物の生贄であった。

インディオの考えでは日食は誰か大物の死を予告するものだった。太陽がその死

を悼み、悲しみを表していると考えたのである。また、蝕の期間中とその儀式中は断食をし、悲しみを表わす特別な装いをし、捧げ物を供え続けた。加えて、この現象が見られる地域では火を起こすことも禁じられた。

暦は、太陽と月の観察を通して決めていた。年月の正確な日付けを決定するのは、パチャクテック"Pachacutec"がスカンガス"Sucangas"と呼ばれるクスコのヤクタllactaの西側に、12本の櫓か支柱を立てて決めた。

インティウアタナス"Intihuatanas"(この後はすでにスペイン語になっている)とは、先端のとがった石が他の石の上におかれた状態である。古代ケチュア語では、インティグアタ"Intiguata"(単数形)、インティグアタクナ"Intiguatacuna"(複数形)といわれていた。インティ Intiとは太陽を表し、フアタhuataとは、1年を表していた。このIntihuatanasの正確な訳としては、暦年、太陽周期、またはこう定義してもよいかもしれない。すなわち「太陽の動きと、それが織りなす陰影を1年の暦年にあてはめる」。1年の中の月を、または日中の時間を計る特殊な機械もあった。

インカでは太陽で年を決めるのと同時に、月齢から月々を調整していた。とはいえ、1年の始まりは部族の支配する土地によってばらつきがあった。ある地方では12月(夏至)から始まった。しかし、田舎の農民、とくに山岳部では8月から9月にかけてが年始めであった。これは6月から7月にかけて収穫を終え、その後に種播きをする時期と重なっていた。

チンチャイスヨ"Chinchaysuyo"では、5月(アイモライの月、すなわちトウモロコシの収穫時である)が終わった後に、プレアレス星団が輝き始める6月が年の始まりだった。ただ、年初めと終わりがいつであれ、どの地方でも1年は12ヵ月に分かれていた。そしてそれぞれの月の名前は、伝統的な解釈によればマイタ・カパックが名付けたとされている。毎月、魔術的または経済的な、あるいは宗教的意味合いをもった信仰活動を、祭りというかたちで執り行なっていた。次に記すのは、インカ民族がクスコで使用していた暦とその関連行事を表したものである。

1. 12月 Raimi 太陽の過越し祭 Huarachicuy
2. 1月 Camay インカの断食と償いの季節
3. 2月 Jatunpocoy 花の季節、金・銀の供え物をたくさん捧げるとき
4. 3月 Pachapucuy 大雨の時期、動物の生贄
5. 4月 Arihuaquis ジャガイモとトウモロコシの成熟時期
6. 5月 Jatuncusqui 収穫の時期、またそれを保存する準備をする時期
7. 6月 Aucaycusqui 太陽神の名誉を記念してインティライミ"Intirraimi"祭り
8. 7月 Chaguahuarquis 土地を区画して種播きに備える時期
9. 8月 Yapaquis 種播きの時期
10. 9月 Coyarraimi "Coya"(女王)の祭りと悪霊を追い払い病気を治すときにあてられていた。
11. 10月 Humarraimi 雨乞いのとき
12. 11月 Ayamarca 死者に礼拝を捧げるとき

インカの人々は、1年月を太陽周期のみ

で割り出すのでなく、月齢やプレアレス星団などとも絡ませて算出していた。もっと一般の人々の間で行なわれていたのは、ある花や野生の実などが芽吹くとき、あるいはある種類の動物が繁殖する時期などを観察して、季節を認識するというものである。

また人の年齢も、自分が生きている間にある樹木の開花を何回見たとか、栽培と収穫が何回あったかということで算定していた。山岳地方ではたいてい年に一度の収穫しかなかったからである。しかし、最後のサパインカ（皇帝）について報告している1571年の文書によると、キプカマヨ"quipucamayo"では年月を計算するために開花の回数と太陽の周期を縄に記していたという。また、農民は時間を動物の鳴き声で知ることができた。特定の鳥が鳴く時間はほぼ変わることなく、毎日同時刻に聞こえてきたからである。

また孤絶した地域のいくつかでは、午後にほぼ毎日吹いてくる風の音でその時刻を知ったという。または、太陽が山に映し出す影によってその時刻を知ったともいう。これらの方法は現在も受け継がれている。

さらに、月齢からある種の典礼も決められていた。たとえば、1月の祝賀は新月または満月にやることが決められていた。9月にはシトゥアel situa（注）が新月の始まりとともに始まった。

§訳注　あらゆる病をインカの地の外へ追い出す儀礼

また、1ヵ月をどのように分けるかについて書かれた書も残っている。1ヵ月は、各週が10日からなる30日で構成されていた。その中で、あるときに休み、またカツ"catu"と呼ばれる物々交換の市場を開き、祝ったことなども記されている。昼、夜のみならず、夜明け・日中、昼時、夕刻、宵の口まで細分化され記されていた。

太陽の観察は、タルプンタエス"tarpuntaes"の天文学者にとって大変本質的なことであったから、夏至・冬至に祝う2つの大祭が、天界の2神、12月に祝うカパクライミ"capacraimi"と6月に祝うインティライミ"intirraimi"に捧げる特別な祭事であったことも頷ける。とくに最初の祭りは、日照時間が長くなる季節の始まりということで、より重要な意味があった。そのほかにも、作物の成熟と収穫に関連した農業的色彩の強い祭りもあった。12月に入って日照時間が長くなると（注）、ウアラチクイ"huarachicuy"と呼ぶ男性の成人式が行なわれた。その日から青年男子は、大人の男性としての仕事と役割を果たせる者とし、立派な大人になった徴しを与えられた。

§訳注　インカ帝国は南米なので、北半球とは逆になる

暦は、大自然の支配下にあった人間の季節ごとの活動を、1年の周期の中で区切る役目を果たしていた。結果的に、基本的な秩序となる原理が存在し、それが、神々と人間のさまざまな活動、空間と時間を調整していたのである。

しかしクスコのインカ民族たちの暦には、さらに興味深いことがある。太陽暦は陰暦の12ヵ月と長さが異なり、太陽暦のほうが10.9日長かったのである。インカの暦ではこれを定数外の日数を各月に振り分けることで解消していた。しかしウイラコチャ"Huiracocha"やパチャクテック"Pachacùtec"（注）の人々を悩ませたであろう

その正確な計算法についてはわかっていない。

書き物として、また民族誌学として残っている資料によれば、彼らは天の川も認知していたようである。夜空の漆黒の闇に流れる川、それをマユ "Mayu" と称していた。また星座には2種類あるとしていた。一つは星と星をつなぐ星座であり、もう一つは黒い星座である(注)。前者はヨーロッパのそれに近い。すなわち近接した星々を象ったものだからである。

§訳注　星々の間の暗闇を星座に見立てたものと思われる。

ほとんどの星座は天の川周辺にある。プレアデス "Colca"（スペイン語で倉庫の意。以下同）、南十字星 "Amaro"（さそり座）、"Pachapacaric"（アルタイル＝ひこぼし）、"Chacana"（オリオン座）などである。黒星座は、天の川の中でも、星がかなり寄り集まったところに位置していた。またそれらはひときわ輝いていた。

> "Llama"：(raya negra　黒い筋) 南十字星とさそり座の間に位置する
> "Yuto"：(saco de carbòn　炭の袋) 南十字星に続く星

> "Ampatu"（sapo　カエル）南十字星のそばにある黒い斑点
> "Atoc"（zorro　狐）さそり座の尾のところといて座の間にある黒い斑点
> "Machacuay"（serpiente　蛇）アドハラと南十字星の間にある黒い筋

彼らの理解では、天体は人間の存在と深い関わりがあり、いろいろ隠れたことを人に明らかにしてくれると確信していた。月はその位置によって、豊穣の雨を、また旱魃を教えてくれる。満月は、種播きと収穫に格好のときであった。また、月齢も家の屋根を葺く木材を準備する時期を見るのに役立っていた。適期にその仕事をすれば虫食いから守られたのである。

このように彼らの信じるところでは、月は人間の日常生活に深い関わりをもっていたということがわかる。とくに戦いについて、月齢はきわめて重要な判断の目安となっていた。満月は軍事に最適の月齢と考えられていたので、敵の側面を攻撃するときはこの日が選ばれていた。これに反して新月の間は、争いの兵士たちは双方に18〜24km以上離れていったん退き、休憩したり、生贄を捧げたりすべきときとされていた。

動きの速い彗星は、戦争、災害、流行病、重要人物の死などをもたらし、7つの白波（プレアデス星団）が夜空に現われると、農耕の始まりが示唆された。このように、天体観察は農牧民にとって大変興味をそそられる対象であった。これに対し政治の任にある者は、とく天体観察に興味を示さなかった。彼らには予言してくれる他のものがあったからである。

3.12　マヤの暦

マヤ文明が生み出した素晴らしい暦の起源には、二つの由来がある。一つは、人と自然との関わり、もう一つは人と神々との関わりである。

第一に、マヤ文明の数ある特徴の一つとして、人と自然との密接な関わりが挙げられる。

グスマン・ボックレルの説によると、彼らは自然界での現象がくり返し起こることから法則性を見いだし、それから時を計測するとても複雑なシステムを開発していたという。それは周期で示され、1周期は1世代より、あるいは数世代より長いこともあった。その周期と人とは互いに協調し

たリズムの中で回っているとするものである（グスマン・ボックレル、1986）。たとえば、ソルキン"Tzolkin"の暦は、もともと女性の生物的な、つまり生理をコントロールして妊娠を目的につくられた、とも考えられるという。祭儀の暦の260日（20日×13）は、グレゴリウス暦の9ヵ月に相当し、これは妊娠期間である。アドリアン・イネス・チャベス氏の話によると、女性によって妊娠に気づくタイミングにずれがあり、それが日数の誤差を出しているともいわれた。

もう一つの由来は、神々と人との関わりを秩序立てるために、暦がより正確につくられたというものである。そうすることで、神々は、それぞれに決められた時期に自分への熱心な祈りと、生贄を捧げてもらえることになるからである。ボン・ハーゲンによれば、マヤ族は神々の好意を得られなければ、この世の終わりをもたらされると恐れていたという（ボン ハーゲン.V、1986）。

「メソアメリカの暦は、社会一般の時と、個人個人の運命のくり返しを計るものでもあった。祝いの時、精神性の危機の時、などが定められていた。専門知識をもった者は、暦を見るだけでその日がもつ意味、組み合わされた数字などから未来を言い当てることができた。」（E.ウォルフ、1986）

E・トムソンはマヤ族がもつ時間の概念は「終わりのない道」であり、一つひとつの時間は「果てしない道の一部分」と考えていたと断言している。

マヤ暦の体系

マヤ族の天文学者の発見で、大切なものが3つある。回帰年の算出、金星の公転の合(注)を割り出したこと、そして月齢の経過を出したことの3点である。

§訳注　合（ごう）とは、惑星が太陽と同じ方向にあるときのこと。月でいうと新月のときに相当する。逆に、惑星などが太陽と正反対の位置にあることを衝（しょう）という。

1. 回帰年

現代天文学では、これを365.2422日と割り出している。マヤ族は4世紀にこれを365.2420日と割り出していた。グレゴリウス暦では、16世紀に365.2425日としていた。このことからも、マヤ族の天文学上の算出がきわめて正確であったことが窺える。

2. 金星の公転の合

現在、金星の公転の合までの期間は、大体583.92日として知られている。マヤはこれを584日と算出しており、その誤差は僅か0.08日である。

3. 月期の経過

ドレスデンの写本に記されている月見表により月齢を計算することができるようになった。過去には、離れた日に算出してしまったこともあったが、おおよそ33年の間に69件の日・月食を予知することができる（11,960日＝260日が46周）。レオン・ポルティリャは、「ほかのどの古代文明でも、マヤほどの精巧な暦を残すことはなかった。その数単位の精巧さ、暦の格式において、また少しでも精密な数値を出そうという、たゆまぬ数学上の努力、変化に富んだ視線から割り出した方式の真実などである」と、このように述べている（レオン・ポルティリャ、1986：27～28）。

現代におけるマヤ暦

以上のように書いてくると、マヤ暦を

素晴らしいアメリカ文明の過去の遺産だと思う人がいるかもしれない。とりわけ、アメリカ大陸の発見から今日に至るまでのその歴史、つまりマヤ族を怒濤の勢いで征服し全滅させようとしてきたというこの事実に目を向けたときは、なおさらである。

しかし、驚くべきことに、マヤ族の生き残りの人々がいまだにこの暦に精通し、数ある神事や農祭事をこの古代暦に合わせて調整している。

民族学者として有名なラファエル・ジラルドは、グアテマラの南東に位置するチョルティスという地域で、16のインディヘナの集落における宗教について系統だった研究をした。その調査結果を『永遠なるマヤ文明』として一冊の本にまとめ、1962年に出版した。この中で、コロンブスのアメリカ大陸到着以前のマヤ暦及びその宗教が、現代社会でも残存していることを証明したのである。その中の言葉を以下に紹介する。

「この研究を通じて、現代キチェ族の人々に、古代マヤ族の時を算出する方法が残っていることがわかった。碑、写本、植民地時代の文献と照らし合わせ、これがコロンブスのアメリカ大陸到着以前のマヤ暦、神話の世界と離すことのできないあの暦と一致することがわかった。さらには、この動かぬ計算法が、彼ら独自の哲学的視野及び宗教観と切り離すことのできないものであり、認識論上の基礎を備え、かつ古代マヤの驚異的な編年の方法が浮かび上がるのだ」(ジラルド、1962)

ジラルドは、チョルティスの司祭たちが新年を祝う日を、あるいは春分、秋分の典礼や冬の儀式、または種播き祭などについて、マヤ暦に対する豊富な知識をいかに駆使して決定しているかを報告している。

「チョルティス族の宗教的な祭りや典礼は、360日の通常日と、彼らがいうところの"喪に服す日々"である5日間の休日からなる伝統的なマヤ暦に合わせて決められていることが判明した。またこの暦の流れと、260日からなる暦の組み合わせもある。この暦は2月8日から10月25日までの農業年鑑のようなもので、農民が農作業をする際に利用したものである。それを"Warin tzi kin"と呼び、これは"日を数えるもの"という意味である」(ジラルド、1962)

このように、マヤ族がかつて利用していた陰暦を太陽暦の替わりにいまだに利用している地域が多く残っている。たとえばイスラム教の暦である。それは月齢を尊重した12ヵ月を1年とするもので、これによれば1年が354日または355日しかないとしても、これを使用しているのである。

「たとえそれが太陽に起因するものであったとしても、いかなる現象も、月に起因するさまざまな意味は類まれな複雑な暦(のほうが優先)であったのである。」

マヤ族と陰暦

儀式や聖典を通して、マヤ文明では陰暦が2大暦のうちの一つ、おそらく2番目の暦として利用されていたことが読み取れる。また、260日を1年とする暦も、女性を中心に生殖の周期を見るための暦として広く伝わっていたようだ。このことは、マヤ族の中での女性の重要性を浮かび上がらせる。経済的には女家長制度が、農業面ではアヨテ(食用のヒョウタン科作物)やマメなどの栽培期間、また社会的には祖母、あるいは母の主導性などである。最後にお祝いでのイキムカネ"Ixmucane"とイキク"Ixquic"(注)の絵にも象徴されている。

§訳注　マヤ名の女神

第1章　人類は時をどのように分けたのか？

このことから、陰暦が独自に扱われていたのではないことがわかる。逆に、かなり早い時期から260日の暦と併用されていたことが考えられる。

イキムカネとイキクの二人の女性は、暦の上で輪をつくっていた（車輪のような一つの基盤となっていた）。つまりわれわれの文化には、初めからこの二つの暦を取り入れて使ってきたことがわかる。

マヤの天文学者は、天空を観察し、調べた結果、地球の周期と月のそれとが同一性をもっていることを発見した。そればかりか、太陽のそれとも一致していることも知っていた。つまり、女性を表わす2つの天体、地球と月（祖母と母）の関連を決定づけた。まず初めに、月齢の4期が女性の一生の4期と共通点があることを明確に、そして美しく表現したポップ・ウジュの記述を見てみたい。イキムカネは祖母で、年を取り、下弦の月になった。イキクは処女で三日月を象徴し、それが妊娠し満月となる。最後にイクバラケ"Ixbalanque"は娘で、新月を象徴する。この最後の娘は、月のほかにマヤ文明の代表的植物であり、かつ女性を表わすマメ"frijol"を象徴する。

マヤ文明では、動物のジャガーも大地と月の象徴であると考えられていた。同時に星空とも考えられていた。

大地がその豊穣性から女性に例えられるように、暦の中にも、女性と関わった聖なる数字というものが存在した。数字の9は、マヤ暦では繁殖という意味があった。また、9はイキムカネが男をトウモロコシからつくるために用意した飲み物であり、同じく植物が生長するために欠かせない地球の力とも考えられていた。文明人（進歩的な）のヒーローたち、ウナンオウスケ"Hunahpsque"とイクバランケ"Ixbalamque"もシバルバ"Xibalba"（マヤの地名）で、闇の力が打ち負かされるまで、9日間地下に隠遁した。そのために、9日目に死者のために特別な祈りの日として捧げるのである。それが、シバルバで課せられた試練を乗り越え、さらに光の力となるよう準備をした、あの9日間なのだ。

この9日間の習慣は、ラテンアメリカ全土で見受けられる。教会の中にも浸透している。また、9ヵ月の後、女性は出産する。妊娠周期は9ヵ月間でもある。陰暦の平均月数の29.5日と聖なる数字である9を掛けてみると、265.5という数字がはじき出される。これに、特別な月の5日間を加算すると、260.5日が出てくる。それを丸めると260日間となる。これらの数字から、月の満ち欠けと女性の妊娠周期は260日間で、その後に出産するということがわかる。

9は、また太陽系の天体の数でもある。この9と7を惑星の代表の数とし、残りの2を地球と太陽の数とに分けてみる。7は男性とし、2を女性とする。二つ足して9とする。この七つは、天体の中でも際だって明るい惑星、かつすぐに観測できる惑星、すなわち太陽、月、土星、火星、木製、金星、水星である。7はまた、プレアデス星団の七つの白波。7はまた夏至、冬至、春分、秋分点。そして最後に、人間の頭にある穴の数も七つ。

1日は、どの文明においても太陽の1日の動きから決められた。この後に、29から30日の陰暦で、時を計る単位とされた。この月は、満月の象徴であった。月は、天体で1ヵ月の始まりから終わりを見事に表してくれているからだ。このことから、時を計測するのに月はなくてはならない存在となっていった。このことを天文学者が決め

たあとに、世界中で太陽という言葉が「日」を表わすようになり、月が「1ヵ月」を表わすようになったのである。

その後に、月齢に合わせて時期を4つに区切り始める。4もまた聖なる数である。これらの時期に7日間を分配する。この7も聖なる数字である。このように1週間の時が決められた。1年の全部の週は52であり、これも聖なる数字だ。これらがマヤ暦の年を表わす数字であった。

また、次のことも明確にしておく必要がある。すなわち、この後に、20進法で年を分割するようになった。360日を1ヵ月20日で分割すれば、18ヵ月となる。この場合、各月は5日からなる4週間で形成されていた。その両方の数字とも聖なる数字であった。

年の終わりに、今まで考えられていた1ヵ月ではなく、実際は5日間を足し365日の数字とした。

この場合、1ヵ月4週間という月で割ると18ヵ月になり、72の数が出てくる。これにあと1週間を足して1年にすると73となり、大変重要な数と考えられていた。

月はまた、時の移り変わりも示す。すなわち1年の4つの四季と関わっているものである。12の月齢または月がめぐると、その後はまたくり返しとなる。地球の周期は、とくに農期はくり返す。雨季と乾季はめぐり、まためぐる。

種播きの時期がきて、収穫がくる。全部が12月期、または12ヵ月の中で回ること。こうしてマヤの暦の中で12という大切な数字が姿を現わす。この数は12の力、宇宙を支える力を示す。これは、中心となる神に向かって、13の数字となる。マヤの精神世界では、数字の13が完全数を表わす。

12ヵ月、それが後の1年とされる。すなわち月の12の相、太陽の移動と関わったこの位置が、地球上の現象と関わってくる。

この1年を2分すると、おそらく聖なる神からとったと思われる最初の6ヵ月間が雨で暗い時期、残りの6ヵ月間が太陽の光と明るい時期である。

こうして、このときから四季と月齢にもとづいた暦が生まれてきたのである。

陰暦の12ヵ月は、最後に5日間の余りが出てきてしまう。マヤ暦では、この5日間を特別な日と考えていた。マヤの科学者が1年365日の暦を太陽の移動をベースにつくる場合も、この5日間は余りと考えていたようで、太陽暦でも、年間は360日だった。

260日という数字は、マヤの儀式上、大切な2つの数字を合わせた数値である。つまり、神聖を表現する13と、人を表現する20である。これらの数字は、後に複雑な数学の系統を発展させていく重要な数字となる。

月の女神 Ix chel
ここで、豊穣と結実に関係する農業の神に、月も加えたい。トンプソンは、中央高原(注)と対応して月を、トウモロコシ、大地、すべての種子の女神として加えている。

「私は、月が大地とすべての作物の女神であるという信仰があったと仮定する。これは、大変古い信仰で、おそらく形成期にできあがったものと考えられるが、マヤ世界のほとんどの地域で拮抗した開発(農耕)により、トウモロコシの若い神や、または

大地の邪悪な神の神格化に取ってかわられた」

§訳注　マヤ時代のメキシコ高地

　ドレスデン写本には、体をコーヒー色に染め、鉤爪のある足をもった老婆が出てくる。頭にはとぐろを巻いた蛇を巻き、手にもった器から水を注いでいる。こうして水を、破壊を象徴するものとして人格化している。これは洪水の女神と捉えられていた。

　頭にいる蛇は、多くの写本に登場する悪い日に関係した徴しでもある。また、現代も伝わるカチケル"kaqchikel"の信仰における水との関係は、月はアチツランAtitlan湖の主で、水面下に宮殿をもつ存在と考えられている。

　ユカタン地方の表現で、月が見えなくなることを"binaan utu chen＝月が井戸に入っている"という。

　月はまた若い女神として、若さも表わす。中央アメリカでは薬、織物、性的関係、土壌、穀物の母なる女神と讃えられており、その由来は月が地球上で最初の女だったというものである。

　マヤの神話では、月は太陽の妻とされる。最初の男と女だという。その前には地球上に太陽も月もなかったからである。ソシレス"Tzotziles"という名前には、聖なる父と母、すなわち太陽と月がその名をとどめている。またこれにより、マヤでも太陽と月を夫婦の一般的なパターンと捉えていたことが推測できる。

図1：地球の回転軸

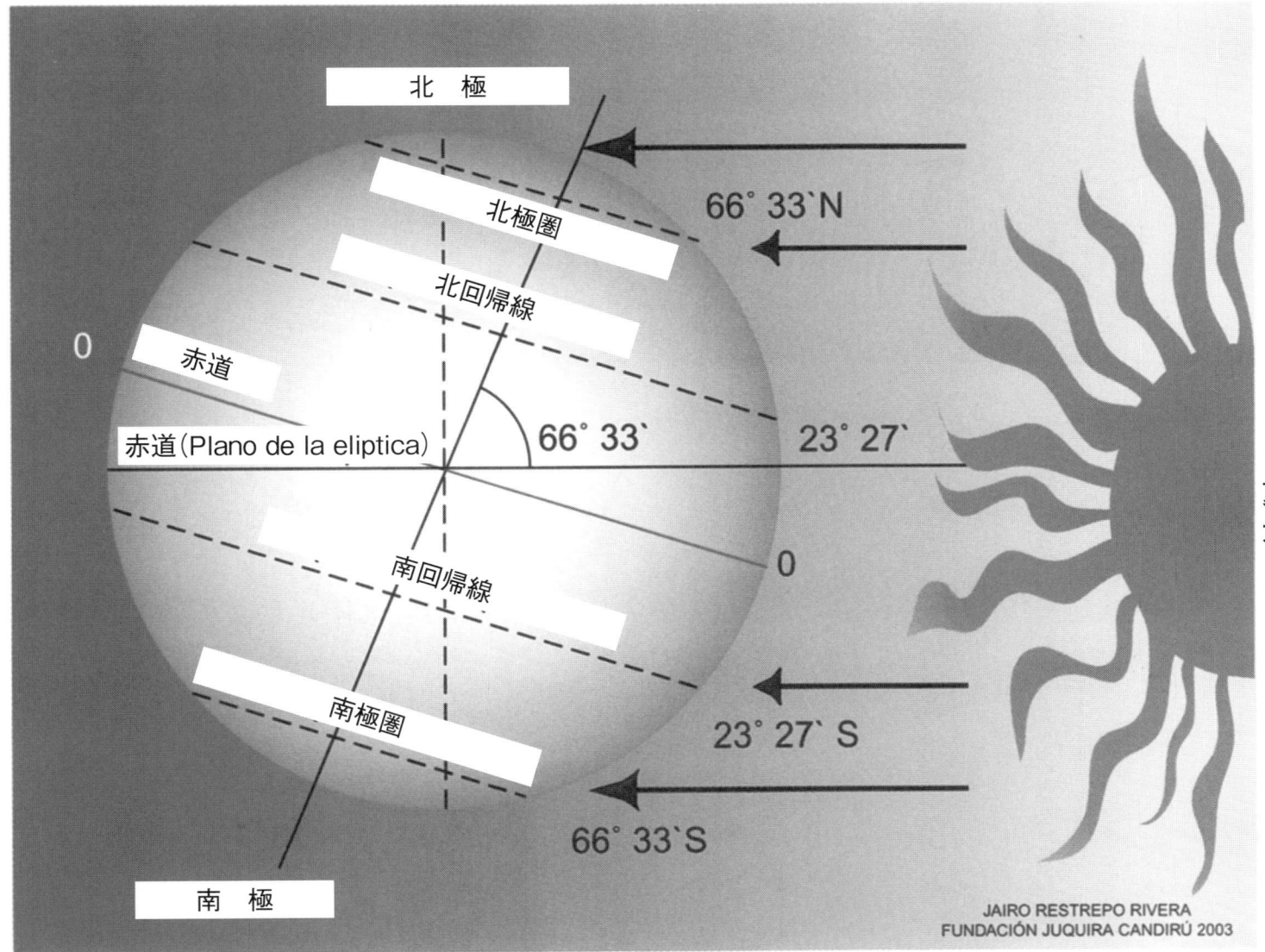

- 北極
- 北極圏
- 北回帰線
- 赤道
- 赤道(Plano de la eliptica)
- 66° 33`
- 66° 33`N
- 23° 27`
- 23° 27` S
- 66° 33` S
- 南回帰線
- 南極圏
- 南極
- 夏至の太陽光線

JAIRO RESTREPO RIVERA
FUNDACIÓN JUQUIRA CANDIRÚ 2003

ハイロ・レストゥレポ・リベラ　フキラ・カンディドゥ財団2003

第1章　人類は時をどのように分けたのか？

図2：地球の滑走

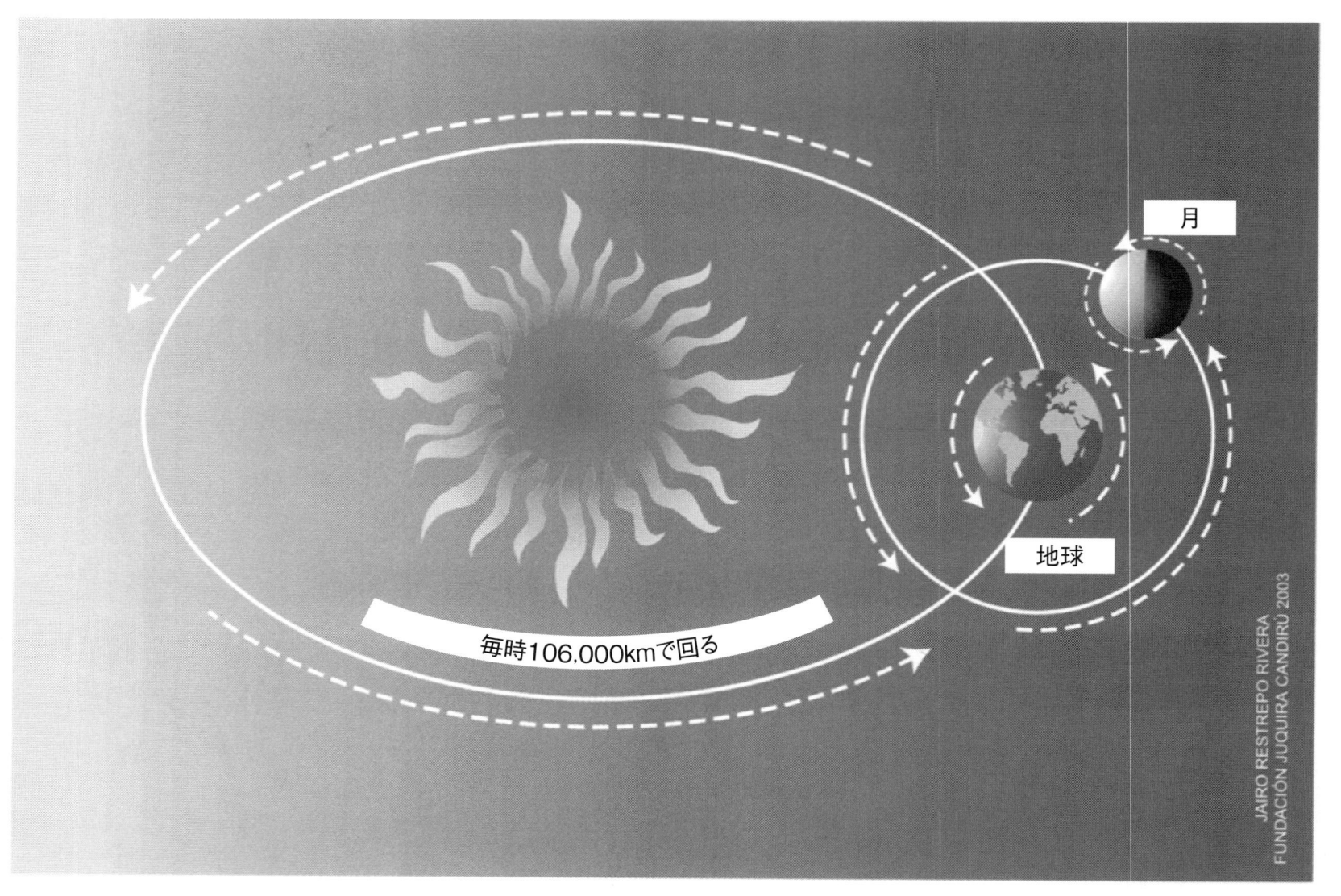

毎時106,000kmで回る

月

地球

ハイロ・レストゥレポ・リベラ　フキラ・カンディドゥ財団2003

Segunda Parte

第2章 月とは

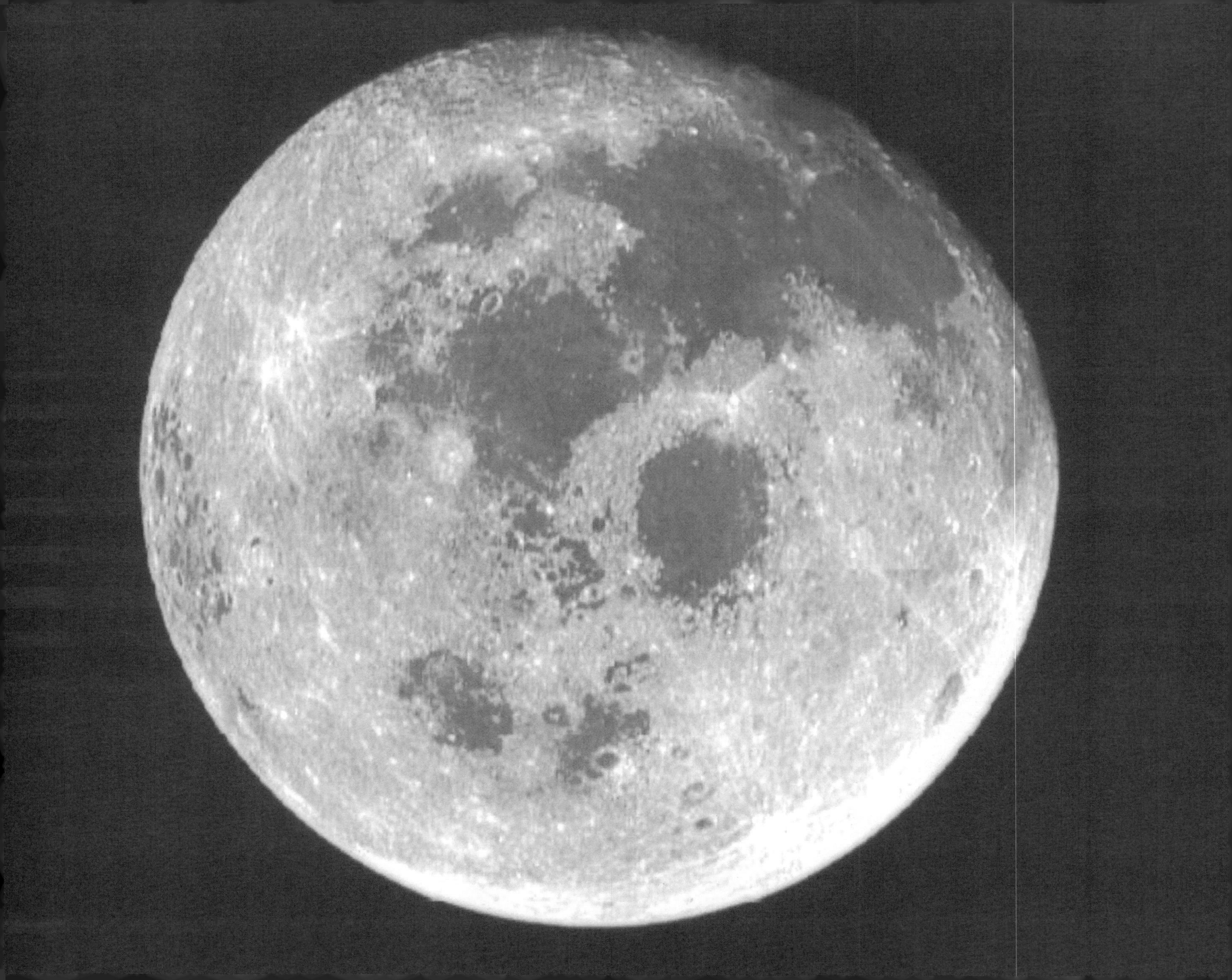

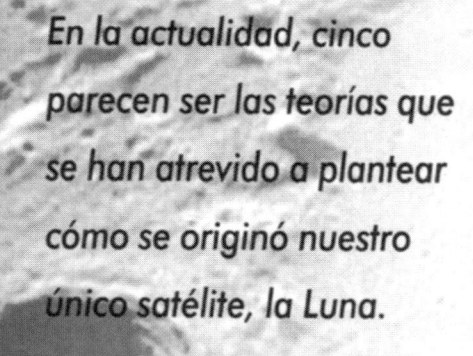

第2章 月とは

En la actualidad, cinco parecen ser las teorías que se han atrevido a plantear cómo se originó nuestro único satélite, la Luna.

1. その起源

　1969年6月21日(注)アポロ11号が月面に到着し、アメリカの宇宙飛行士たちが月面の埃や岩石を地球に持ち帰った。研究者たちはそれを物理学的・化学的・生物学的な見地から分析したが、月の成り立ちについて解明できるような結果を得ることはできなかった。とはいえこれまで、近づいたり、遠のいたりしながらも、月の誕生とそのルーツを求めてのさまざまな仮説が立てられている。

　§訳注　正確には1969年7月20日。

1.1 さまざまな仮説

　現在、月の由来についていわれている有力な仮説とは次の五つである。

❖　その一つは、地球が分裂し、それによって一つの惑星からもう1つの物体が隆起し、それが月と火星(注)になったとするものである。分裂説といわれ、この説は1878年にジョージ・H・ダーウィン卿が最初に唱えた。同卿の考えでは、もともと地球と月とは一体だったが、自転速度が増して遠心力が高まり、その結果、一部分が惑星本体から押し出されるように出てきた。簡単にいえば、惑星本体がその端っこから突起物を出して、洋ナシのような形に変わったというのである（なおこの仮説では、惑星本体が流体、または粘りのある物体であったという確信が根源にある）。

　§訳注　原文ママ。ただし前後の文脈からこの火星は地球の間違いと思われる

　この説を推す人々は、最初の月との分裂によって開いた穴が、広さ約1億8000㎡、平均海抜4049mの太平洋になったという。その後時間の経過とともに、洋ナシ状の形は次第に明確になり、最後に首の部分をちぎるように切り離して、大きさの違う二つ

の天体となった。大きいほうが地球であり、小さいほうが現在の月というわけである。**(図3参照)**

❖ 二つめの仮説は、同時発生説である。地球と月が宇宙空間に一度に、同じ物質から、かつ太陽系の同じ圏内にできたというものだ。隕石の星団が、重力の関係で1つに合わさり、二つの天体を形成した。二つは近い距離にあるため、つねに対になっている。この説は、多くの宇宙飛行士が地球に持ちかえった岩石から同じ放射性物質が検出されたことを根拠にしている。この説によれば、地球と同様、月の年齢はおおよそ45〜46億年ということになる。**(図4参照)**

❖ 三つめは、月の岩石と地球の岩石との大きな違いから、月がもともと太陽系のほかの場所で誕生し、地球の引力により近くに引き寄せられたとする説である。これが引力説である。この説によれば、月はわれわれの地球とはまったく違う場所で形成された別の天体である。理由は明らかではないが、あるときこの天体が軌道をはずれ、さまよった挙句、地球の引力によって側に引き寄せられ、それ以来ずっと同じ軌道に存在するようになったというものである。**(図5参照)**

❖ 沈殿の仮説を説く学者もいる。この説によれば、われわれの地球が形成される際に、その一部分が加熱され、熱くかつ密度の高い大気ができた。その成分は主に金属と酸化物の蒸気で、それが宇宙空間に広がり、冷されて粉の粒が沈殿し、固まってできたものが、現在の地球とその唯一の衛星（月）を形成したというものである。**(図6参照)**

しかし現在、月の誕生についてもっとも普及しているのが、大激突のモデルとも呼ばれる、巨大衝突説である。

天文学界で通説といってもいいくらい認められているこの説によると、今から約46億年前に、地球に巨大な隕石が衝突した。太陽系が形成される時期に発生したこの大きな衝撃によって天体の破片が散らばり、それがのちに合体して月となったとする。ハーバード大学の科学者によると、地球に衝突した隕石はおよそ火星くらいの大きさだったと推定している。しかしコロラド大学の科学者は、地球に衝突して現在の月を形成するには、その衝突物は少なくとも火星の2.5倍から3倍ない

とあり得ないとし、ハーバード大学の科学者の説はその大きさの点で過小評価であるとしている。**(図7参照)**

1.2 諸説の信憑性

以上の諸説について以下のような疑問を投げかけた本がある。ホセ・C・ビオラット・ボルドナウ、プリフィカシオン・サンチェス共著の『月、その基礎研究』（エキポ・シリウス社）である。

● **大衝突説**

この説が信憑性を帯びるには、あまりに多くの偶然が必要となる。地球にぶつかるべく宇宙空間をさまよっている物体の存在、また衝突の規模も、天体自体が破壊するまで大きくてはならず、かつそれによってできた破片も、後にもう一つの天体を形成するくらいのそこそこの大きさがなければならない。

さらに一つの疑問が残る。「どうして二つまたはそれ以上でなく、たった一つの天体しか形成しなかったのか」という疑問である。通常、その衝突によってできる破片は、かなり巨大なものであると考えられるし、そうなると月が形成されるのと一緒に

ほかの惑星ができたとしてもおかしくはないからである。

● **同時発生説**

この説については、もしも同時に同じ場所、同じ材質で二つの天体ができたのなら、化学的に、またその密度においても、月と地球ではなぜここまで違うのかという疑問が残る。月にはチタンなど、地球上にあまり存在しない多くの珍しい物質があることを忘れてはならない。少なくとも、現在のところまで研究が進められている月の表面にある物質について、ではあるけれども。

● **分裂説**

この説を推さない者は、地球から月ができるほどの部分が分かれるには、自転速度は相当な速さでなければならなかったとし、それはたとえていえば、1日が3時間しかないくらいの速さでないと難しい。しかしこの速さでは、地球そのものがもともともっていた素材で形成されることはなかっただろうという。

● **引力説**

この説を揶揄する者は、地球がその引力によってほかの天体、月のように地球の82分の1ほどもある大きな天体を引き寄せるのはそもそも無理だとする。そのほかにも、軌道上でほかの天体を確保するには、さまざまな状況が必然となる。たとえば、引きつけられた天体の自転速度が突然減速しなければならない。しかしこのためには、二つの天体の相互関係から、そのような軌道での変速はあり得ない。

2. 月の動き

太陽の周りを月は地球とともに人工衛星のように回っている。毎晩その姿を変えながら。この変化が月齢と呼ばれ、かくれている部分が変化して、輝く部分のみ地球から見える。1年に何度か、私たちの地球が月を覆い（月食）、また月の影が地球を覆うと、昼が夜に変えてしまう。しかしこうした月齢と日・月食は、科学者たちの永遠の興味の対象でもあった。科学者たちは46億年前にできたとされる月の由来を尽きることのない興味で挑戦し続けている。（図8参照）

3. 月の二面性

月のいつも見えている面

月の自転には、月が地球を一周するのと同じ時間がかかる。すなわち27日間と7時間43分11.5秒で、これが月の公転として知られる。この自転と公転との周期が同じであることによって、月はつねに地球に対して同じ面を見せている。また、月は自らの光ではなく、太陽から受ける光線で輝く。このためにいつも陰である部分と、われわれに身近な陽の部分ができる。多くの天文学者が地球上から、または宇宙からこの月を観察し、詳細に月面着陸について立案し、結果的に到着したのも、この見える月面のところである。（図9参照）

月の裏面

1959年の秋まで地球と反対にある月面を見た者はいなかった。この年に、ソビエトのルナ3（ルナは月の意味）という人工衛星が、月の後ろ側からの映像を写すことに成功し、地球に送ってきた。それまでは、見えない月面の部分のほうが見える部分よりも重力が大きく、もしかしたら空気があって生物も存在するのではないかと推測されていたが、この日を境にこういったすべての憶測が消えた。（図9参照）

秤動

地球を回る月の軌道は完全な円ではない。それは、35万6410kmから40万6700km

の間でぶれている。その結果、軌道速度に変化が生じる。すなわち月が地球にもっとも近づいたときに速く、遠いときに遅くなる。このため、あるときは進み、あるときは遅れたりすることによってその遠くの面の縁を見せながら動く。この効果はふつう秤動（ひょうどう）と呼ばれ、この秤動があるために、月の全表面3788万㎡のうち約59％の2234万9200㎡が観測でき、残り41％の1553万800㎡が見えない。

なおこの月の秤動は、月の楕円の半軸が地球の方向からずれることで生じる。そして地球の引力がまた元に戻すことになる。（図10参照）

月の幻影

月が地平線の側を通って出てくるとき、ふだん上空に見上げているときよりもはるかに大きく見えることがある。多くの人が同じような印象をもつと考えられる。この効果はあまりに激しく思いがけないので、いつも驚かされる。しかし実はこれは光の幻影に過ぎない。なぜなら月が地平線上に見えるときに、天空に見えるときよりも地球に近いという可能性は、以下に記す図からほとんどないからである（図11参照）。そう見える答えは、物理学にあるのではなく、われわれの頭の中に訊ねてみるしかない。

観察者Aは、現在地で月が地平線上から出ているところが見える位置にいる。一方、観察者Bは、天頂に月を見上げている。観察者Bのほうが月により近い位置にあり、観察者Aが見ている月よりも小さいどころか大きく見えなければならない。観察者Bのほうが、Aより地球の半径と同じくらい月に近くいるからである。簡単な計算から、観察者BのほうがAよりも30秒弧大きく見えていることは、明白だ。（ダヴィドゥ・ガラディ、『天と同じ高さに』P-83）

4. 月の特徴と数値

地球との平均距離	384,404km
遠地点、地球と月のもっとも遠い距離	406,700km
近地点、地球と月のもっとも近い距離	356,410km
直径	3,476km
地球の周りを回転する速度	1.02km／秒
公転周期	27日 7時間43分 11.5秒
自転周期	27日 7時間43分 11.5秒
新月から次の新月までの間隔（月周期）	29日 12時間44分 2.8秒
月面の温度	－155℃（夜）から105℃（昼）
質量（地球を1とした場合）	0.012
地球の49分の1とした場合の月の体積	21,780,000立方m

水に関しての平均密度	3.34
地球から観測可能な月面	59%
円周	10,912km
面積	37,880,000km²
月の重力	地球の6分の1
月は光がなく、太陽光線の93%を吸収している。	われわれの地球は残りの7%のみ
新月の光度は、ある研究グループによれば、	太陽光線の40万分の1だという
太陽から月までの最短距離は、	149,091,591km
太陽から月までの最長距離は、	149,860,409km

4.1 月面の岩石の含有物

月面の海から採った岩石の分析から、その起源は玄武岩ではないかということと、溶解してその後に冷された形跡があるいうことがわかっている。また月面の岩からは、豊富な酸化アルミニウムからなる二酸化ケイ素を含む岩石、すなわち深成火成岩であるという結果がでた。月面から採った岩石と地球上のそれ（深海の火山岩）を比べると、月面の岩石はケイ素（SiO_2）やアルミニウムは少量しか含まず、鉄分、マグネシウム、チタンが多いこと、また地球上では見受けられない不思議な物質で合金されているということである。それ以外にも、月面から採取された岩石には、カリウムや珍しい土壌物体とランタニなどが含まれていた。

月面岩石を、以下の三つのグループに分類することができる。
- 中小の粒で構成された結晶体または火成岩
- 1cm以下の大きさの粒状体
- 角礫岩。鋭角をもつ砕屑からなる岩。粒状体が接着されている物質のミネラル成分などを定義するために用いる。角礫岩は月の土壌の約60%をしめる。月面の表面は、火星の表面を覆う物質によく似た、岩の残土のようなもので全体が覆われている。次に月面から採取されたミネラルについて列記すると、——
- 輝石　輝くケイ酸塩で、緑、または暗い褐色、ときには黒い色をしている。地表から採られたもので火山岩。
- 斜長石　長石の一種で、曹長石と灰長石の同形の結晶からなる。アポロ11号がもち帰ったものからは、左記物質がおおよそ27%含まれていた。
- 橄らん石　鉄分とマグネシウムを含むケイ酸塩で、おもに斜方六面体の玄武岩の結晶でできている。色は、黄緑色。その他約2%の透明のミネラルを含む。
- チタン鉄鉱　鉄とチタンの酸化物で、色は黒色でメタリックな輝きを帯びる。斜方六面体の結晶を形成する。
- トロイライト（単硫鉄鉱）　鉄の硫化物。
- 鉄　ほかの不透明性の物資で、18%ほど見受けられた。

4.2 月面の表土

月面からもち帰ったさまざまな部位の岩石の研究から、月の天体を構成する部分を大きく七つに分類することができる。（図12参照）

■　おそらく深さ1kmあたりまでの表土からの地殻で、隕石の衝突で、もともとあった岩石が粉砕されてできたと考えられる。火星の小さな惑星（複数）の表土からも、非常に近い数値の反射係数（アルベド）が

検出されている。
- 約1kmから約20kmまでの層は玄武岩質で、地殻と同じく砕かれた物質からなっている。
- 20kmから60kmまでの層は、石灰質の斜長石と輝石からなる深成岩で形成されている。
- 60kmから150kmの層には、輝石・橄らん石が含まれている可能性がある。
- 150kmから1000kmまでの層は、岩石圏として知られている、堅固で硬い領域がある。
- 1000kmから先は岩流圏(マントル)と呼ばれる部分で、おそらく直径1200kmから1800kmは部分的に融けた核となっている。
- この核については確実なところはわかっていない。直径もそれが硫化鉄(FeS)で構成されている場合、1400km、鉄で構成されているとしたら1000kmと推定されるなど、実のところよくわかっていない。

結論としては、われわれの惑星の内部構造についてさえよくわかっていないのだから、月の核の実体については、なおいっそうわからないということである。

4.3 蝕（日食・月食）

長年、蝕は戦争・疫病などの災害をもたらすものとして捉えられていた。また、ギリシアでは、アテネの衰退はシシリアにおけるニキアス将軍の死から始まったとまで考えられた。その日は、たまたま月食と重なっていた。

ダオメ（アフリカのベニンの旧称）の神話では、マウ（Mawu）は月、そしてその双子の片割れのリサは太陽とされている。蝕の間に2人は性交し、7組の双生児を生んだ。それが、星と惑星になったとされている。ほかの神話では、蝕は恐怖の現象と深く関わっていると捉えられていた。中国で、またはインディオたち（中南米の原住民）も蝕は、凶暴な犬どもが月、または太陽を咬み引き裂いたため現われるとしていた。ユーゴスラビアでは、犬ではなく吸血鬼、またエジプトでは蛇が悪さをするためとしていた。

蝕は、月齢のうち、新月で太陽と会合するとき、または新月で衝（太陽と正反対の位置にある）のときに現われる現象である。月が会合するときは、つねに太陽を覆う。同様に、衝のとき、または満月のときには、月食が現われるはずである。しかし、月の軌道は、地球の軌道に対して傾いているため、そうはならない。交点時にのみ、すなわち軌道がある点で交わり、かつ新月で三つの天体がほぼ直線状に並んだときに、日食となる。これは、皆既食または部分食があり、太陽の視表面を月が一部分か全部覆うかによって異なる。また、中心部分のみ月が覆ったときに、金環食となる。年間、少なくて2回、多くて6回から7回の日食が、地球上の限られた位置から観察できる。月食も部分食と皆既食があるが、金環食は太陽のほうが大きいため存在しない。

月食

地球の影による月の消失

月食は、部分食・皆既食のいずれかである。満月のときに黄道上で十分近い距離になり、かつ軌道線で傾いたときに起こる。**(図14参照)**

インカ文明では、月食は大病を患う、またはどう猛なプーマ（アメリカライオン）が人間を襲う、そのほか気性の荒い蛇が人間を襲う、などの動機付けになると考えられていた。人々は非常に恐れ、早くこの暗

闇が終わらないかと心配したという。月食は死と転落の天空からの予兆であり、いずれ人間を踏みつぶし、殺し、そして世界を破滅に追い込むと考えられていたからである。

したがって、月食はつねに社会にパニックをもたらすものでもあった。月食が始まると貝殻でできたラッパを吹き、大小さまざまな太鼓を打ち鳴らすなど、あらゆる楽器を使って騒音を立てていた。また、大きさを問わずすべての犬を縛り、棒で叩いて、月に向かって吠えさせたという。なぜなら、月の下にある大犬座、子犬座は月によく仕える星々として、月が高く評価しているからだという。また子どもや村中の青年たちに涙ながらに"Mamaquilla"ママキーリャ（月のお母さん）と叫ばせ、月が卒倒して地球上に落ち、人類そしてこの地上を終わらせないでくれと懇願させたという。

それは大きな混乱を引き起こし、耳を聾する騒音を立てさせ、なんとも形容しがたい状況だったであろう。月が悪くならないように、月食期間中、月を褒め称えたともいう。皆既月食のときはことさら落胆した。なぜなら夜の惑星が地球を覆い、地球もろとも人間を粉々にし、死滅させると考えたからである。月食期間中、人々は泣き叫び、うめき、その恐怖、怯えは頂点に達していた。

日食

これは、太陽と地球の間に月が入ることによって起こる現象である。日食は、新月で月が黄道にかなり接近したときに起こる。

部分日食：視表面が切れたように見える。
皆既日食：太陽が完全に見えなくなる。

もし月の軌道が地球のものと同じ線上にあるとしたら、月は公転のたびに太陽の前を通過することになり、およそ一月に一度は日食（月食も含め）があることになってしまう。しかし、月の軌道は地球の軌道に比べ、実際は少し傾いている。日食はそういう意味では偶然が重なった非常に珍しい現象となっている。

皆既日食はもっとも稀で、太陽が月に完全に隠れた状態である。また地球上のごく限られた位置で、数分見られる現象である。もしある地点で、2年に一度、部分日食が観測されたとしたら、同地点で皆既月食が観測されるには、何世紀も待たなければならないことになる。(**図15参照**)

インカ文明では、日食について、彼らの悪行によってお天道様をとても怒らせてしまったために起こったと考えていた。だから、日食で太陽が不愉快な顔を見せており、それは大きな罰がくる徴しとも考えられていた。

一方、面白いことには、世界で記録に残っている最古の日食の記録は、中国のTchoung-kang皇帝の時代、紀元前2137年である。

蝕は、時代とともに天の神々に関する伝

説や神話を生んできた。宇宙の現象であるこの蝕についての物語や言い伝えは、数多く語られてきたのである。そんな物語の一つに、海賊コロンブス(注)がジャマイカに上陸したときに、現地のインディオから快く迎えられなかったことに対して、この悪党の船乗りは、月食が来ることを知っていたのをいいことに、天空からこの月を取り上げてやると脅かした。

§訳注　日本や欧米ではコロンブスは新大陸発見者となっているが、中南米ではあまり評価されていない。

蝕の現象を見た現地人は、態度を急変させ、天体を返してくれと懇願した。その海賊は、蝕が終わるまで考えているふうを装って、ときを見計らって、その願いを受け入れたと伝えた。ひとえに、今までの住民の彼に対する冷淡な態度を一変させ、感謝とへつらいで自分を歓待させるために仕組んだというのだ。

その一方、原始時代には、月が悪の力に飲み込まれ、永遠に消えてしまうのだと考えられていたようだ。

5. サロス周期

サロス周期とは、一つの蝕からその次の同じ蝕までにかかる期間のことをいう。その期間は、約6583日（18年11日8時間）で、合（または月齢）の223ヵ月に相当する。この18年11日と8時間の期間に、太陽は月の軌道との交点を19回通過する。この期間が終わると、太陽・月・地球の位置が、蝕の性質と同様、またくり返すことになる。

バビロニア人がこの周期を発見し、日食のもっとも古い記録が物語として粘土版に描き残されている。それによれば、その日食は紀元前763年6月15日にあったとされる。このことから、西洋文明では、ミレットの哲学者であり数学者でもあったタレース（紀元前640年〜546年）が、一番初めに蝕を予知したとされている。カルデア人の母親をもつタレースは、エジプトとバビロニアを旅行し、そこで数学、暦と蝕の予知に関するの勉強をしてきたという。この蝕を算出するサロス周期の知識によって、紀元前585年5月28日にあった皆既日食をかなり早くから予知していたとされる。サロス周期ごとに70の蝕が観測される。そのうち、41は日食、残り29は月食である。

6. 太陰周期、または月齢

月の満月までの連続した移り変わりは、太陰周期、または月齢などと呼ばれる。これは、地球の周りを公転する月と太陽との関係で、周期の長さは29日と12時間44分2.8秒である。この現象を朔望月といい、人類が始まって以来の暦の基礎を構成している。（図16参照）

月齢は、農業面でまた牧畜面でも大変重要な意味をもつ。多くの場合、月齢の状態によって、農業では種播き、接ぎ木、収穫の出来・不出来に大きな差が出てくる。また、牧畜では去勢を安全にするため、または家畜が病気になった際の治療や処置をするタイミングなどを決める。

太陰周期の説明をよりいっそうわかりやすくするために、次の図17から図24を見ながら、その周期ごとの月を説明しよう。

6.1　新月

これは、月が地球と太陽の間に入ったときである。太陽光線が月の隠れた全面を照らし、地球から見える面には、光がまったく当たらないため、地球から月が見えないという月齢である。この月齢は、天体の会

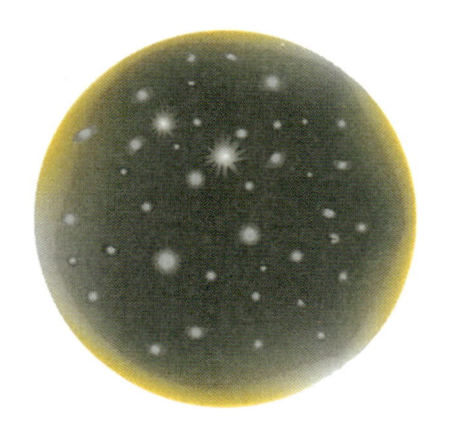

図17：新月

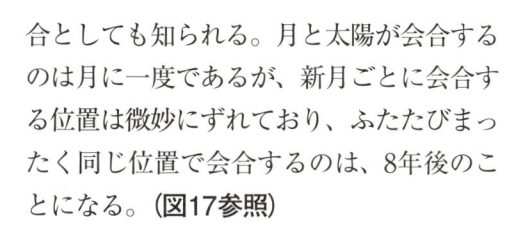

図18：三日月

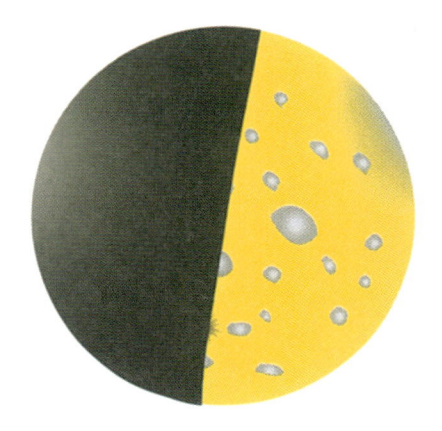

図19：上弦の月

合としても知られる。月と太陽が会合するのは月に一度であるが、新月ごとに会合する位置は微妙にずれており、ふたたびまったく同じ位置で会合するのは、8年後のことになる。**(図17参照)**

6.2 三日月

　これは新月から数日たったときである。薄暮のときに、西の空に、カーブに沿って切断されたような、または"C"の文字を反転させたような、月の輝く一部分を見ることができる。これから月が上弦の月へと膨らんでいくときで、太陽から近く見える（新月から3〜4日後）。**(図18参照)**

6.3 上弦の月

　これは、月が軌道を4分の1回ったときで、地球からは月の半分が照らし出されて見える。また、「矩（く）」とも称する。なぜならば、地球・月・太陽を結ぶ直線が90度になるからである（新月から約1週間後に見られる現象）。**(図19参照)**

6.4 十三夜

　これは、上弦の月から3〜4日後のときである。地球に面した月面を太陽がほとんど照らす。**(図20参照)**

6.5 満月

　月が地球の裏側にあり（しかし影の側でなく）、かつ太陽が、地球に面した月面をあまねく照らしている状態である。よって、満月を見ることができるのであるが、これはまた月が「衝（しょう）」の状態にあることでもある。つまり、地球が月と太陽の間にあり、地球に面した月面を太陽が真っ直ぐに全面を照らし出しているということである。この相は月がもっとも明るく、太陽が西に沈むのとほぼ同時に東の空に現れる。

　満月時の明りは、三日月の明かりの約12倍も明るい。以前には、その差はおおむね

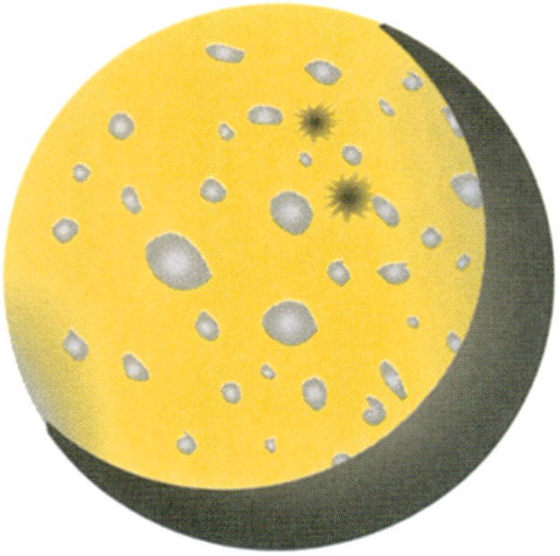

図20： 十三夜 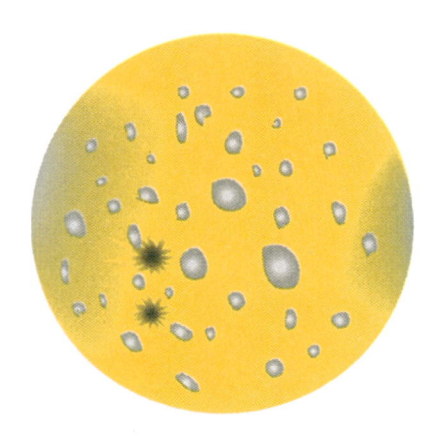　　　　　　　　　図21：満月 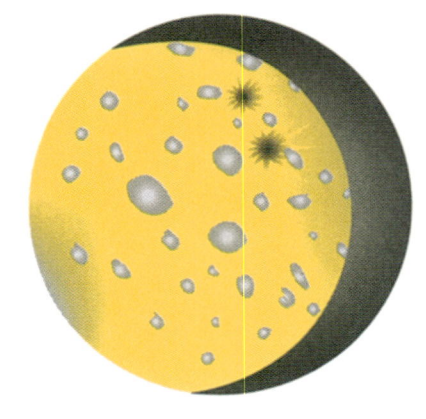　　　　　　　　　図22：十八夜

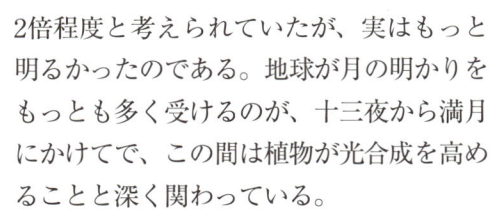

2倍程度と考えられていたが、実はもっと明るかったのである。地球が月の明かりをもっとも多く受けるのが、十三夜から満月にかけてで、この間は植物が光合成を高めることと深く関わっている。

月は、われわれに幸運をばらまいてくれる。生けるものは、生長において精力的に伸び、月が欠けるときとは正反対になる。月が膨らめば膨らむほど、ツキが多く回ってくるともいう。満月のときは、地球上の生物がよく生長し、生き生きとしており、強くかつ柔軟性に富み、病気に対する耐性もある。月が欠けていくに従って、すべては傷つきやすくなり、新月はツキがすべて

なくなり、誰も何ももたらさなくなってしまう。（図21参照）

6.6　十八夜

月が縮み始めたり、または欠けたりしていく始まりで、満月の数日後のときである。照らされていた月面が少しずつ消えていき始めるときでもある。（図22参照）

6.7　下弦の月

これは、太陽の線に対して月が引っ込んでいく状態である。この時点で、軌道を四分の三まで回って、この月は朝にのみ観察できる。また、月は「矩」の状態で90度

の角度がある。今回は、前述とは反対側が輝き、月はだんだんと"C"の文字のように形を変えていく。（図23参照）

6.8　二十六夜

これは、次の新月から始まる月齢に入る直前のときで、太陽のちょうど前に月の欠けていく視表面を見るのである。

ここで思い出したいのは、月が月齢の周期を終える前に、地球の周りを一周してしまっているということである。この同じ期間に、月も自転して、地球にまた同じ面を見せるのである。この周期は27日7時間43分11.5秒かかる。朔望の周期と月齢の周期

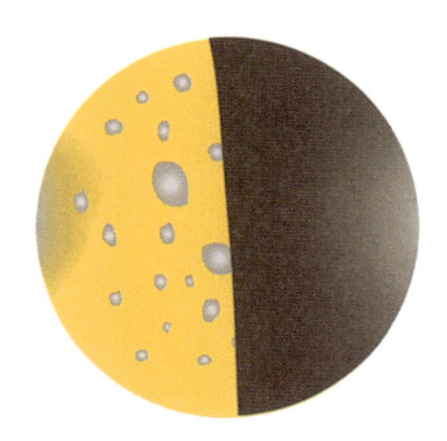

図23：下弦の月　　　　　　　　図24：二十六夜

を混同してはいけない。なぜなら地球も黄道とは反対方向に自転しており、止まっていないからである。（図24、25参照）

第2章 月とは

図3：分裂説

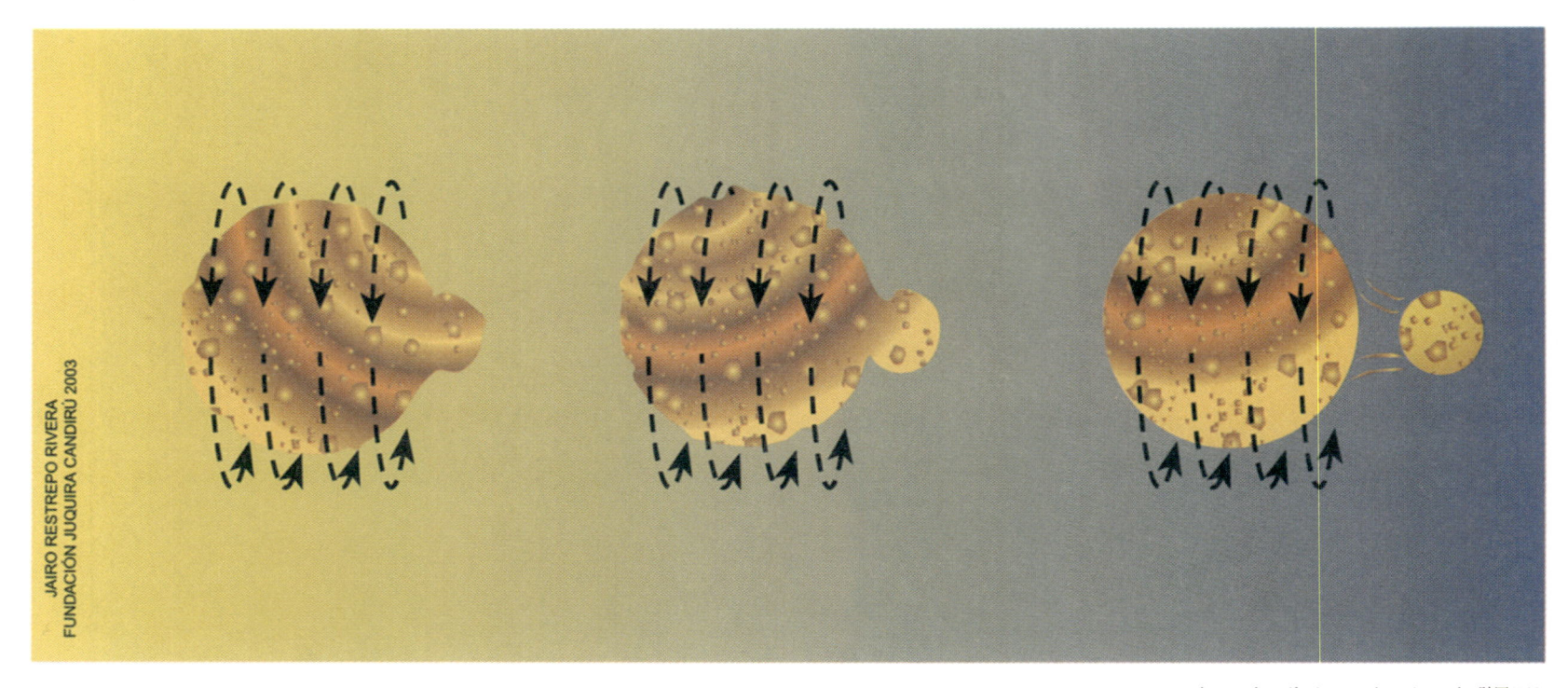

ハイロ・レストゥレポ・リベラ　フキラ・カンディドゥ財団2003

図4：地球の回転軸

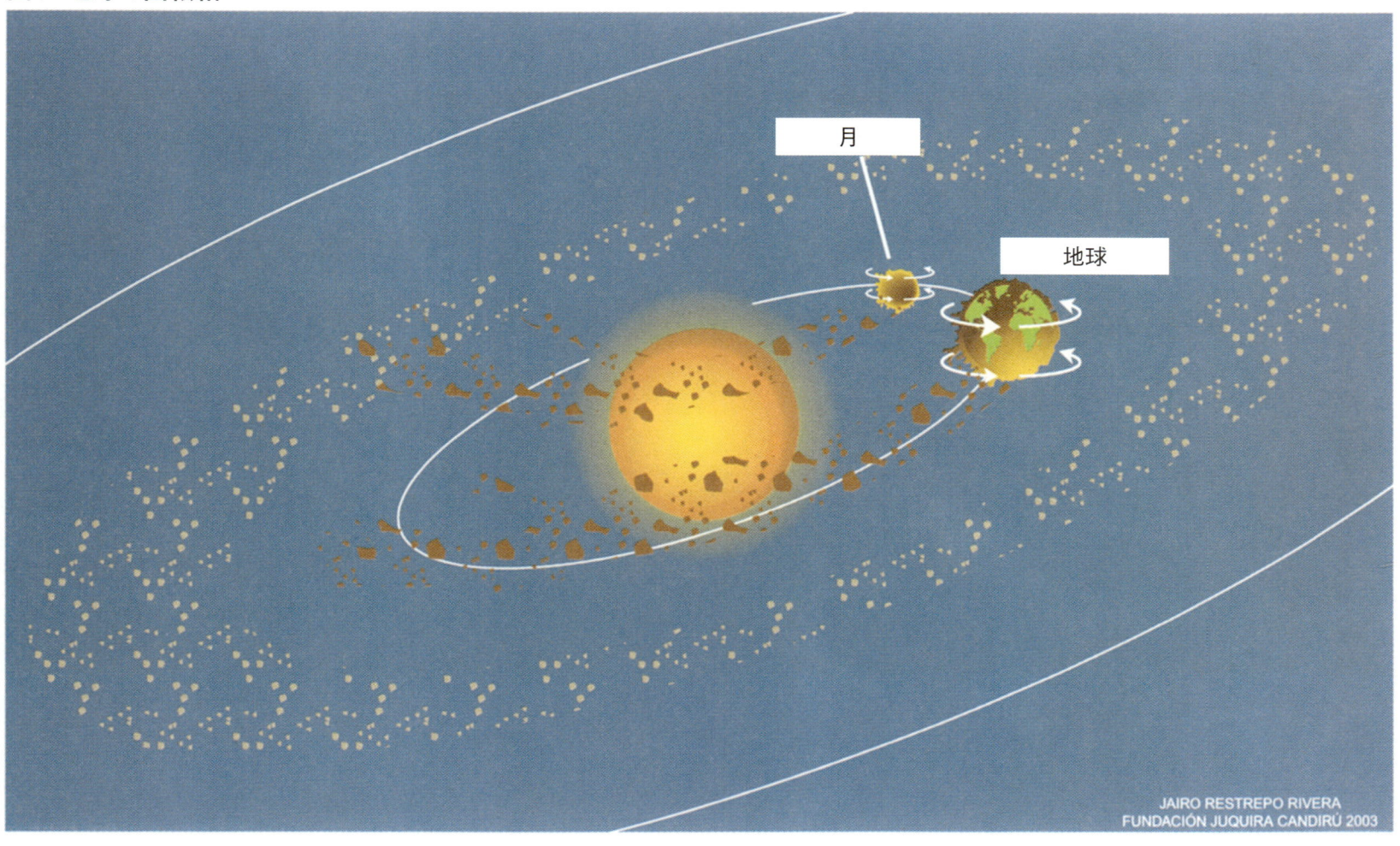

月

地球

JAIRO RESTREPO RIVERA
FUNDACIÓN JUQUIRA CANDIRÚ 2003

ハイロ・レストゥレポ・リベラ　フキラ・カンディドゥ財団2003

第2章 月とは

図5：引力説

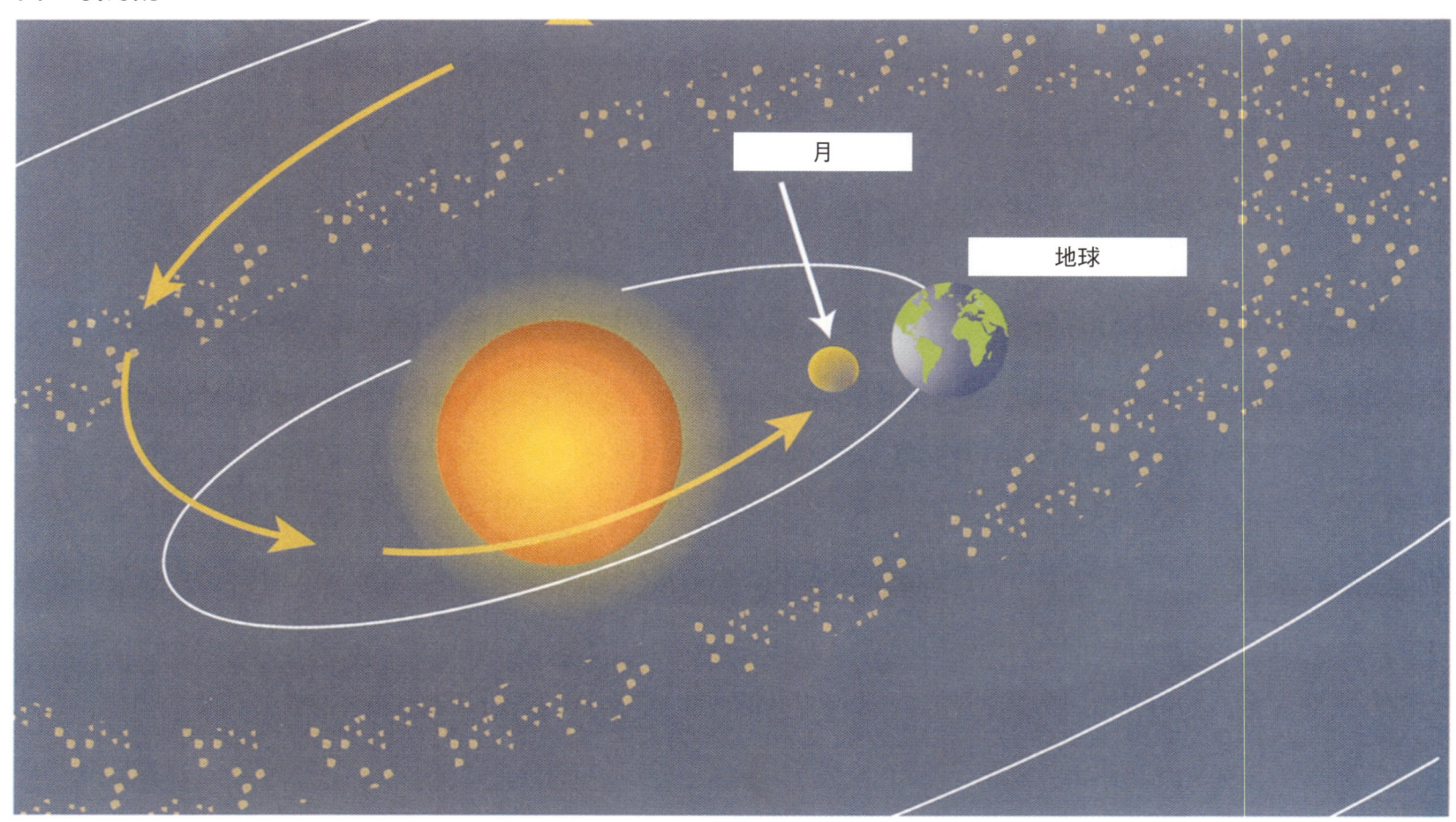

月

地球

月

図6：沈殿の仮説

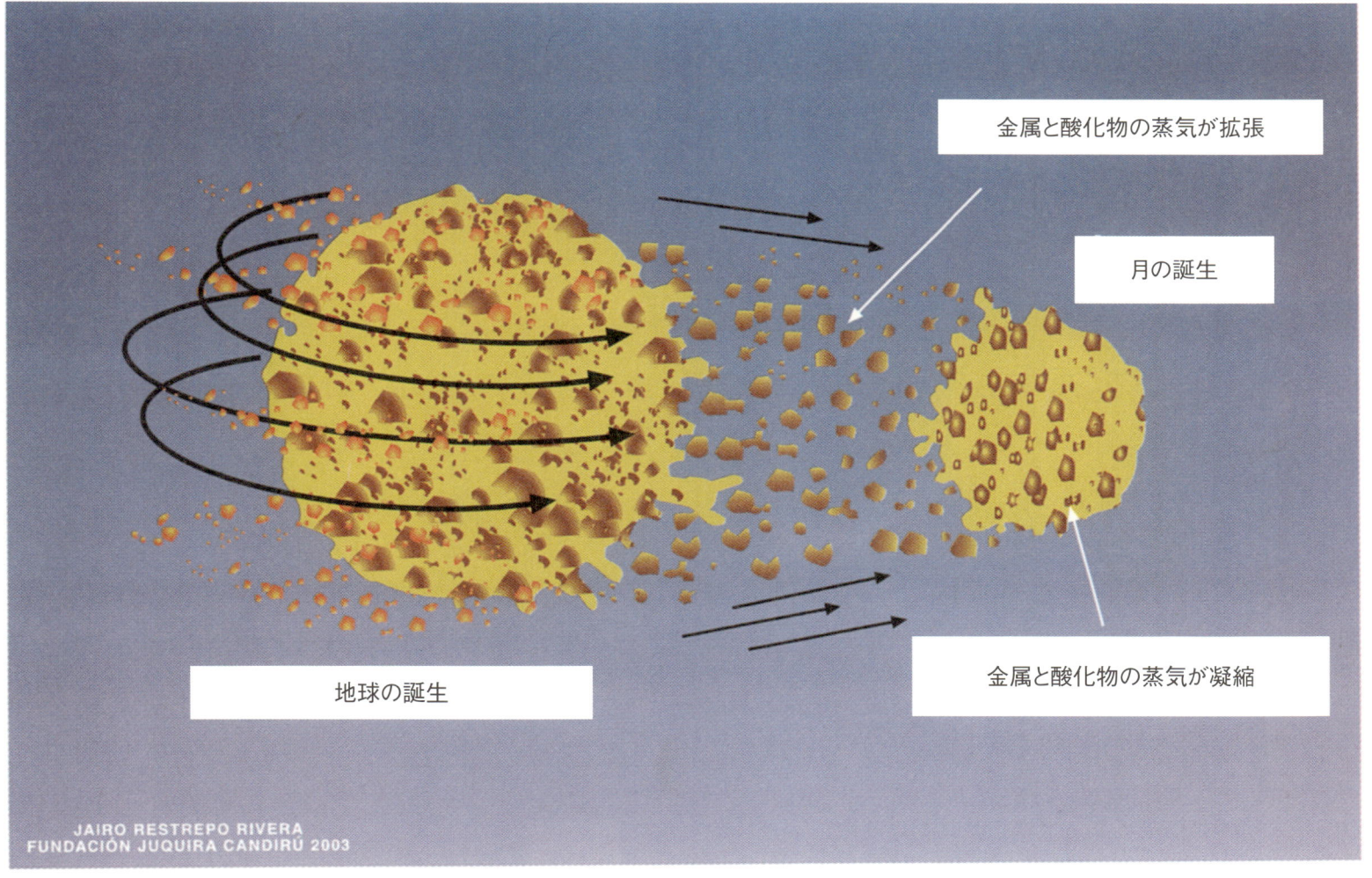

金属と酸化物の蒸気が拡張

月の誕生

地球の誕生

金属と酸化物の蒸気が凝縮

JAIRO RESTREPO RIVERA
FUNDACIÓN JUQUIRA CANDIRÚ 2003

ハイロ・レストゥレポ・リベラ　フキラ・カンディドゥ財団2003

図7：大衝突説

図8：月の動きと回転

第2章 月とは

図9：月相（月齢）

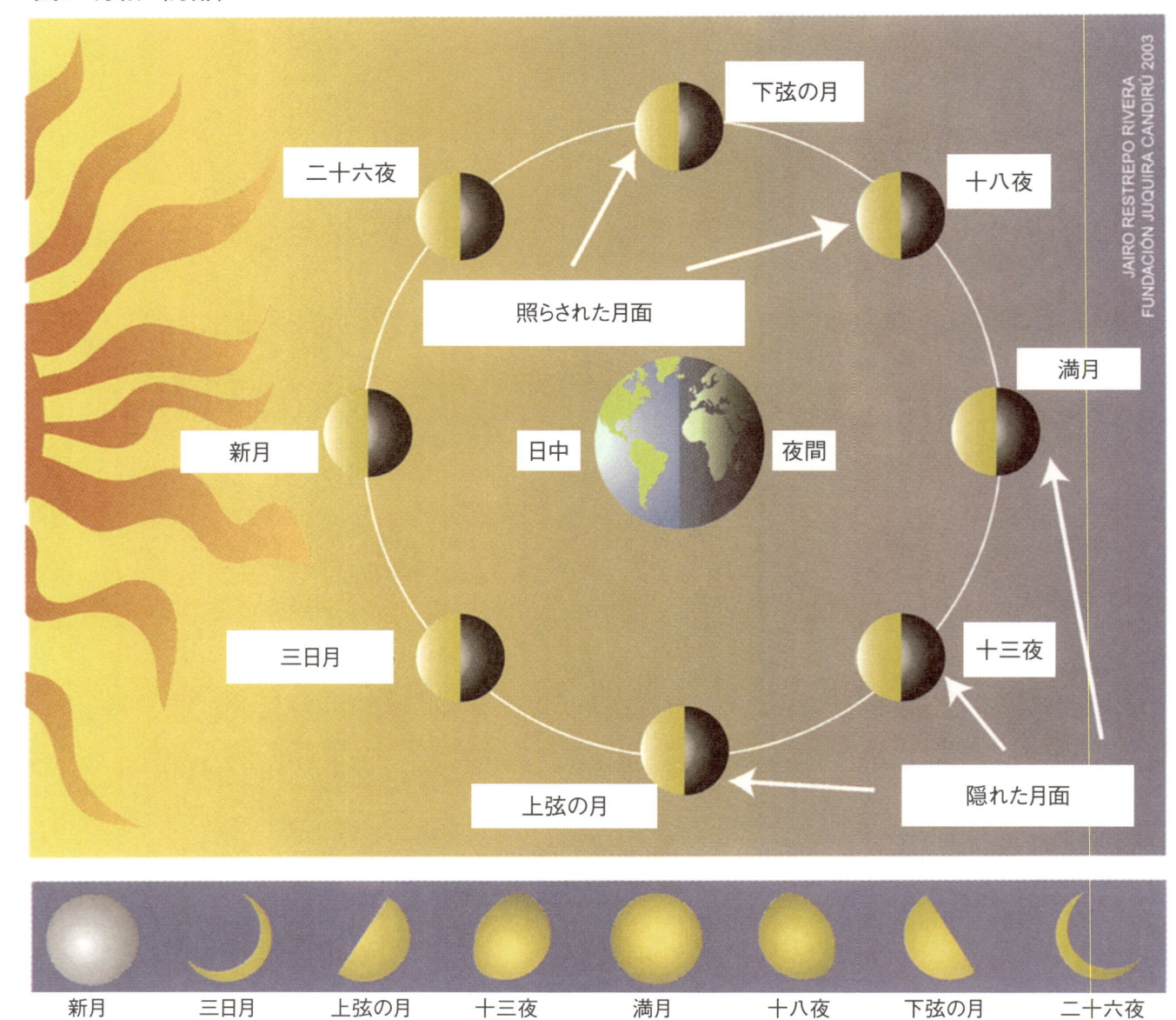

下弦の月
二十六夜
十八夜
照らされた月面
新月
満月
日中
夜間
三日月
十三夜
上弦の月
隠れた月面

新月　三日月　上弦の月　十三夜　満月　十八夜　下弦の月　二十六夜

地球から見た月の変化

ハイロ・レストゥレポ・リベラ　フキラ・カンデイドゥ財団2003

図10：月の軌道

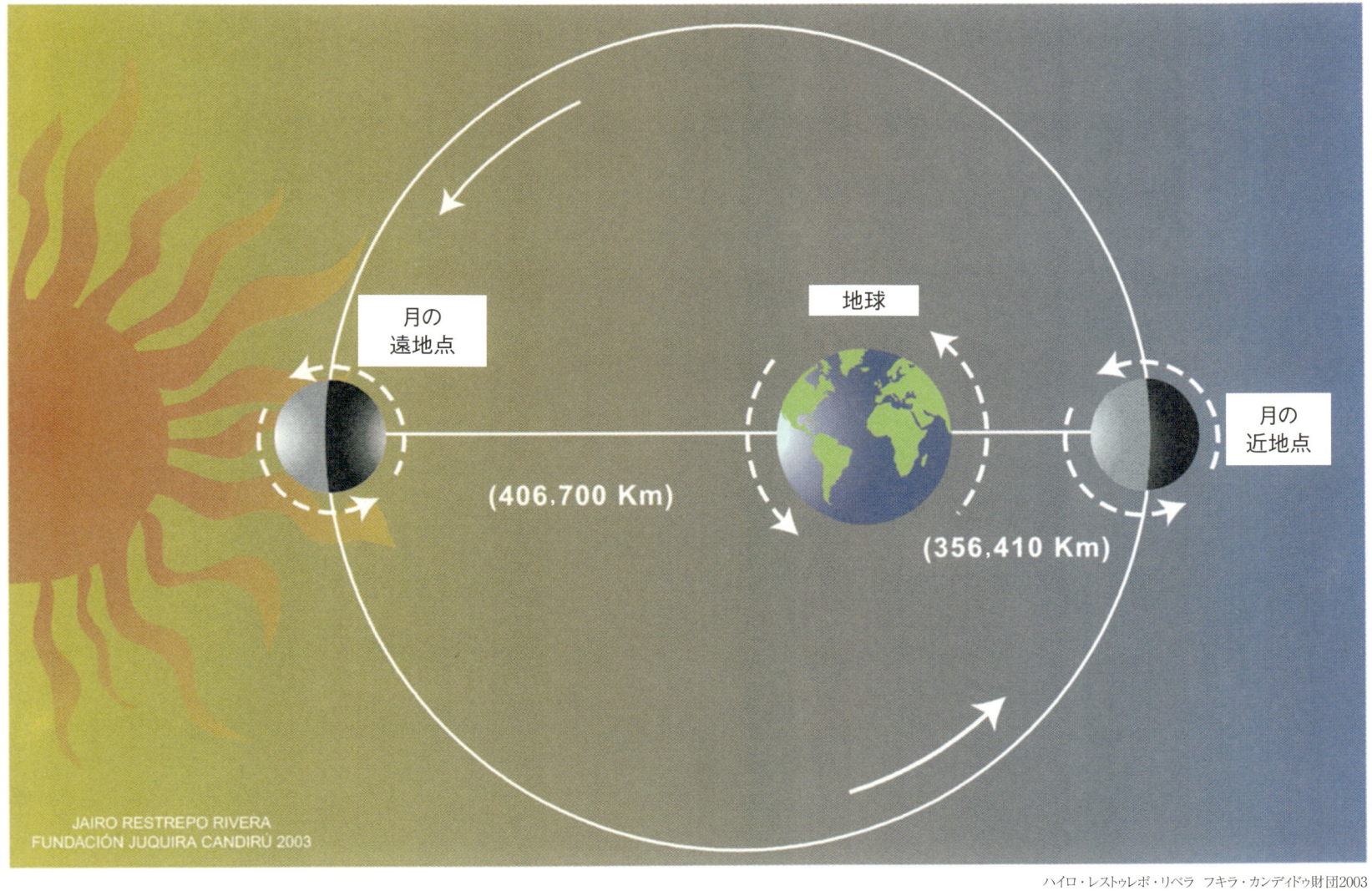

第2章 月とは

図11：月の幻影

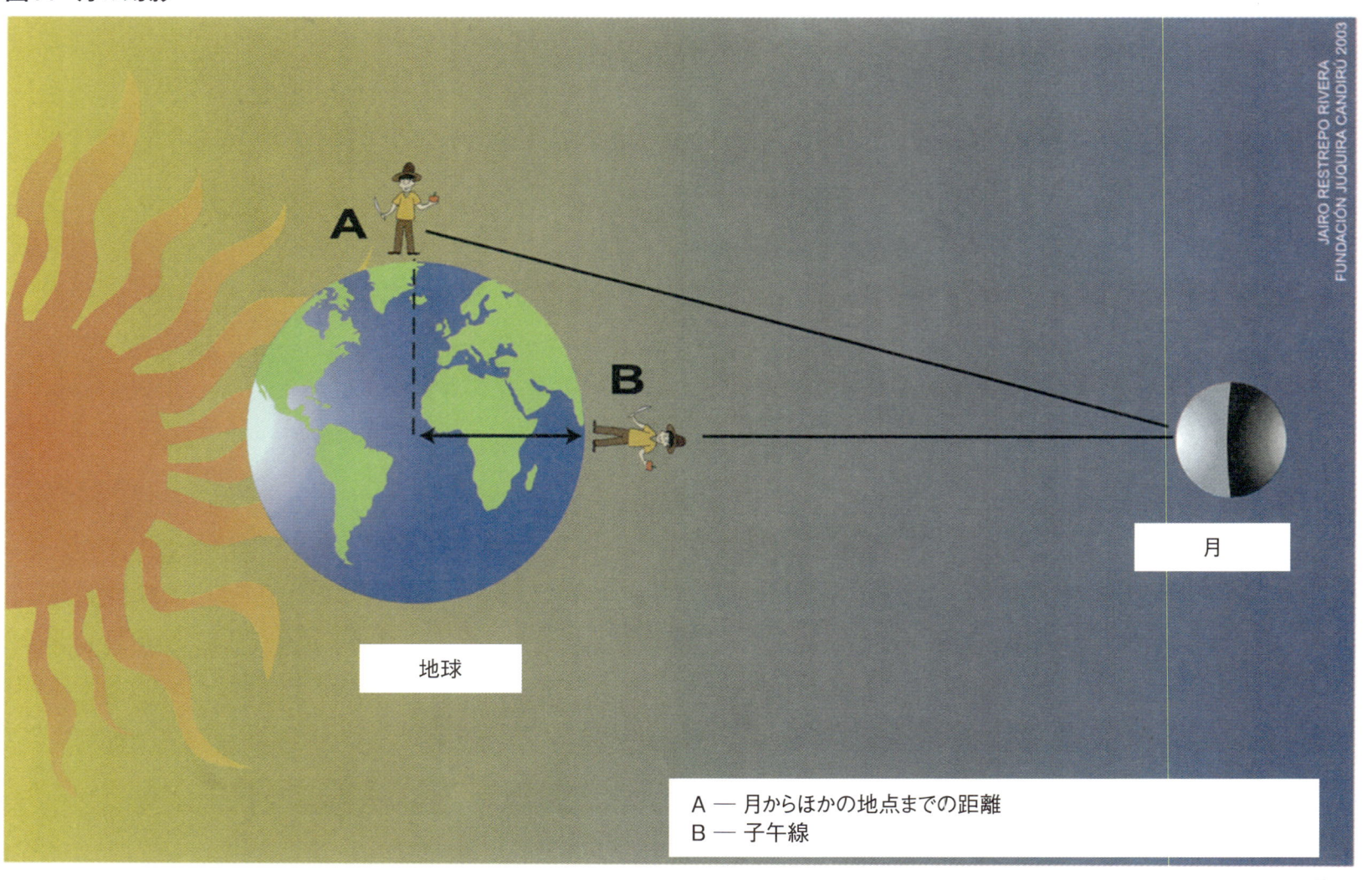

地球

月

A ― 月からほかの地点までの距離
B ― 子午線

ハイロ・レストゥレポ・リベラ　フキラ・カンディドゥ財団2003

図12：月の内面の層

表面から1000km
表面から150kmから1000km
表面から60kmから150km
表面から20kmから60km
表面から1kmから20km
表面から1km
核

図13：太陽系の惑星

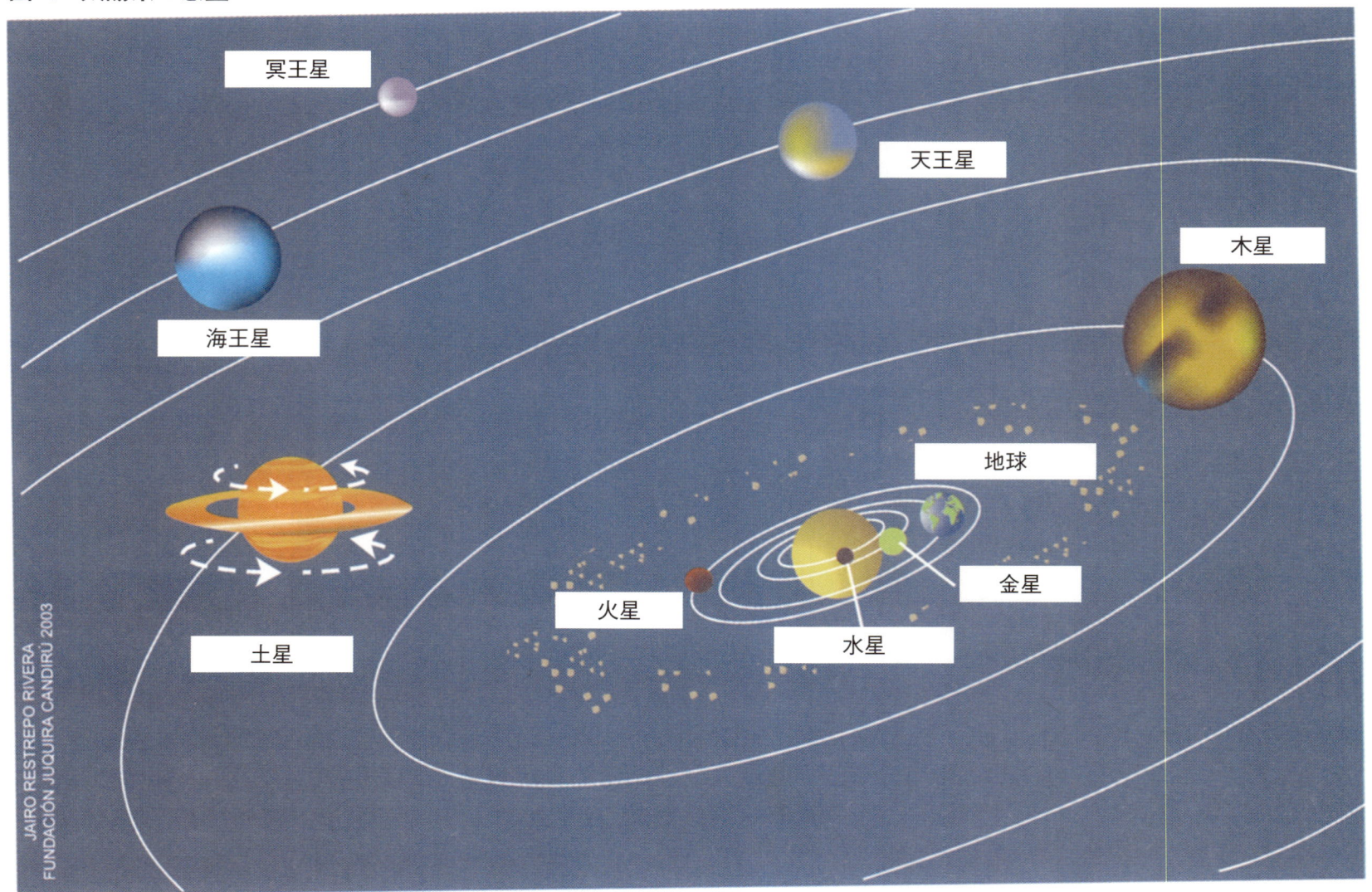

図14：月食

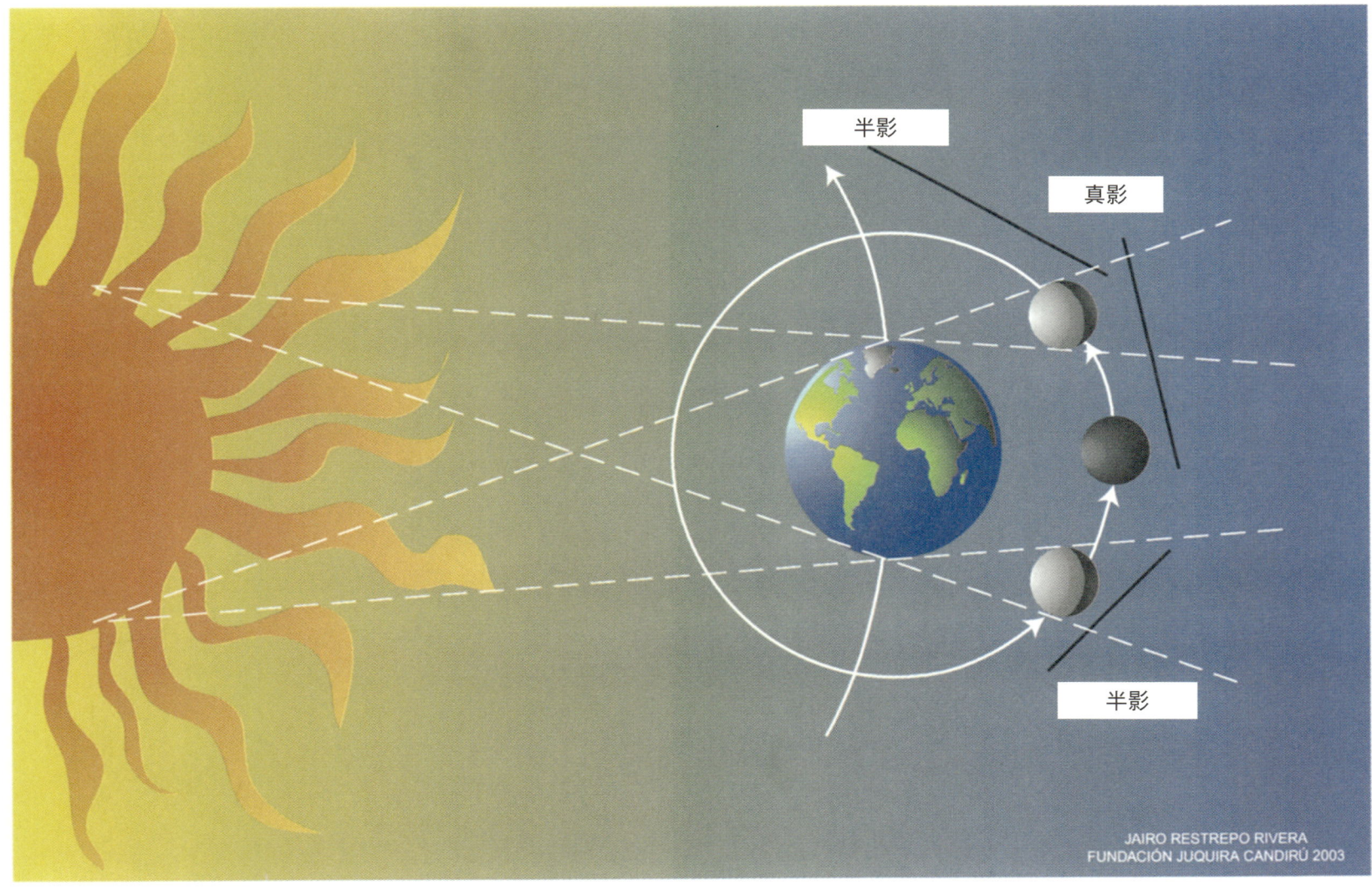

第2章　月とは

図15：日食

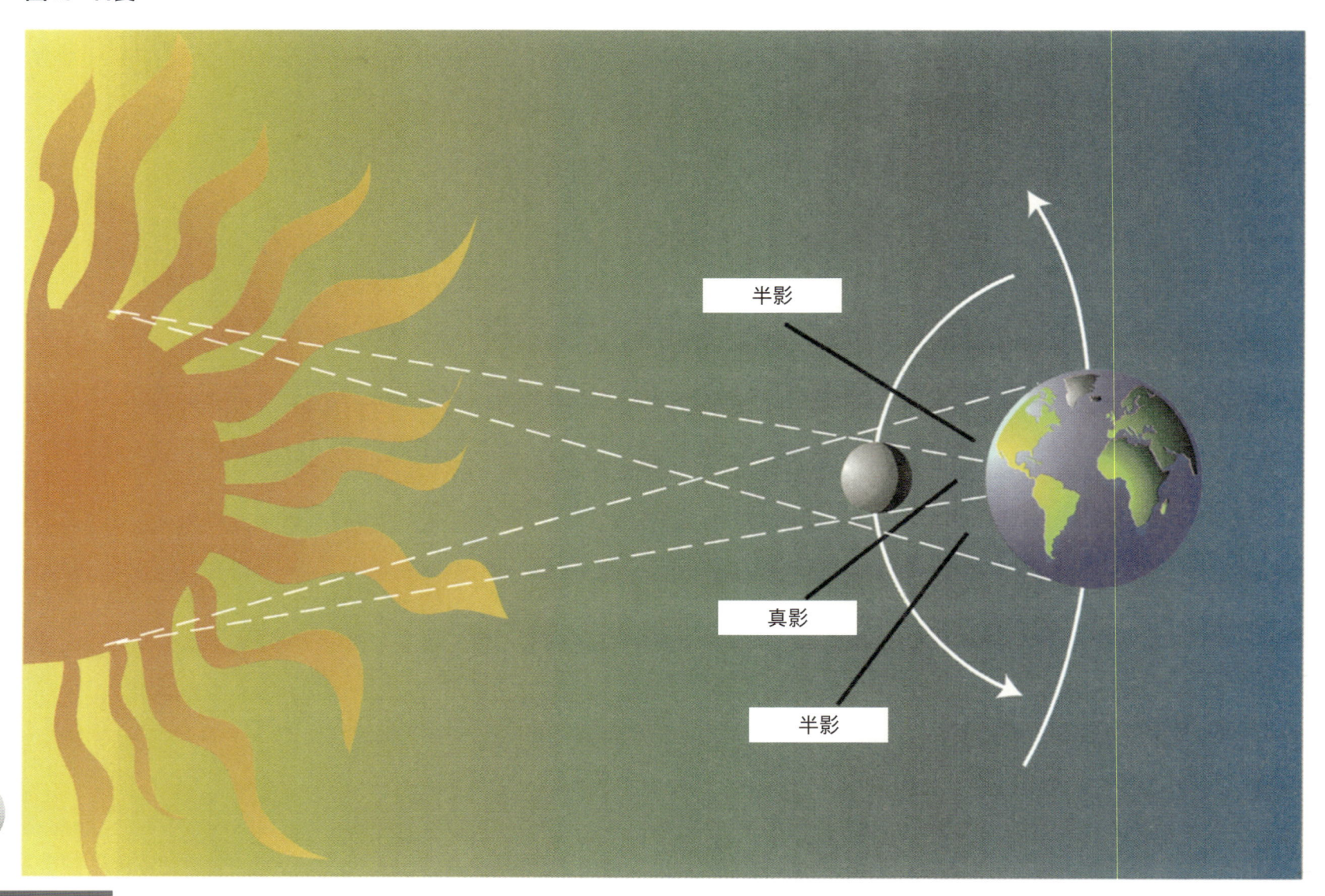

半影

真影

半影

図16：月齢の日数（内容は図9とほぼ同一）

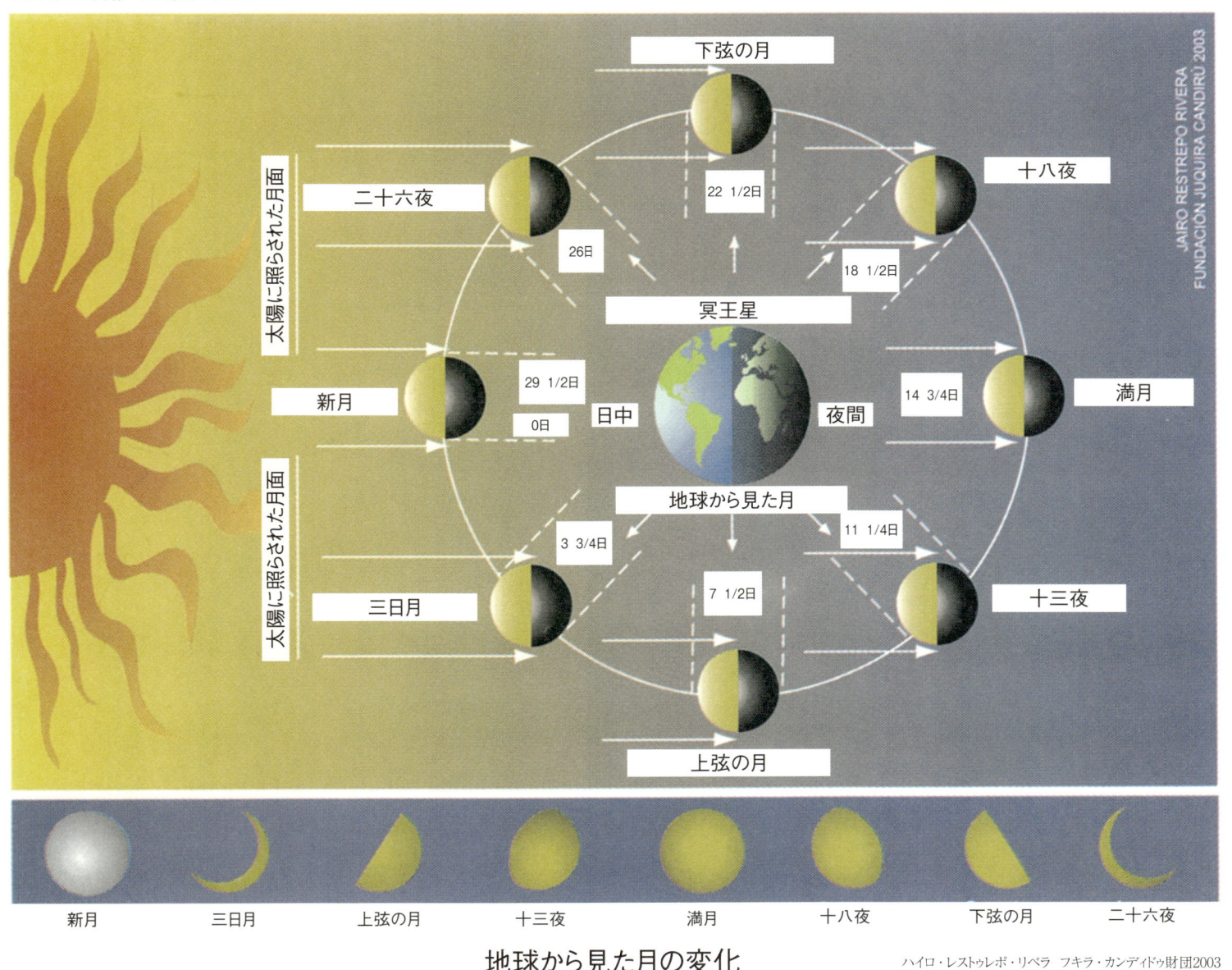

地球から見た月の変化

第2章　月とは

図25：太陽周期と月齢の日数

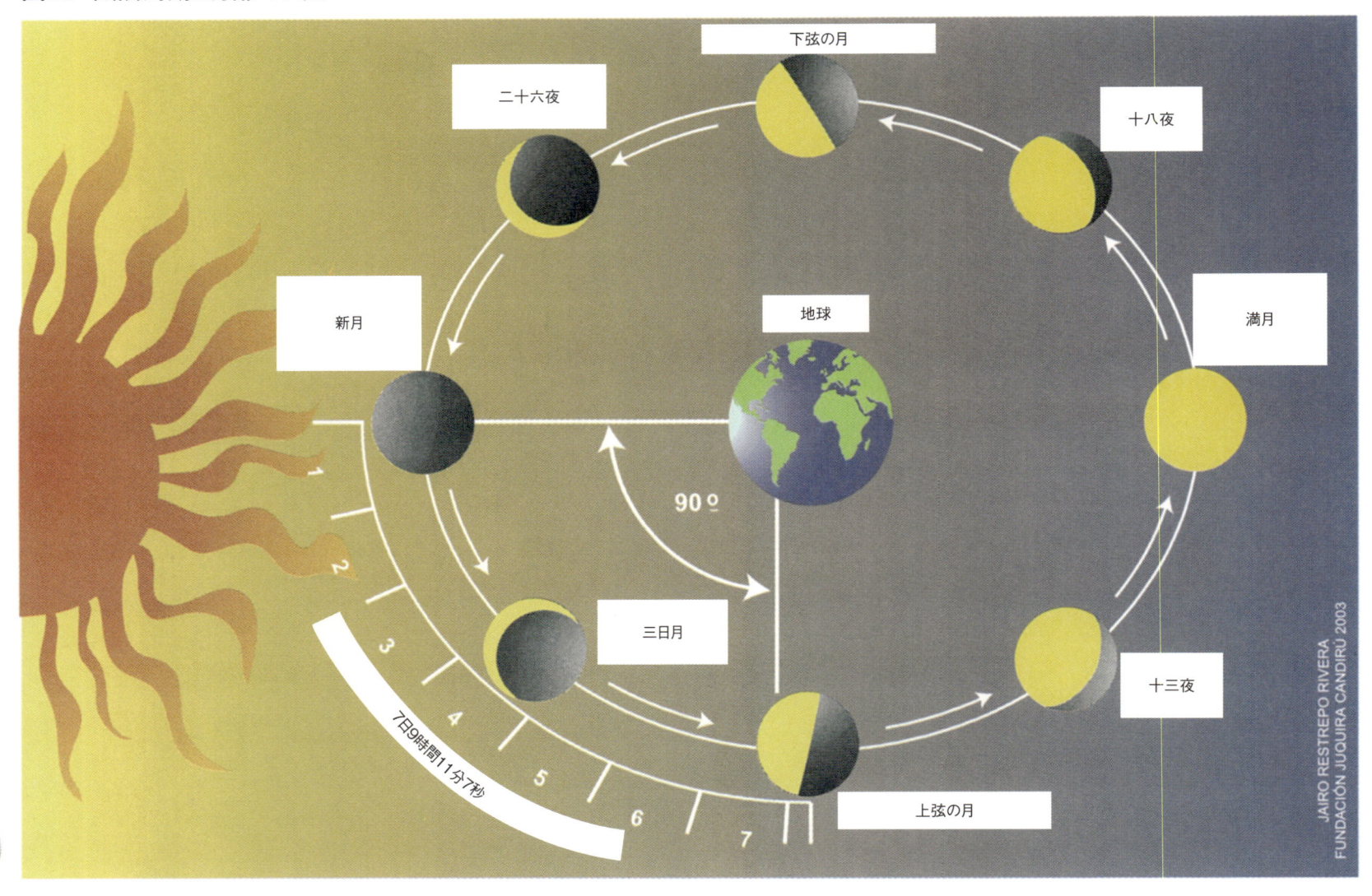

下弦の月
二十六夜
十八夜
新月
満月
地球
90°
三日月
7日9時間11分7秒
十三夜
上弦の月

JAIRO RESTREPO RIVERA
FUNDACIÓN JUQUIRA CANDIRÚ 2003

ハイロ・レストゥレポ・リベラ　フキラ・カンディドゥ財団2003

Tercera Parte

第3章　月齢が植物に及ぼす影響

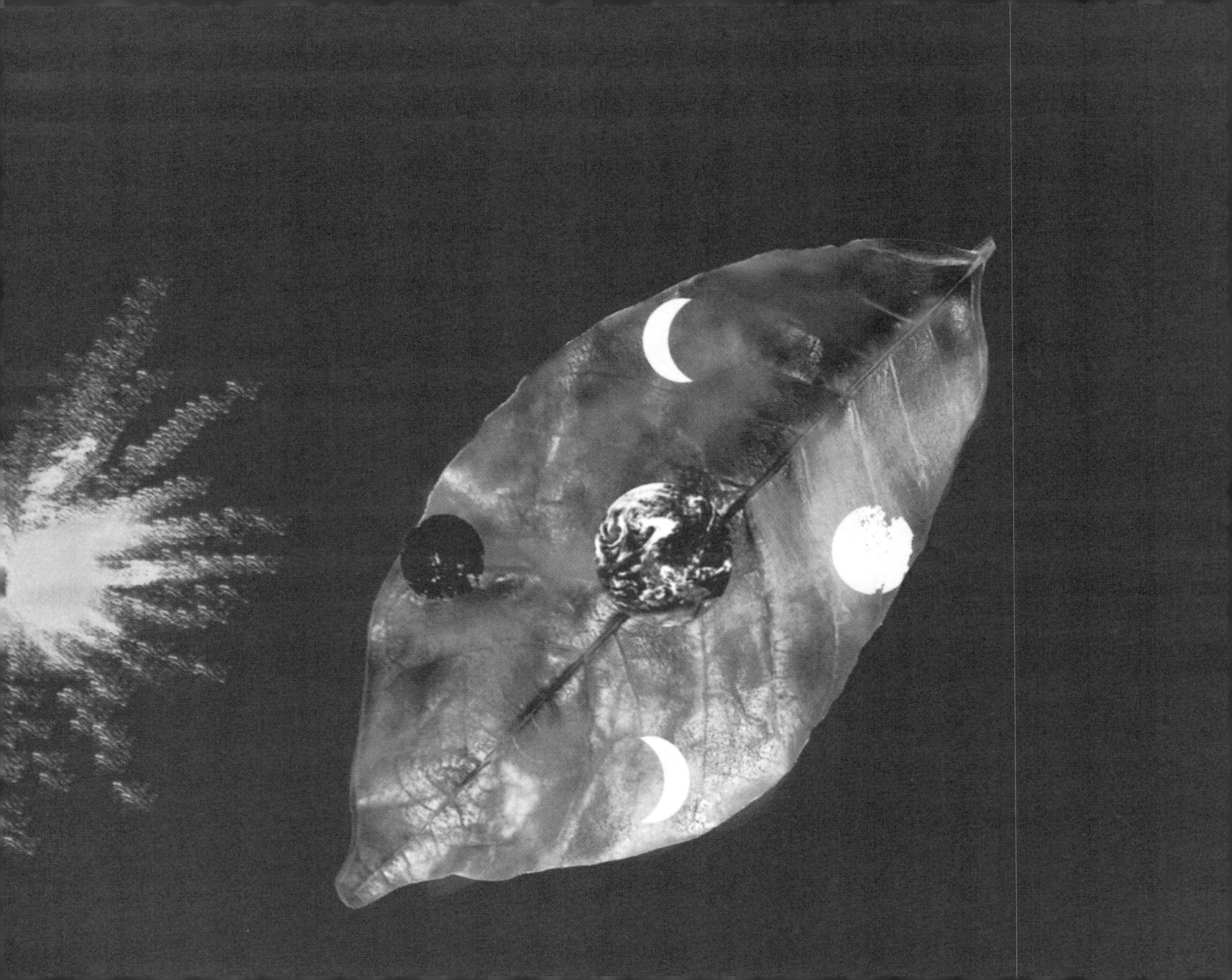

第3章　月齢が植物に及ぼす影響

Sin duda alguna la fuerza de atracción de la Luna, más la del Sol, sobre la superficie de la Tierra en determinados momentos, ejerce un elevado poder de atracción sobre todo líquido que se encuentre en la superficie terrestre, con amplitudes muy diversas según sea la naturaleza, el estado físico y la plasticidad de las sustancias sobre las que actúan estas fuerzas.

＊以下のページでは、新月の初めの3日間とか、満月の最後の3日間という言い方が頻出しますが、これは新月、上弦、満月、下弦それぞれ7日間あるうちの最初の3日間とか最後の3日間という意味です。参照図と照らし合わせてご覧下さい（編集部）。

1. 月齢が樹液の流れに及ぼす影響

さまざまな月齢における樹液の流れを、力学的観点から眺めた場合どうなっているのか。また、農林業でなぜこの月齢の変化に注目する必要があるのだろうか。

太陽が地球に及ぼす引力以上に月の引力が地球に及ぼす影響は明白であり、そのなかでも地上の液体に与える影響は顕著である。物質によって、または植物の物理的状態やその樹液などの粘性によって（月が及ぼす影響は）多様に異なる。月齢の変化にともなって、太洋海水面の潮の干満が毎日くり返し起こることはよく知られている。さらに、この月齢の影響が、植物の樹液の流れにも及んでいることが証明されている。それは、植物の上部から次第に下降していき、茎を通って最後に根へ流れるという変化である。この現象は、植物の地上部や太い幹など樹液の通り道で観察されやすいが、低木では観察されにくい。しかし、茎が長く、樹液が淀みなく流れる十分な通り道がある植物などではよく見られる。

月齢がその生長に際立って影響を及ぼす植物は多種にわたるが、なかでも顕著なのは、ツル性植物、ブーゲンビリアなどの夏の植物、バラ科やマメ科の植物、フジなどだ。さらに、いくつかの植物の開花が、潮の干潮と密接に関わっていることも証明されている。また、甘い樹液を採る樹木でもこの関係が関わっている。すなわち、上げ潮で樹液をたくさん出し、逆に干潮時には樹液がほとんど出なくなる。

日本、フィリピン、イギリス、マレーなどの植物学者は、長年にわたってタケの生態を詳細に研究してきた。その調査結果によれば、東南アジアに生息するある種のタケは、一日に50～60cmも伸びることが報告されている。ある研究者が日本のマダケについて精密に計測した結果、24時間に1.24mの伸びを観察したという報告もある。

月の影響、もっと具体的にいえば研究者たちも確認している潮の干満によって、一定の植物は顕著にその生長に差が現われる。つまり、満潮時は植物の生長が早く、干潮時にはその生長がゆるやかになる。この原因としては、月の引力が考えられ、植物の樹液の流れに圧力がかかるときと、かからないときで、その影響の仕方に変化が生じるということである。(図26参照)

1.1 月光の影響

はるか昔から、人々の生活様式の変化にあわせて、月の光は生活と密接につながってきた。人生のある瞬間に起こしてしまう行ないに、それがその人の気質からくるものであれ、または自然と出てしまったことであれ、人々はそれを見て"Lunaticos"(ルナティコス＝奇癖のある)ということがある。最近デンマークで調査された結果によれば、交通事故やアルコール摂取によって起こされる反社会的・暴力的行為は、新月時、または下弦の月から新月に向かうときに発生している場合が多い。また、医学の面においても同じ時期に精神障害の発生率が上がるといわれている。癲癇もちの人が発作を起こすのもこの時期に多いといわれている。

月光が動植物の生育と生長に強く関与しているという研究報告は多い。太陽光とは別に、月光が種子の発芽に関して直接影響を及ぼすともいわれる。月のやわらかい光が地中に射し込む深さは、陽の光とは比較にならないほど深いとされる。太陽の光子の働きは強すぎ、植物が生長するのに必要な養分吸収を阻害する。土中に残った光子によって植物の種子が病気に強く、丈夫によく育つように誘導する使命が月光に与えられている。

さらに信じるかどうかは読者の判断次第だが、月が植物に与える影響として新月から満月に向かう時期はどの植物でも光合成が盛んになり、とくに新月からの三日間にそのピークがくる。この時期は、とりもなおさず地球を照らす月光が最高値になる科学的根拠もあることから、ありえることとされている。(図27参照)

そのほかの研究でも、少なくとも50％程度は何らかのかたちで月光が多くの穀物や果物の成熟に関わっていると報告されている。さらに月光は、作物の糖度の向上や糖質にも関わっている。インドの北部地域では、穀物を平屋根の上に干しておく習慣がある。これは、"Kuar"(9～10月)の時期にとくに多く見られ、こうすることで夜間に満月の光を受けてうまみを増すといわれている。さらにそれを食べると寿命も延びるので、親戚にもよく配られるということだ。

最後に、月が満月になる過程では、計画、補助、生産、吸収、吸入、活力の維持、増強が促される。逆に、月が新月に向かう過程では、浄化、汗を乾かし、あるい汗をかき、発散し、活動とその力の消耗を導く。それぞれをそのように捉えることができる。(図28参照)

1.2 月光と雨の関係

　このテーマについては、ルドルフ・シュタイナー（Rudolf Steiner）が、1924年6月7日に初めてバイオダイナミック農法について講演をしたときに次のように述べている。

　「昨今の物理学者は、雨というと降らないときより降ったときのほうが地上に落ちる水量が多いという点のみを研究している。彼らにとって水とは、水素と酸素からなる一つの理論的な物質でしかないのだ。」

　水を電気分解すると二つの物質（酸素と水素）に分かれ、それぞれが独自の性質をもつ。しかしこれだけでは水が包摂している多くの事実については何も語っていないことになる。水は単に水素と酸素のみならず、多くのものを含んでいる。水は、もっと傑出した働きを与えられている。たとえば、月からもたらされるある種の力を地上で誘導する働きなどである。地球上で月の力を配分する役割は水のものだ。月（月光）と地上の水との関係は、ある種の特別な関係がある。

　雨が何日か降り続いて、その後にちょうど満月であった場合には次のようなことが起こる。満月のときに月から地球に及ぶ力は巨大極まりなく、この力は植物の生育の一生にわたって続く（この力は、この前の雨なしには考えられない）。そういうわけで、一定の条件下、雨が降り続いた後の満月の光が地上に届いている間に播種すべきか、またはそのようなことにお構いなくいつ播種してもいいのか？　ということについて考えたとき、時期に関係なくいつ播種してもいくらか発芽は見られるだろうけれども、やはり、「雨が降った後の満月の光のときに播種すべしといったほうがよいのではないか？」という気になる。

　ある種の植物にとっては確かに、雨上がりにおける満月の光が与える働きは強烈なものがあり、続いてすぐに強い日光を受けると植物が衰弱する。このことに関して、古くから農民の間に伝わる諺もあるように、昔からの伝承でも残っており、播種をどのタイミングでしたらよいかわかっていたということになる。現代社会ではこれらの諺は昔の迷信であり、科学的根拠は何もないかのように扱われており、このことを調べて発展させる気などさらさらないようである。(図29参照)

　月光はまた、多くの昆虫にとって「調節装置」の役割も果たしている。昆虫がいろいろな生育ステージを迎える中で、その時期によって月光が有利にもなり、不利にもなる。ある種の昆虫は暗闇の中でのみ育ち、他のものは光があるところのみで育つからである。たとえばコーヒーの害虫、コーヒーノミキクイムシ Hypothenemus hampei は、満月の光の下では増殖を阻害され、新月のときによく増殖する。しかし、アブラ菜につく虫（Ascia monuste）などは満月の下でその活動が活発になるため、月光がまったくないと増殖活動が妨げられる場合もある。この現象は、ほかの多くの昆虫の生育や卵の繁殖についてもあてはまる。(図30参照)

　月光は、漁業にもまともに影響を及ぼす。満月時は不漁である。魚にとっても、月光が照らし出す海の中は自然の食物を見分けるのに格好のときでもあり、陸からもたらされる危険きわまりない餌などより、そちらを食べるほうがよっぽどよいからである。一方で、新月中の月光が薄いときは漁師に大漁をもたらす。魚が好奇心と何でもよいから腹を満たしたいという状況の中で、簡単に餌に喰いついてしまうからである。紀元前4世紀に、アリストテレスが地中海で獲れたウニは満月のときにもっとも性成熟し、味もよくなるといっている。

他方、月光はミミズの飼育と繁殖にも大きな影響を及ぼす。下弦の月と新月が、ミミズにとっての肥育と生長にはよりよいとされている。地中の有機食物を見つけるのに、またはその食欲をそそるのにミミズには暗闇が欠かせない盟友のようなものなのである。ミミズはほとんどの場合、光に対して非常に敏感で、かつ光から逃げる傾向がある。

上弦の月と満月のときに巣箱の土中奥深くに届く微量の光は、雄雌両性具有へのマッサージ的役割（性的刺激）を果たすとともに、繁殖も助長する。**(図31参照)**

回虫類を駆除するために処方される虫下しに関しても、動物、人間とも月光の影響を受ける。家畜の虫下しにもっともよいのは満月のときである。人間も検便の検査を受けるのは、このときがもっとも適切とされる。内部寄生虫に罹患した場合に、この時期に検査結果を確認するのが適しているとされている。**(図32参照)**

1.3 植物内に循環する樹液に対する月齢の影響

1970年代後半の約6年間、ブラジルの南方にあった移住地でフランス人やドイツ人、イタリア人入植者たちと一緒に過ごした経験がある。そこで観察し、尊敬し、また多く学び、技術実習をさせてもらう中で印象に残っていることは、彼らが植物の生長に対して月が与える影響を念頭において農業をしていたことである。ここで私が実習し学んだことは、一年のうちで、いつ接ぎ木をし、木を伐り、播種をし、収穫し、その収穫物を保存したらよいかということであった。

たとえば、この地方では、モモ、ナシ、リンゴなどのせん定やブドウ棚の整理、材木の伐採などは、月名に「R」が入らない4ヵ月間、すなわち5月（mayo）、6月（junio）、7月（Julio）、8月（agosto）の各月に行なうものと限られていた(注)。場合によっては（これ以外の月に）月齢にしたがってこれらの作業を行なうこともあったが、この時期をはずしてせん定や伐採を行うと、農民には何のメリットもない作業となることが多い。果樹では生育が貧弱になり、収穫も少なく、果実も小さくなる。材木もスカスカになり、シロアリの格好の的になってしまう。**(図33参照)**

§訳注　北半球の日本などでは、反対にこの時期（6月から8月）は新梢の生長期のためせん定を行なわない。日本では通常せん定は12月から3月に行なう。

解説：

たとえば、建設用の木材を満月に向かう上弦の月のときに伐採すると、もちが悪い。なぜならば木の繊維に含まれる水分が非常に多く、こうしたときに伐採すると繊維部が拡張していて、柔らかく、空気を多く含んでいるからである。そのためすぐに裂けて、悪天候に弱い材木になる。

それに反して、満月から3日目の十八夜から下弦の月までに伐採すると、材木のもちもよく、減耗に強かった。木が水分を少ししか含んでいないため、乾燥させるときに繊維が締まるのである。もちがよくなるばかりか、虫も寄せ付けなくなる。

また、この月齢の体験で、秋の終わり、すなわち南半球で冬に当たる月々の低温によって樹液が減少する現象が起きることもわかった。葉が落葉し、光合成が最小になる時期でもある。

結局、私はこの経験を元にその後16年にわたり個人的に研究を進めてきた。そして南米と中米カリブ地域の農民と情報交換しつつ、現在に至っている。本書に書かれ

た内容は、その農民の知恵の結晶といっても過言ではない。彼らは、毎日耕しながら研究し実習しつつ、月、地球、そして自分の家と生活の中で必要なものを見分けてきた。

2. 1年生作物栽培に与える月齢の影響

2.1 野菜
●地上部を収穫する野菜の播種と移植

過去からの言い伝えでは、播種するのは月が膨らんでいくとき（新月から3日目～満月の3日前までの、水分が地上部へ拡散する時期）がよいとされる。とくに満月の2～3日前までに播種を完了するのがよりよいとしている。こうすることで、トマト、ナス、オオムギ、エンバク、コメ、コムギ、トウガラシ、トマトの木・ルロ（トマトに似た果実）、飼料用トウモロコシ、トウガラシ、ピーマン、キュウリ、グリンピース、長ネギ、マメ、インゲン、ソラマメ、ポロネギ、ハクサイなどの野菜類が大きく育ち、実も多く結ぶとされる。

また、十八夜（満月後3日～新月の最初の3日間、水分の下部へ拡散時）には地下に育つ野菜、ニンジン、ダイコン、ジャガイモ、ビート、タマネギ、ニンニク、セロリ、ハツカダイコンなどを播種するとよい。

重要な観察：
　留意したいのは、地上部でも地表面に育つレタス、フダンソウ、ホウレンソウ、リトルコーン、キャベツなど葉を食用にする野菜の場合は、二十六夜で播種したほうがよいことである。三日月で播種すると花が早く咲いてしまう傾向がある。とくにレタスでは顕著で、植物が歪んでしまうと主張する農民もいる。

このように果菜であれ、子実野菜であれ、満月の3日前に播種するという規範は間違いなく世界的なものといえよう。その根底には、日光よりも弱いが地中の奥深くまで浸透する月の光の働きがある。種子や苗木が生育の初期の段階に月光の放射を受けると発芽が早まり、葉と花の著しい生長が見られる。その月光に一番長くさらされるには、三日月のときに播種すると可能となる。それとは逆に、下弦の月のときに播種し、約15日間、月光がほとんどゼロの状態で育つと、根の発育が助長され、開花と結実に遅延が見られる。（図34参照）

●果菜、子実野菜、マメ類と穀類を生食用に収穫

果菜、子実野菜、マメ類と穀類を生食用に収穫する場合、以下のように二つに分け

A-収穫の集中期間

三日月の3日後から満月の3日後までの間のだいたい7日間（この時期に地上部へ水分が集中）。この期間は、果菜の実、野菜、マメ類、穀類の生食用、柔らかいトウモロコシなどがもっともジューシーになると同時に、食味ももっともよくなる。（図35参照）

B-収穫の拡散期間

だいたい14日間で、前述の期間も含めて、新月（実がジューシーになり始めるとき）の最後の4日間から満月の後の十八夜の最初の3日間までで、この期間に果菜の実は汁気がもっとも少なくなる（地上部水分の拡散時期）。

このように、AとBの二通りの収穫期間がある。これらが当てはまる作物は、スィートコーン、グリンピース、ソラマメ、インゲンマメ、キュウリ、キャベツ、レタス、フダンソウ、カリフラワー、ブロッコリー、アーティチョークなどの花菜、ナス、ホウレンソウ、ナガネギ、タマネギ、トマト、ピーマン、モヤシ、イチゴ、キイチゴ、サクランボ、マンゴー、アボカド、オレンジ、レモン、パパイヤ、スイカ、メロン、ズッキーニ、グアバ、ゴレンシ、パイナップル、バンレイシ、サポジラ、プラム、モモ、ブドウ、イチジク、夏イチジク、ザクロ、オオミノトケイソウ、パッションフルーツ、ジャボチカバ、リンゴ、洋ナシ、オトギリソウの果実、ビワ、トゲバンレイシ、ノニ、カシューナッツ、アセロラなどがある。（図36参照）

●保存食品とする野菜類の収穫

塩漬け、または酢漬けする野菜の収穫は、どのような野菜を保存するか、またその野菜のどの部分を保存用にするかによって条件が異なる。たとえば、葉と茎の部分の保存は、組織に含まれる水分が最小となる二十六夜に収穫するのがよく、これによって酢や塩の中でよく漬かるようになるばかりか、そのものの自然の色合いや鮮度も長期に保たれる。星座も考慮に入れるならば、かに座、さそり座、うお座となる（第6章参照）。

塊茎や根菜の場合は、ちょうど下弦の月から新月にかけてが収穫の適期で、このとき細胞に水分を最大に貯える。調理用に保存するには適した時期といえる。（図37参照）

果実のシロップ漬け、または乾燥フルーツの加工

シロップ漬け用の果実は新月から満月にかけて収穫するのがよく、さらにいえば水分が地上部に集中する7日間に行なうのが最適である。この間果実はもっともジューシーになり、糖度も濃くなる。逆に、下弦の月に収穫してしまうと果実は水分を帯びない。しかし果肉や果皮の色が鮮やかになり、大変きれいに見える利点はある（シロップ漬けは通常ガラス瓶に保存されるので）。

干しブドウやほかの乾燥フルーツをつくる場合は、下弦の月から新月にかけて収穫するのが最適で、水分が下部に集中する7日間の時期がよい。（図38参照）

● ウリ科野菜の播種と収穫

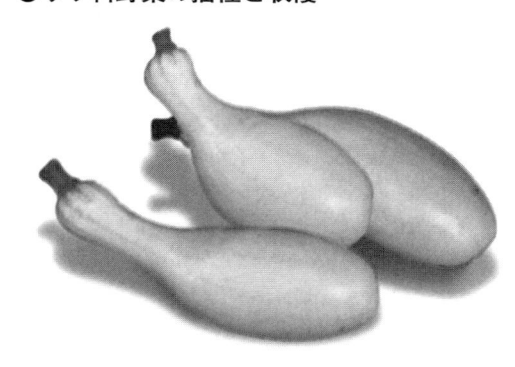

キュウリ、カボチャなどウリ科の野菜は経済効果が高いが、生育期間中の扱いは難しい。そこで農家は、これらウリ科の栽培にあたっては月齢を重視している。播種で優位を占める月齢は新月で、新月の3日後から満月の3日後までの、ことに水分が上部に集中する7日間のときである。

また、ウリ科野菜の収穫に関しては2通りの月齢が考えられる。その違いは、野菜を収穫後どうするかによる。すぐに消費するので、運搬による傷みが少ない場合は満月時がよく、その野菜はジューシーで味もよく、地元消費用として適する。反対に、収穫後消費者の口に届くまでの運搬距離が長く、ある程度時間がかかる場合は、下弦の月から新月までに収穫するのがよい。すなわち、水分が地下部に集中する時期である。

これらの野菜の種子を採るには、二十六夜の収穫を勧める。同じウリ科でも、ヘチマやPaste vegetal（ヘチマのようにその実をスポンジなどに使う）は十三夜から下弦の月に収穫すると繊維に耐久性があり、水にも強い。この時期の収穫がお勧めである。（図39参照）

2.2 穀物と穀類
● 穀類と乾燥穀物の収穫

穀物(注)を貯蔵中、食物として味を落とさず長もちさせ、害虫や病気の被害も受けにくくするには、下弦の月のときに収穫することである。少なくともこのことは、メキシコ南部のチアパス州のマヤ文明およびグァテマラのトウモロコシ栽培においても同様なことが確認されている。そこでは、長期間貯蔵する穀物は、十八夜から新月の初めの3日間の間（水分が下部に集中する時期）に収穫すると、あらゆる害から逃れられてよいと勧めている。このグループに含まれる作物としては、トウモロコシ、コメ、ゴマ（ゴマは、製油したときに良質になる）、オートミール、コムギ、カカオ、オオムギ、ココナッツ、マメ、ヒマワリ、ラッカセイ（殻に含まれる水分量がもっとも少なくなる新月から満月にかけて収穫するのがよい）、黒コショウ、エジプトマメ、アチョーテ、レンズマメ、ダイズ、モロコシなど全般である。

§訳注　穀類には粒状の種子が含まれ、とくに中南米ではカカオ豆、コーヒー豆になどを含む。

また、月の影響は穀物の品質にも及ぶ。穀物中の水分の含量と蒸散が関係してくるからである。このことは何世紀にもわたって知られていた。コーヒーの生産農家は、満月の最初の3日間から下弦の月までしかマメを収穫しないという。満月の間に水分を最大限まで増やしてやることで、マメの

大きさも質も香りも最高の状態になるからである。

一方で、農家は肉を塩漬けで乾燥させるのに、二十六夜からの3日間になるべく実施するようにしている。こうすることで、肉の水分が最小限に抑えられ、虫がつかず、腐敗も防げるというのだ。(図40参照)

2.3 サトウキビの生産

ラテンアメリカの小農家が多く住む地域では、サトウキビは大変重要な換金作物である。輸出作物としてのみならず、家畜のエサやその糖液を人間の食品に使用できるなど、多方面でのメリットがあるからである。ここでも農家は、さまざまな月齢を使い分けて栽培している。

収穫：
収穫に関わる作業は、そのサトウキビが永年生か一年生かで決まる。ほとんどの小農家が栽培している永年生のサトウキビは、二十六夜に収穫することで伐採に伴うダメージを小さくし、消耗を最小限に抑えられる。そこでこの時期が勧められる。この月齢はふたたび芽が出るのにも有利である。曲がったり徒長したりすることなく、将来的に繊維の多い（背丈の高い）上等なサトウキビができる。

一年生のサトウキビは、三日月のときに収穫することでもっともジューシーなキビが得られる。(図41参照)

種株用の栽培：
種株用のサトウキビを収穫してすぐ植え付ける場合は、選別・収穫を新月から三日月の間に行なうのがよい。すぐに植え付けず長くとっておく場合は、二十六夜に収穫することで、種株が衰弱せずダメージも少なくて済む。(図42参照)

2.4 塊茎、球根、根茎の栽培

中南米の国々のかなりの数の農民と触れ合った経験から私は多くの知識を得たばかりか、国や地域により月が作物に及ぼす影響の考え方の相違はあるものの根底は同じであり、農作業に月の果たす役割は欠かせないということで一致しているのを知った。主に塊茎と根菜の栽培においてはとくにそういえる。

たとえば、貯蔵しないですぐに食べる場合、塊茎と根菜の収穫時期でもっとも適しているのは、新月である。この時期の塊茎と根菜はもっともジューシーで、調理してもっともおいしい。

しかし、逆に貯蔵もしくは種子用として栽培した場合、収穫に適するのは上弦の月

から満月にかけてである。水分量が最小で抑えられ、腐敗のリスクを最小に抑えることができるからである。一方で、二十六夜と新月に収穫したほうがいいという人もいる。なぜならこの時期に栄養価がもっとも高まるというのだ。

また、この二つの意見の間をとったような別の意見もある。それは、収穫後新たに移植するまでの保存期間も念頭において、収穫のタイミングを決めるべきというものである。保存期間があまり長くならない場合は、二十六夜から新月にかけて収穫するほうがよい。なぜなら、塊茎も根菜も水分を多く含んでいるからである。

しかし、長期保存しなければならないときは、三日月の3日後から満月にかけて収穫するのがもっとも適している（塊茎の水分量が最小で、かつ水分が上部に集中する7日間と一致している）。収穫時に水分量が少ないほど、種子として保存するには、もちがよくなることを忘れてはならない。

最後に、塊茎や根菜を専門にしている農家の多くが口を揃えていうのが、「味も栄養価ももっとも優れ、しかもすぐに煮えるようなジャガイモやキャサバ（南米原産の主食のイモ類）を収穫するには、月が欠け始めてから最後の4日から新月の最初の3日に限る」ということである。（図43参照）

挿し木をするためのキャサバの穂を選別して収穫するには、下弦の月が最適で、それを植え付けるには、植物の根の形成が盛んになる新月から三日月にかけてが最適となる。キャサバを青果として収穫する場合は、水分が地下部に間集中する時期、つまり二十六夜の最初の3日間から新月の最初の3日間に収穫するのが最適である。（図44参照）

最後に、バナナ株の間伐(注)、またはバナナの果房先端の除去をも、農家の中には月齢を考慮して行なうものがいる。たとえば、月が欠け始めてから実施したほうが、三日月から満月にかけて実施したときよりも房が太く育ち、バナナの株自体の負担が軽くて済む場合が多いという。他方、バナナの種株を選別する、または新しい作物としてバナナを植え付ける準備は、二十六夜の最後の4日間から新月の最初の3日間にする割合が多い。また新月のその後の4日間から三日月にかけての日々は、新しいバナナの種株を定植するときとする。（図45参照）

§訳注　バナナは1株植えておけばその土地（土壌）の栄養状態によって次々に脇芽が増える。そのため、良質の果房を収穫するには適度な間伐が不可欠となる。また先端の房の先に花が着き、房の部分（バナナ）が太るので、一定の時期になったら花房部分の切除が必要。

2.5　薬草や香料・薬味植物の収集とその使用

薬草、香料、薬味用の植物の栽培は、それを人が使うにしても家畜に与えるにしても、以下の3点が重要に絡んでくる。

● その植物が生育している場所と土壌の種類

- 収集に最適な月齢
- それらを使用する際の植物の部位（葉、花、実、茎、種子または根）と、処置したい臓器または病気との関係

新月のときの月光は、植物を浄化する作用があるばかりか、茎・葉・花・実を巡る樹液を豊かにする働きもある。茎・葉・花・実を収穫し、とくに水に浸して調剤するような場合、適しているのは（新月を過ぎて）三日月から満月にかけての夜間で、この期間は水分が上部に集中する7日間にあたる。三日月の最初の3日間の後から満月から3日後と理解されているこの時期である。

一方、根・塊茎・根茎など地中部分を調剤する場合によいのは、下弦の月の最後の4日と新月の最初の3日間で、これは、それらの部位を収集して薬剤として準備するための最適のときである（水分が下部に集中する7日間と一致する）。

花のみを調剤する場合、またはこれを薬味あるいは香料として使用する場合は、花が全開し、その効果をくまなく利用できるまで待ったほういい。極端に寒い日や雨天、曇天日に収集するのは避ける。植物部位を乾燥させる場合も上記の方法で収集したほうがよい。（図46参照）

月齢によって植物を収穫する際、その作業をより効果的に進めるには、以上に記した以外に下記の補足的な方法がある。

収穫に最適な日と月齢
- ❖ **根・塊茎類の収穫：** 主に日が暮れる前の数時間、よりよいのは夜であるが、なるべく日照にさらさないで行なう。二十六夜と新月の間に実施。
- ❖ **葉の収穫：** 朝露が蒸発した後の正午の前までがよい。新緑で柔らかい葉を三日月から満月の間に収集する。（図47参照）
- ❖ **花の収穫：** 日照がある間で、満開の花を収集する。枯れた花の収集は避ける。一番よい月齢は、三日月から満月の間。
- ❖ **種子と実の収穫：** ほかの部位のように繊細ではないので、一日のどの時間帯に収集してもかまわない。いずれにしても、日中のうち一番暑い時間帯は避けること。種子と実を薬用として保存する場合、推奨される月齢は、二十六夜から新月にかけてである。また、収集後すぐに服用する場合は、三日月から満月にかけてが望ましい。（図48参照）
- ❖ **植物の茎または薬草としての樹皮の収穫：** 植物の茎または樹皮を薬用として収集するのにふさわしい月齢は、植物の樹液が樹冠へと向かって上っていく新月から三日月の間の時期で、この時期に薬効がもっとも高まる。（図49参照）

なお、薬草、香料、薬味になる植物としては次のものが挙げられる。

メボウキ、ニガヨモギ、アニス、ボルド、キンセンカ、コウスイカズラ、コリアンダー、トクサ、クミン、タンポポ、ディル、リンドウ、ビロードモーズイカ、ウマノスズクサ、ウイキョウ、ショウガ、ウシノシタ、レモングラス、オオバコ、アオイ、カミツレ、野生のハッカ、ハナハッカ、ハッカ、オレガノ、イラクサ、アメリカアリタソウ、パセリ、プリヨハッカ、エニシダ、サルビア、ニワトコ、タイム、ヤマハッカ、カノコソウ、クマヅヅラ、スベリヒユ、シソ草、アカシソなど。

3. 永年性作物に与える月齢の影響

3.1 月齢とコーヒー栽培

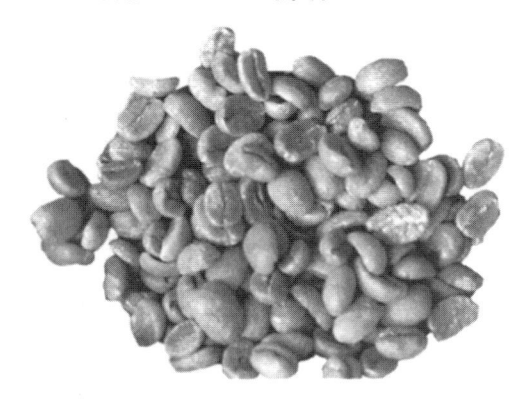

メキシコなど中米やコロンビア、ブラジルの農家は、ほかの地域の国々とは、少し趣きを異にする伝統的なコーヒー栽培をやってきた。その一方で大規模コーヒープランテイションをのぞき、現実の多くの小規模コーヒー栽培農家は月齢を重視した以下の仕事を行なってきた。

コーヒー種子の生産：

コーヒー豆を、種子用に採るのに最適な月齢は下弦の月から新月にかけてである。この時期になると、実の成熟度が最高に達した直後であり、これを収穫して乾燥させる。また保管する際にも損傷が少ない。(図50参照)

苗床と発芽準備：

苗床の準備に最適の月齢は、新月の終わりから三日月までの間である。またこの時期、コーヒー豆の表面の薄皮を剥がしたり、さらに植物の汁などの液肥に浸したり、岩石粉末（harina de rocas）や灰で豆の粒を調整するなどの前処置を施してやると、苗の生長がよく、勢いも盛んになる。

移植：

コーヒーの苗木を育苗ポットに移植するのに最適な月齢は、新月の終わりから三日月にかけてで、この時期は、コーヒーの苗木（根周り）の空気の循環がよくなり発根を促す。

定植：

苗木の定植は、水分が地上部に集中する三日月から満月の3日後までがもっともよい。もっともよい時間帯は、朝の4時から10時まで。また、午後では太陽の光が弱まる4時過ぎ頃からがよい。(図51参照)

更新のせん定・再発芽：

せん定は、そのやり方によってはコーヒー豆の収量が激減しかねない、樹体再生に直結する重要な作業である。そのせん定に最適な月齢は、水分が地下部に集中する時期で、この時期にせん定することで樹へのダメージも少ない。このことを農家は、「コーヒーの樹が血を出さなくてすむように」などと表現する。また、このせん定作業とともに、有機質肥料などを土壌にじかに施用するとよい。(図52参照)

> §訳注　コーヒーは通常定植してから10～15年ぐらい経済寿命があるが、栽培管理上、樹高を2m前後に保つ必要がある。このため5年ぐらいで切り返しせん定を行なう。ここで述べているせん定とはこの切り返しのこと。

枯れ枝管理のせん定：

コーヒー樹では昔から枯れ枝を整理するせん定も行なわれる。この枯れ枝整理のためのせん定は、二十六夜に行なうことをお勧めする。こうすることで、樹が異常な芽を出したり、不要な徒長枝を発生させて養分を消耗したりすることから、少しでも守れるからである。(図52参照)

発芽促進のための切り返しせん定：

コーヒーでこの手のせん定を行なう農家はあまり多くないが、改植の際に新芽の発

生がよくなるようにという目的で実施している農家はある。通常、水分が上部に集中する時期に実施するようである。

有機質肥料と生物肥料（液肥）の施肥：

有機質肥料を土壌に施す場合、成木で実をいっぱいに着けている樹に対しては、二十六夜に、また新しく栽培した樹で、定植2年未満の樹に対しては、水分が上部に広範囲に集中する時期、つまり新月の3日後から満月の最後の3日の間に実施するとよい。

堆肥を施用する場合、どの生育段階の樹に対しても、樹液の流動と吸収が活発になる、樹中水分が地上部に集中する時期を選んだほうがよい。(図53参照)

コーヒーの収穫：

おいしいコーヒーを生産するためには多少の発酵が必要となり、そのためには水分が上部に広範囲に集中するときを選び、逆に種子用のコーヒー豆を採取する場合は長期保存や品質維持のためには水分が下部に集中する時期に収穫したほうがよい。(図53参照、図63参照)

3.2 月齢と果樹栽培

果樹栽培に与える月の影響という点では農家の意見は次の二つに代表される。

● 果樹の栄養生長にもっとも影響を与えるのは三日月から上弦の月の3日後にかけてで、この間は果実の肥大を遅らせる。この影響はその後満月のときに最高に現われる。
● その一方で、満月の3日後から下弦の月にかけては、樹の生長を抑制し、果実を肥大生産するには都合がよい。

接ぎ木とせん定については、どちらも植物に対しては外傷、つまり傷を与えることに変わりないので、意見は分かれる。ある農家は、二十六夜に実施して、樹液の損失を少しでも抑えるほうがよいといい、他の者は、満月がもつ浄化作用によって病気の感染を防ぐとともに、傷口が早くふさがるので満月のときにせん定したり接ぎをしたりするのがよいという。しかしながら、このことに関しては、果樹の種類や品種によって異なることを提示したい。

樹齢がまだ若く、飛躍的な生長を望むときには、新月の真っ最中から三日月の最初の3日間にせん定することをお勧めする。逆に、樹勢が強く、結実を増進させるために、その勢いを抑制したいときは、主に水分が上部に集中する満月にせん定するほうがよい。(図54参照)

接ぎ木、とり木、せん定、伐採に及ぼす月齢の影響：

通常、農家が接ぎ木やとり木、せん定、伐採をするときは、それが建築用資材のためであれ、炭をつくる目的であれ、月齢によってその恩恵が調整できる。

接ぎ木ととり木：

農家が、とり木、またはせん定をする際、ほとんどの場合、三日月から満月の間

にやっており、さらに上弦の月の3日後から満月の3日後に接ぎ木すると、活着がもっともよいという指標も出ている（水分が上部に集中する時期）。(図55参照)

せん定：

通常のせん定及び切り返しせん定は、二十六夜から新月の間にすることが多いようだ。樹の腐敗を防ぎ、傷の修復を早めるようにこの時期にする。新月は、すべてが浄化されるときであると考えられている。薬でいえば下剤のようなものである。これらの作業が、三日月から満月にかけての間（水分が上部に集中する時期）に行なわれることはない。なぜならば、この時期は樹液が芽吹いた部分、つまり新しく生えてきたばかりのところに集中しているからである。植物、樹木は、栄養がよく行き届き、強化されていなければすぐに衰弱して、最悪の場合は枯れてしまう。しかし、この月齢は、果実を収穫するには最高の時期である。果実がもっとも多く水分を含んでいるからである。これらの果実には、パパイヤ、パイナップル、マンゴー、オトギリソウ科の植物の実（カカオなど）、カイミット、サポジラ、トゲバンレイシ、レモン、トマト、モモ、ブドウ、ゴレンシ、プラム、グアバ、ルロ（トマトに似た植物）、メロン、スイカ、キイチゴなどがある。

最初に果樹をせん定するときは、新月から三日月にかけての間に行なうことを勧めている。これは、新梢が形成されるとき、あるいは挿し木用に樹を刈るときに、新梢の芽がふたたび伸びやすいようにとの意味を込めて実施するということである。さらに、この月齢は、苗木の移植や定植にも適した時期である。また、この時期は、盆栽などの観葉植物の根をせん定するのもよい。

最後に、イチゴのランナーの整理は二十六夜に行なうとよい。こうすることで、イチゴの苗の根傷みを防ぎ、かつ果実の収穫ロスも防ぐことができる。(図56参照)

材木の伐採：

農家の間では、納屋などを建てるときの建築材は、二十六夜をはさんだ前後に伐り出すのがもっともよいと考えられている。同様に、アマゾン地域に住むあるインディオの集落では、二十六夜にシュロの葉やツルを伐り出して掘っ立て小屋をつくる習慣がある。同じ地域の別の集落では、これを別の時期、すなわち二十六夜の最後の3日間から新月の最初の3日間に限って行なっている。

こうした納屋や小屋を建てるときとは別に、炭を焼くために樹木を伐り出す場合は、三日月の初めから満月の最後の3日間までの間にやるほうがよいとしている。

コロンビアでグアドゥア（guadua）という名で知られるタケは、とくに農村地域で家などの施設をつくる際に大変重宝されている。このイネ科の植物を、材木として風雨に耐えさせ、虫を寄せつけないようにするため伝統的に二十六夜に伐採してきた。主に二十六夜からの3日間と新月の最初の3日間の6日間である。この6日間は、タケの枝や葉に循環する樹液が最小限になる（つまり地下部に還流している）時期と、ちょうど一致する。このために、この時期に伐るのがよいとされてきたのである。

そしてこの時期に伐ることでタケの切り口近くからすぐにふたたび芽が出てくる。つまり、根茎から新たに芽吹く芽のすべての細胞が、地上部からめぐってきた樹液によって活性化し、新たにされて、新芽または新しいタケの発生となって現われるのである。これは、漸進的かつダイナミックにコントロールされた、新月と三日月の後に起こる現象である。タケの伐採をこれら以

外の時期に行なうと寿命は短くなり、害虫の攻撃にも弱くなる。(図57、58参照)

　§訳注　タケは中南米にも多く導入されているが、その多くは地下茎で繁殖せず、株で繁殖させる。そのため上記したような方法がとられる。

　建築用の良材を専門に伐る人は、伐採作業を2回に分けて行なう。伐採は二十六夜の最初の3日間の後の48時間に限り、しかも時間帯も夜明けまでとしている。月に照らし出される光がまったくない真っ暗闇の中で作業し、伐採した樹はそこにそのまま置く。枝を切り落としたり、葉を取り除いたりという補足的な作業は一切しない。次の作業を行なうのは1ヵ月後の二十六夜である。ここで初めて枝を切り落とし、葉を取り除き、皮を剥ぐ。

　こうした一見面倒な伐採作業を行なうのは、樹の繊維部分に含まれる水を極力減らすためである。この時期なら水分はもっとも少なくなる。これ以外の時期に伐採して水分が残ると、材木は割れ目が入ったり、暑さによってゆがみが出たりしてしまう。(図59参照)

　しかしたいていの人がそんな我慢ができず、また時間の余裕もなく、伐採のタイミングを待たずに樹やタケを伐っている。炭を焼くからとか、かまどを置く台所をつくりたいからといって。ただ、月齢を考慮せずに伐ったそんな樹でも、かまどなどで一日中煙でいぶされていれば、虫食いの被害に対しても強くなるものである。

　パルマヤシ(注)の栽培は、熱帯の農林業では多様で、その栄養的な価値が非常に高い。その実は人間、家畜ともに食用とし、丸太は建築用に利用されている。このヤシの生育も月齢に大きく左右されている。たとえば、その実を三日月後の4日間から満月後の3日間に収穫すると、ほかの月齢で収穫したときよりもおいしく、油分も多く、煮ると早く火が通る。

　その丸太を建設用資材として利用するなら、二十六夜から新月の最初の3日間に伐採しなければならない。しかし、魚釣り用の魚籠として使う場合は、三日月から満月にかけて伐採したほうが、湿気に強く、その用途から考えて適切な状態の材が取れる。

　§訳注　Bactris gasipaes。このヤシは果実や材としてのみならず、加工食品として2年生の樹の芯をパルミートとしてビン詰・缶詰にされる。ペヒバジェ

　ゴムの栽培も月齢の影響下にある。三日月から満月の間にゴムから樹液を出させると、ラテックスを含む細胞部分が削られた箇所から流量を増加させるために、大量に採取できる。

●カンキツ類の栽培

　カンキツは世界中でもっとも多く栽培され、どこに行ってもある。とくにラテンアメリカでは、オレンジ、グレープフルーツ、レモン、ミカンなど食用あるいは薬用の栽培が、本当にどこに行ってもやられている。その商業的重要性から、これらカンキツと月齢との関係を研究してきた。

種子の採取：
　種子を採る目的で果実を収穫するのは、二十六夜が最適である。繁殖用の果実を分け、かつ物理的にもっとも完熟した状態である果実が選ばれていることが条件である。(図60参照)

播種前の発芽処理：
　オレンジやレモンの種子を三日月の月齢、すなわち樹液が上部に集中し始める期間に、だいたい5％程度の生物肥料液に漬けると、そうでない種子に比べて発芽率も発芽後の生育も良好になる。(図61参照)

接ぎ木：
　カンキツ類を接ぎ木するのに最適な月齢は、三日月から満月にかけて月が満ちていくとき、すなわち樹液が上部に集中するときである。(図61参照)

定植：
　定植作業を行なうのにもっとも適した時期は、樹液が上部に集中するときで、新月から満月に向かう時期、かつ三日月を過ぎたあたりがよい。また、時間帯を選ぶとしたら、午後の夕暮れ前にすると、移植におけるダメージが少なく、その後に続く月光のやわらかい光を存分に当てることができるのでお勧めできる。(図62参照)

整枝・せん定：
　せん定を行なうのによい月齢は新月である。このタイミングで行なえば極端な徒長枝の発生も防ぐことができ、果樹全体の生長を阻みかねない吸枝（いらない枝）があちこちにできないようになる。

枯れ枝の除去：
　この作業は樹液が下部に集中する時期、すなわち二十六夜の最初の3日間の後から新月の最初の3日間の間に行なうのが最適である。

果実の収穫：
　果実を収穫してそれをすぐ生のまま食べるなら、樹液が上部に集中する時期がよい。その時期には、果実はよりジューシーになっており、見た目もよい。しかし、果実を運搬して、消費されるまでに時間がかかるような場合は、収穫を満月が過ぎた時期か、または樹液が下部に移行し始める時期に変えたほうがよい。こうすれば果実にかかる負担にも耐えられるし、また水分の蒸発も防げる。(図63参照)

3.3　月齢とブドウの栽培

　ブドウの苗木を植えたり、さし穂の採取をしたりするのは、満月から二十六夜の間にやるのがよい。この時期に採取した穂は、もちがよい。また、満月から下弦の月にかけては芽の生長力が下降するので、接ぎ木した樹にはいい恩恵をもたらす。

　上限の月のときに苗木を定植すると、生長が著しい。二十六夜の月齢でブドウの樹をせん定すると枝梢が太く強くなり、次の年の収穫で多くの房を実らせる。これを三日月の月齢でせん定してしまうと、枝梢は徒長して伸びてしまい、充実しないために、ブドウの房は小さくなる。

古いブドウ棚を更新する場合、3年か4年にいっぺん、新月の最初の3日間の後から三日月までにせん定するとよい。そうすることで、生長を促し、ブドウ棚を生き返らせることができる。この作業と平行して、ブドウ樹木を強化するために、生物肥料を葉面散布してやるとよい。

ブドウが、あまり肥沃とはいえない土壌に植えられている場合、三日月の月齢でせん定し、今年せん定したら、来年はやらないというふうにしないといけない。そうすることで、ブドウの樹勢が増す。また、このときに少なくとも有機質肥料を施してやる必要がある。葉の生長を旺盛にするために生物肥料を与える。

ブドウを栽培するにあたってもっとも考慮すべき月の影響は、収穫時である。カンキツ類のところでも述べたが、ブドウの収穫後すぐに食用にするなら、最適の月齢は、樹液が上部に集中する新月後の最初の3日間（上弦の月の最初の3日間）から満月後の3日間の間である。だいたい収穫期間は、14日間となる。他方、収穫後の糖分が重要なワイン用のブドウの場合、最適な月齢は水分が下部に集中する時期、すなわち下弦の月の最初の3日間の後から新月の最初の3日間の、7日間である。

多くのブドウ農家の経験から、この時期に加工したワインは質がよく、樽の中で発酵した後のもちもよいとされている。（図64参照）

3.4 月齢と牧畜—飼料用雑木の管理

牧畜用の餌になる灌木の管理は、牧畜業において年々その重要性を増してきている。ことに熱帯地域は、その気候条件、また太陽熱がつねに降り注いでいることを生かして長期に家畜に飼料を供給できる点から、とくに重要である。できれば月齢を参考にしてこれを管理するに越したことはない。世界中どこでも、月の影響の及ばないところはないからである。

灌木など飼料用雑木の管理に月齢を反映させて行なうには、下記の要領でやるとよい。

1) 飼料用に高性の樹を伐採する場合、水分が上部に集中する月齢時期がよく、樹木に負担をかけないためにも、生物肥料を施してやるとなおよい。（図65参照）

2) 高性の樹を飼料用として移植するときの最適の月齢は、水分が上部に集中する、新月の最初の3日間の後から、満月になってから3日目である。（図65参照）

3) 飼料用の樹木の枯れ枝をせん定するには、水分が下部に集中する月齢がよく、この時期にせん定すると樹が消耗するのを防ぐ。

4) 飼料用樹木に新しい枝を吹かせるなどの目的でせん定したり、バイオマスを発生させる、あるいは飼料用樹木を増やすために挿し木したりするのに最適の月齢は、水分が上部に集中する時期で、三日月から満月の間である。（図66参照）

5) 飼料用樹木の種子を採るのに最適な

月齢は、水分が下部に集中する時期で、二十六夜のときである。(図67参照)

6) 牧場にいる家畜の餌用に刈ってくる枝は、新月から三日月の間にせん定するのが適している。この時期に刈られた枝は水分が少なめで、家畜が食べても鼓腸症㊟などの障害がおこりにくい。(図67参照)

§訳注　熱帯のマメ科の樹木を食べ過ぎて、ウシなどがときどき鼓腸症になり死ぬことがある。

なお、牧畜用の灌木や草木の栽培管理は、新鮮なマグサをとる、乾燥マグサにする、あるいは緑肥をつくるなどテーマ別に月齢を参考にする必要がある。またある種の樹木、マタラトン、イナゴマメ、レウカエナ、マデロネグロ、ナセデロ、グァシモ㊟などは枝先のせん定についても月齢を参考するとよい。

§訳注　いずれもマメ科の中木で、家畜の飼料や作物の混作などに植えられる。チャやコーヒー園では庇蔭樹になる。空中チッソを固定するので、畑の養分も奪わない点もつごうがよい。

3.5　月齢とノバルサボテン、オウガタホウケン、リュウゼツランの栽培

ノバルサボテンやリュウゼツランなどの栽培においては、とりわけ月齢の影響が直接それぞれの作業に結びついている。

たとえば、ノバルサボテンを収穫後すぐに食用とする場合、水分が上部に集中する月齢で収穫するのがよく、時間帯は朝8時から午後6時までの間である。トゥナ(オウガタホウケン)の実も、ノバルサボテンと同様、水分が上部に集中する時期、同じ時間帯に収穫する。しかしこれら2種類のサボテンを収穫後、消費地までの輸送などで少し長い時間をおく場合、下弦の月から新月までに収穫すると水分蒸発を防ぐことができる。ノバルサボテンとトゥナを冷蔵保存する場合は、水分が上部に集中する時期に収穫するとよい。その時期に、果実の細胞に水分がもっとも集中するからである。(図68参照)

テキーラ用のリュウゼツランも、その後の処置によって収穫時期が異なる。たとえば、収穫後にすぐテキーラとして利用する場合は葉肉に含まれる水分量は少しでも多いほうがよいので、水分が上部に集中する時期、つまり満月の真っ最中に収穫する。この時期に水分量がもっとも多く葉肉内に集中する。一般的に、この種の植物を扱うのに適した月齢は、水分が上部に集中する時期である。つまり、新月の最初の3日後から、三日月を過ぎ、満月の3日後までの間である。(図69参照)

リュウゼツランの蜜水を集め、自然発酵させた酒(プルケ酒)を製造するために、蜜の量をより多くとる場合は三日月から満月にかけて、逆にアルコール分を上げるために、糖分を重視する場合は、下弦の月から新月にかけて、それぞれ収穫するとよい。下弦の月から新月にかけては、水分が下部に集中する時期、つまり二十六夜の3日後から新月の3日後まで続く時期である。

3.6 月齢と繊維作物の収穫

織物に用いる植物繊維、または建築資材用の麦ワラなどは、二十六夜の水分が下部に集中する時期に収穫するとよい。すなわち、二十六夜の最初の3日後から新月の3日までである。

そのワラや繊維の質を重視する場合は、収穫を二十六夜の2日後に絞るほうがさらによい。つまり、月光が地球をまったく照らさないときに収穫するのがよいのである。上記に該当する作物としては、干草、ジュート、リュウゼツラン、ツル性植物、ワタ、シュロなどである。**(図70参照)**

4. 月齢とそのほかの作物栽培

4.1 雑草管理と被覆作物

熱帯地域で雑草を物理的、力学的に管理するのにもっとも適しているのは二十六夜で、この時期、主に根に貯めている水分は最大になり、地上部は減少している。雑草としてはこの時期に受けたダメージを取り戻すのは容易ではない。また、寒地や温暖な地域ではこの管理、すなわち刈り取りを、2度続けてやるとより効果的となる。1度目は、三日月のときに、2度目は下弦の月のときに行なう。こうすることで雑草の消耗は激しくなる。

とくに熱帯地方でカバークロップ（被覆作物）を管理する場合、植物間にある相互拮抗作用を活かし、月齢もそこに反映させながら利用することができる。たとえばある種のマメ科の植物（*Canavalia obtusifolia*）は、根絶が難しいハマスゲ（カヤツリグサ科 *Cyperus rotundus*）に大変強い抑制作用を示す。そこで、ハマスゲがはびこっているところに二十六夜の月齢時に一緒に播種してやると、その抑制効果が現れる。ただ、この悪名高い侵略雑草（カヤツリグサ科の植物）がそこに生えてきたということは、ある種の暗示でもある。つまりその土地が農牧地に適さない方向に進んでいるか、そうはっきりとではないが、土壌が悪化し痩せてきていることを表わすことがある。ある場所、そこは農牧地の一部でもよいが、偶発的に生えてきた草がその下に広がる土壌の物理的、化学的な含有物や、生物的な要素を表現していることは間々あることなのである。このことをよく知っている農民は、自分の経験と観察において生理学者、生化学者、植物学者の資質をもち、畑で得られた結果を確かめるために実験室での土壌検査を依頼する。

タデ科、キク科、マメ科、ナス科、および一部のイネ科の植物は、土壌が肥沃であることを示す。逆にカヤツリグサ科、イネ科、シソ科、アオイ科などが繁茂していたら、農牧地としては何か誤った使い方をした結果であり、そのために変化、または悪化してしまった土壌であることを教えている。

他方、カバークロップは一般にはマメ科の植物が多く利用され、根粒菌などの働きによって土壌の物理的性質や生物的多様性を活発にし、多くのミネラルの供給源となる。その栽培によって太陽光が十分に確保

できる熱帯地域ではよりよい土壌の維持が可能なる。さらにその栽培に及ぼす月齢の影響を加えることで、より健全な金のかからない、分別ある牧畜農業を実施することが可能になる。**(図71参照)**

4.2 緑肥作物の栽培管理

月齢を考慮した緑肥の栽培と管理についてはまず、その緑肥をどのように利用したいかを決める必要がある。

植物バイオマスをつくり、土壌を早く覆いたいときは、すべての作業を、水分が地上部に集中する14日間に実施しなければならない。その14日間とは、新月の最初の3日間の後から満月の最後の3日間までとする。**(図72参照)**

緑肥を生産する場合、または種子を生産する場合、違った二つの月齢を考慮しながら実施するのがよい。播種にもっとも適した月齢は三日月から満月にかけてである。収穫に適した月齢は、二十六夜から新月にかけてで、二十六夜の3日後から、もしくは水分が下部に集中し始める時期からならさらによい。**(図73参照)**

緑肥のバイオマスと種取り用で扱いやすい品種を以下に挙げる。ムクナ、カウピー、ソラマメ、飼料用ラッカセイ、インゲンマメ、緑豆、ダイコン、ルピナス、エンドウマメ、クローバー、クズ、など。

常緑や半常緑性樹は、三日月後の3日後から満月後の3日間までの樹液が地上部に集中する時期にバイオマスとして収穫すれば、その全体量や水分量を大きくするのに最適である。**(図74参照)**

植物繊維の豊富なバイオマスを収穫したい場合は、二十六夜から新月にかけて収穫しなければならない。これは、水分が下部に集中するときと一致している。すなわち、二十六夜の最初の3日間が過ぎてから新月の最初の3日間までの7日間である。**(図75参照)**

続いて、常緑または半常緑で扱いやすい種を以下に挙げる。マメ科の常緑樹 (madero neguro)、ギンネム、クズ、アルファルファ、ベチベルソウ、インドアイ、常緑ダイズなど。

4.3 青刈り用と乾燥用飼料作物の栽培と収穫

飼料作物の栽培で生草量を多くしたい場合は、水分が地上部に集中するときに播種するほうがよい。それは新月の3日後から満月の3日後までの14日間と理解されている。しかし生草生産がもっとも盛んになるのは、三日月の時期である。また、飼料作物の収穫時期は、収穫後の処理によって異なってくる。たとえば、サイロに貯蔵する、あるいは乾草置き場に長期保存するためであれば、播種を三日月の月齢で行ない、二十六夜の月齢時に収穫する。こうすることで、含有水分を最少に抑えることができ、長期保存させても傷まないようになる。逆に、その日のうちに家畜に食べさせるため水分量を多く含ませたい場合は、収穫はちょうど三日月のときから満月にかけてがよい。

最後に、飼料作物、とくにマメ科のそれを家畜に与える場合、ぜひとも覚えておいてほしいことは、その作物を収穫したら長期間放置して空気を通してやることである。家畜を鼓腸症にさせないために、ぜひ実施してほしい。**(図76参照)**

4.4 林木・野菜・果実・花卉などの苗木管理

林木、野菜、果実、花卉などの苗床をどのように管理するかは、月齢が植物中の樹液の量を支配するので、それぞれがどうしたいかによって各作業を実施するべきである。以下に、基本的な推奨事項を列記する。

林木用苗木の取り扱い：

林木用の種子を苗床で発芽させる場合、一般原則として、すべての作業は水分が上部に集中する時期（三日月から満月）に実施しなければならない。発芽に関するすべての作業を終えて、次の作業は実生苗を移植または鉢に移す場合も、同じ月齢を勧める。この時期に実施することで、植林用植物の生長を促すことができるからである。

生育を促すためのせん定や苗木の育成のためのせん定などの補足的作業を実施したい場合、水分が上部に集中するちょうどそのときにやるべきである。**(図77参照)**

果樹用苗木の取り扱い：

果樹用苗木の取り扱いも、林木用と同様でよい。ただし、一点注意したほうがよいのは、苗床で接ぎ木をする場合、水分が上部に集中する時期を選ぶことである。一方、苗床で果樹の苗木を挿し穂または挿し木として育てたい場合は、カンキツやブドウで勧めた時期に実施したほうがよい。**(図78参照)**

野菜・花卉の苗床の取り扱い：

花卉や野菜の苗を月齢に合わせて取り扱うには、前述した林木の苗や果樹の苗よりやや複雑になる。なぜなら、その生育特性から用途までを考慮する必要があるからである。

たとえば、葉を食用とする野菜、フダンソウ、レタス、ホウレンソウ、セロリ、キャベツなどでは、植物体の水分が下部に集中するときにその栽培を始める必要がある。また、実や花を食用とする果菜類、グリンピース、ナス、ブロッコリー、カボチャ、カリフラワー、インゲンマメ、ソラマメ、インゲン、ピーマン、キュウリ、オクラ、トマト、トウガラシなどでは、上部に水分が集中するときに栽培を始めるべきである。さらに、塊茎や根菜類は、苗床で育てる時期がほとんどないが、何か作業をする場合は、水分が下部に集中する下弦の月のときに行なうことを勧めたい。

なお、上記したさまざまな注意事項は、花卉・アロマ用の草木・スパイス・薬草などにも同様に適用できる。**(図79参照)**

4.5 採種および生物肥料と岩粉による種子処理

一般的に、あらゆる種類の植物の種子を採取するのに最適の月齢は、水分が下部に集中するときである。この時期には植物の胚に含まれる水分量が最少になるからである。具体的には、二十六夜から新月の間で、さらにいえば夜空が真っ暗になる3〜4日を利用して採種するのがよい。一方で、これらの種子を播種する前に、発芽前処置をしておくこと勧める。それによって発芽がスムーズになり、耐性がつき、かつ植物に含まれるミネラルが豊富になる。

穀類、マメ類の種子をアレナ・デ・ロカ（岩の粉）と生物肥料(注)で播種前に処理するとその収量が増す。つまり、種子を生物肥料の液肥に何時間か浸し、さらに数種類の岩の粉でまぶすというものだ。岩は、蛇紋岩、玄武岩、花崗岩、カーボナタイト、雲母などが挙げられる。

§訳注　インドセンダンの葉から抽出された液肥など

多くの場合、農家はアレナ・デ・ロカでなく炭焼き窯から出る灰で播種前の種子を覆う。これを行なうのによい月齢は、水分が上部に集中する時期である。この時期に灰を粉衣した種子は、三日月あるいは満月の月光に照らされて、活力よく育つ。(図80参照)

塊茎や根菜の種イモも、上述した生物液肥と岩の粉をまぶすようにする。炭焼き窯から出る灰でつくったミネラル分の多い灰汁に漬けるのもよい。これらの処理は、塊茎を刺激するためにも二十六夜から新月の月齢のときにするのがよい。また、種イモを保存する場合も同じ処置をしたほうがよいが、保存する前に太陽にたっぷりとさらすと貯蔵庫やサイロの中で腐敗させずにすむ。(図81参照)

4.6 押し花や薬草の収穫

植物を押し花や飾りとして、あるいは薬草として粉いて用いるために収穫する場合、最適なのは二十六夜から新月に向かっていく月齢である。この時期は、植物の繊維内を循環する樹液がもっとも少なく、乾燥するためによい品質で保存できる。(図82参照)

4.7 アエロパティコへの影響

アエロパティコ（alelopatico、英語でアレロパシー）とは、微生物を含む植物相互間のすべての相互作用または抑制のことで、(微生物を含む)生きた、もしくは死んだ細胞が生産する化学物質によって他植物に有益になったり、または損失を与えたりすることがある。これは、月齢によってその影響が強くなったり弱くなったりする。

しかし、この現象は自然界ではほかの現象と一緒に起こるため、有機農法でやるように多様な作物を一緒に栽培すると、それを個々に識別することは非常に難しく、まjust たそのプロセスも生物学的に見て大変複雑である。

アエロパティコについてはこれまで随分研究されているが、土壌の微生物との総合的な関係において、個々の植物体が見せる各場面での原因と効果をより分けてもなお、的を射た答えを与えてくれるものは少ない。

現在、この物質代謝を利用している農家数は一部の発表では3万戸とされているが、私は現実は軽く10万（2004年時）を超えるのではないかと思われる。

アエロパティコを起こす原因物質を特定し、分類する研究はこれまでも行なわれてきているが（ごく限られた植物においてだが）、その化学物質は大きく分けて5つのグループあり、フェノール酸、アルカロイド、エステル、テルペン、フラボノイドである。一方、このアエロパティコによって抑制もしくは忌避作用を起こす物質の量は、その植物が育つ土壌または気象的な要因と密接に結びついている。

月齢は、この化学物質が樹液とともに流れる量に直接影響を与える。その影響は、樹液の循環と月光による電子的刺激を通し、複雑な植物構造体に及ぶ。上弦の月から満月にかけては、アエロパティコ物資と忌避作用を起こす物資が植物の空気にさらされている部位（地上部）を、もっとも盛んに流れるときであり、二十六夜と新月には、根部が土壌の微生物やその他の生物とともに盛んに活動する。(図83参照)

4.8 有機質肥料、生物肥料、ミネラル液の施肥時期

栽培植物へ有機質肥料を施すには、その発酵が完了してない落ち葉などの有機質または腐植土でも、または生物肥料、葉のミネラル液でもそのまま施肥してもかまわない。

有機質肥料：

有機質肥料または腐植土を土壌に施し、その効果を最大限引き出したければ、月齢の影響を十分に考慮し、植物がもつ発根のシステムに樹液の活発な動きを合わせるようにしたほうがよい。たとえば、ある植物の根が深く張っているときは、二十六夜から新月にかけて施肥することを勧める。その時期に施肥すると栄養分が吸収されやすくなる。逆に、根が表土に近いところにあるときは、三日月から満月にかけて施肥するとよい。（図84参照）

生物肥料：

主成分が葉からなる生物肥料を施肥する場合、もっとも推奨できる月齢は、三日月から満月にかけてである。すべてにおいて効果が高まる満月の真最中は、樹液が植物全体を活発に巡回しており、ことに空気にふれている花・葉・実などの部分への散布はなおさらである。このことは、液肥を葉面散布する場合でも当然当てはまる。（図85参照）

ミネラル液：

ミネラル液を栽培植物に施肥するのに最適な月齢は、何を狙って、どの部位に効かせようとしてやるかによって異なる。ペースト状や液体のミネラルを、虫よけなど幹の予防・衛生管理のために使う場合の最適の月齢は新月である。葉（樹全体）の活力を高めるために葉面散布するのは、三日月から満月にかけて水分が地上部に集中する月齢のときがよい。また、葉・花・果実のトータルの衛生管理を目的にしたミネラル液の施肥も、三日月から満月にかけて水分が上部に集中する時期の月齢がお勧めである。（図86参照）

4.9 植物と昆虫、微生物、土壌

何らかの理由で病気に至った常緑樹は、樹液の活動が不活発な新月前から新月にかけてせん定し、同じ時期に施肥して栄養分の補給が行なってやると、その他の月齢時にやるより樹勢を早期に回復させることができる。

月齢の三日月から満月は、植物内の樹液の循環が活発になるときであり、同時に樹液がもたらす栄養を求めて昆虫や微生物の植物に対する攻撃が高まる傾向がある。しかしながら、昆虫や微生物による植物への害は、植物体がもつ栄養のバランスによって変わってくる（栄養生物学の理論）。（図87参照）

昆虫は、月齢によってそれぞれの規則正しい活動を展開している。たとえば、チョウは三日月と満月の月齢のときより、二十六夜もしくは新月に活発に活動することがわかっている。またその月齢の影響は、地上の昆虫よりも水中に棲む虫に対するほうが大きく及ぶようでもある。さらに、昆虫体内の水分が多くなる月齢で、昆虫はそれぞれの変態の段階（齢）に入ることも知られており、月の影響が多く及んでいるようである。（85ページの図30参照）

図26：月齢と樹液の活動

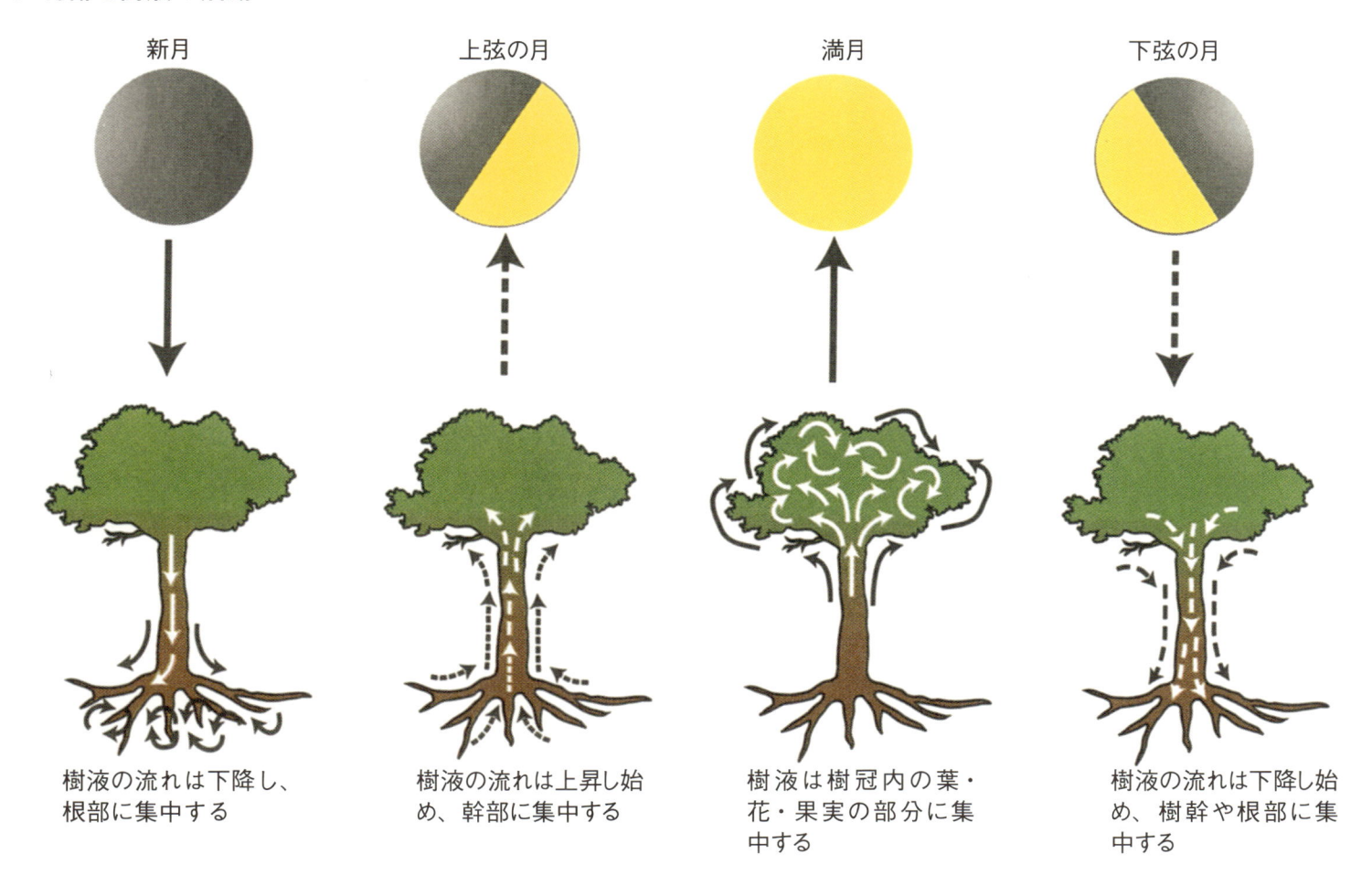

新月	上弦の月	満月	下弦の月
樹液の流れは下降し、根部に集中する	樹液の流れは上昇し始め、幹部に集中する	樹液は樹冠内の葉・花・果実の部分に集中する	樹液の流れは下降し始め、樹幹や根部に集中する

ハイロ・レストゥレポ・リベラ　フキラ・カンディドゥ財団2003

第3章 月齢が植物に及ぼす影響

図27：樹液の活動；凝縮期と拡散期

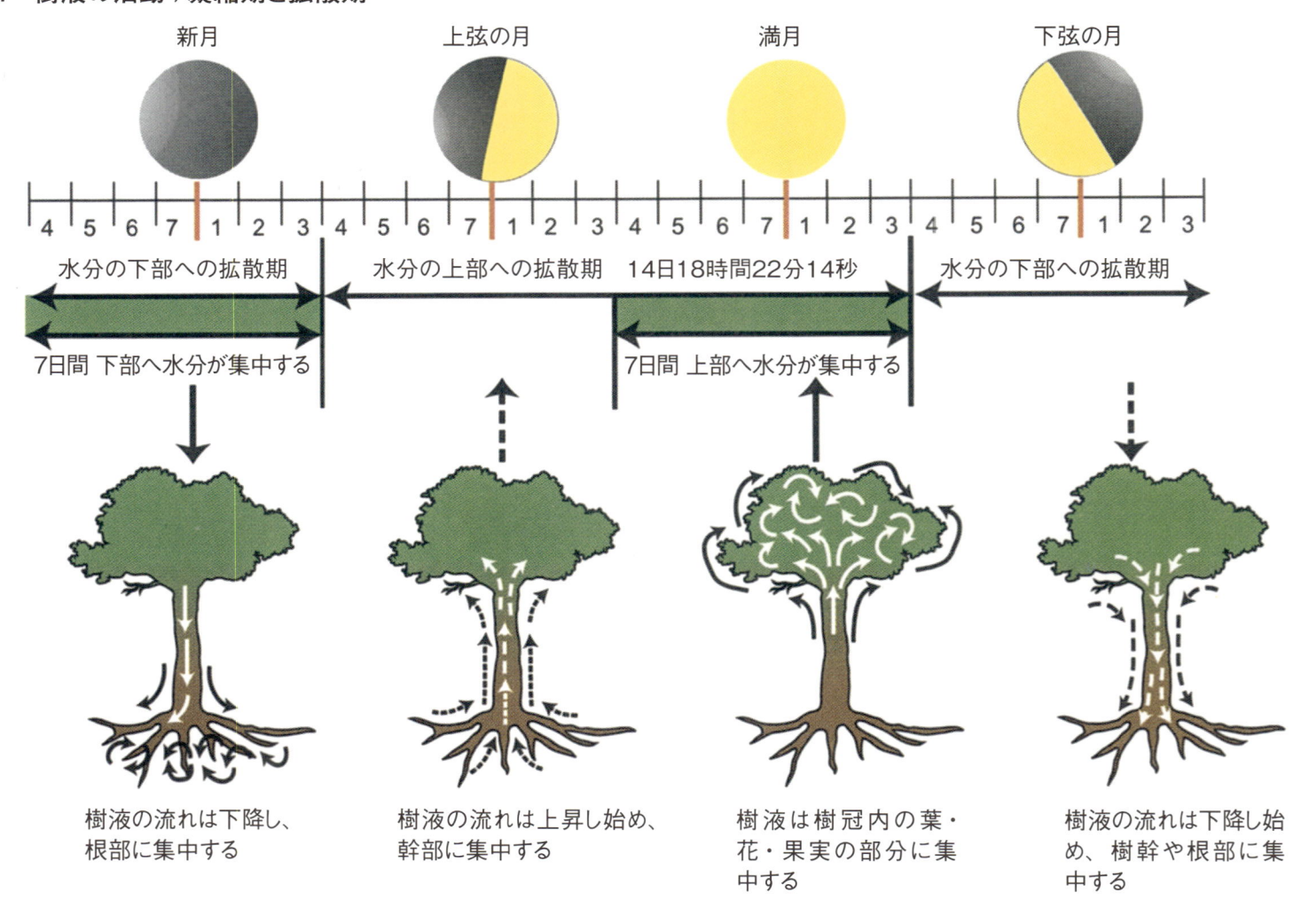

新月　　　　　上弦の月　　　　満月　　　　下弦の月

| 4 5 6 7 1 2 3 | 4 5 6 7 1 2 3 | 4 5 6 7 1 2 3 | 4 5 6 7 1 2 3 |

水分の下部への拡散期　　水分の上部への拡散期　14日18時間22分14秒　　水分の下部への拡散期

7日間 下部へ水分が集中する　　　　　　　　　7日間 上部へ水分が集中する

| 樹液の流れは下降し、根部に集中する | 樹液の流れは上昇し始め、幹部に集中する | 樹液は樹冠内の葉・花・果実の部分に集中する | 樹液の流れは下降し始め、樹幹や根部に集中する |

ハイロ・レストゥレポ・リベラ　フキラ・カンディドゥ財団2003

図28：月明かり（月光）

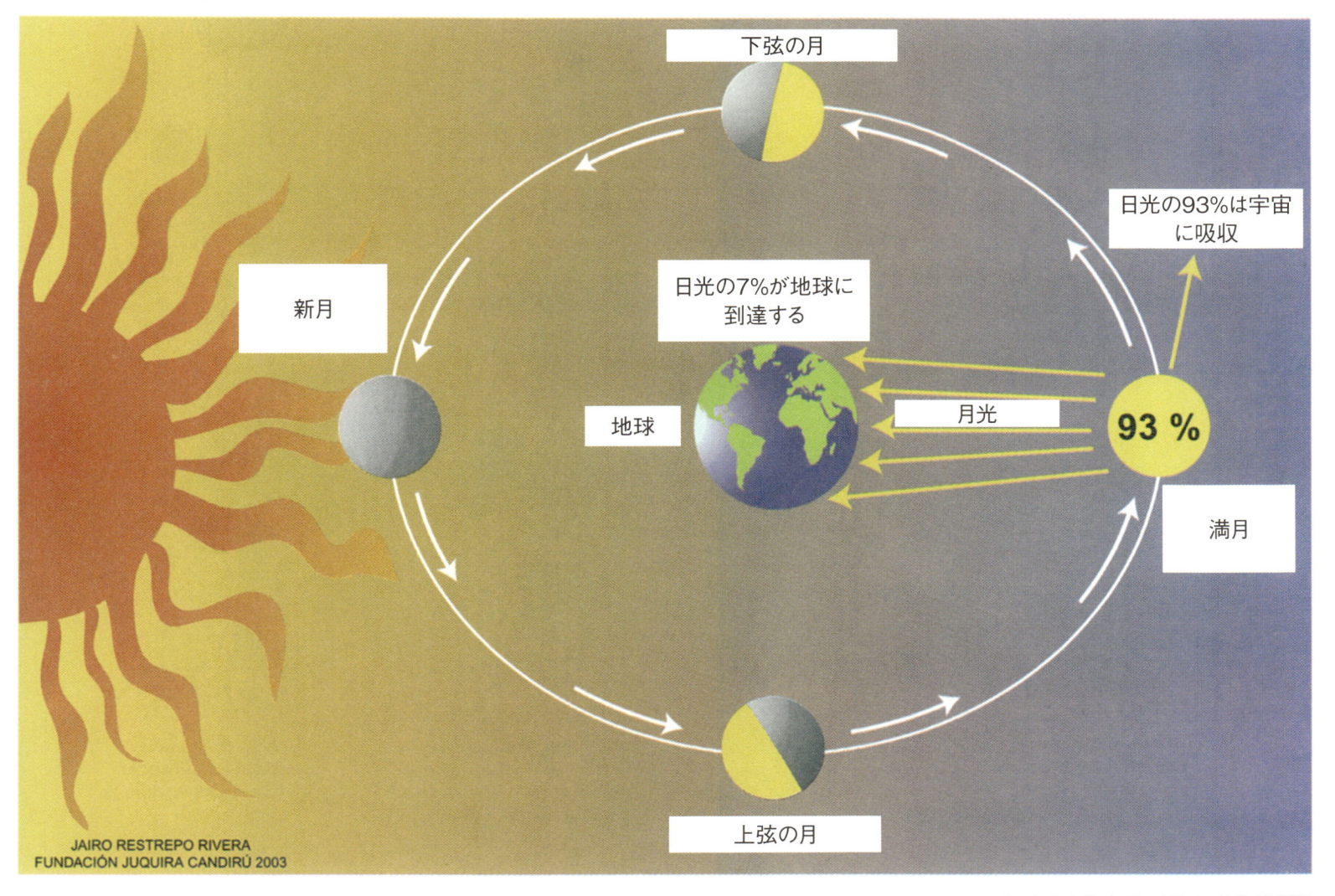

下弦の月

日光の93％は宇宙に吸収

新月

日光の7％が地球に到達する

地球

月光

93 %

満月

上弦の月

JAIRO RESTREPO RIVERA
FUNDACIÓN JUQUIRA CANDIRÚ 2003

ハイロ・レストゥレポ・リベラ　フキラ・カンディドゥ財団2003

第3章　月齢が植物に及ぼす影響

図29：月齢と降雨の関係

新月
三日月
上弦の月
十三夜
満月
十八夜
下弦の月
二十六夜

ハイロ・レストゥレポ・リベラ　フキラ・カンディドゥ財団2003

図30：昆虫の発生周期との関係

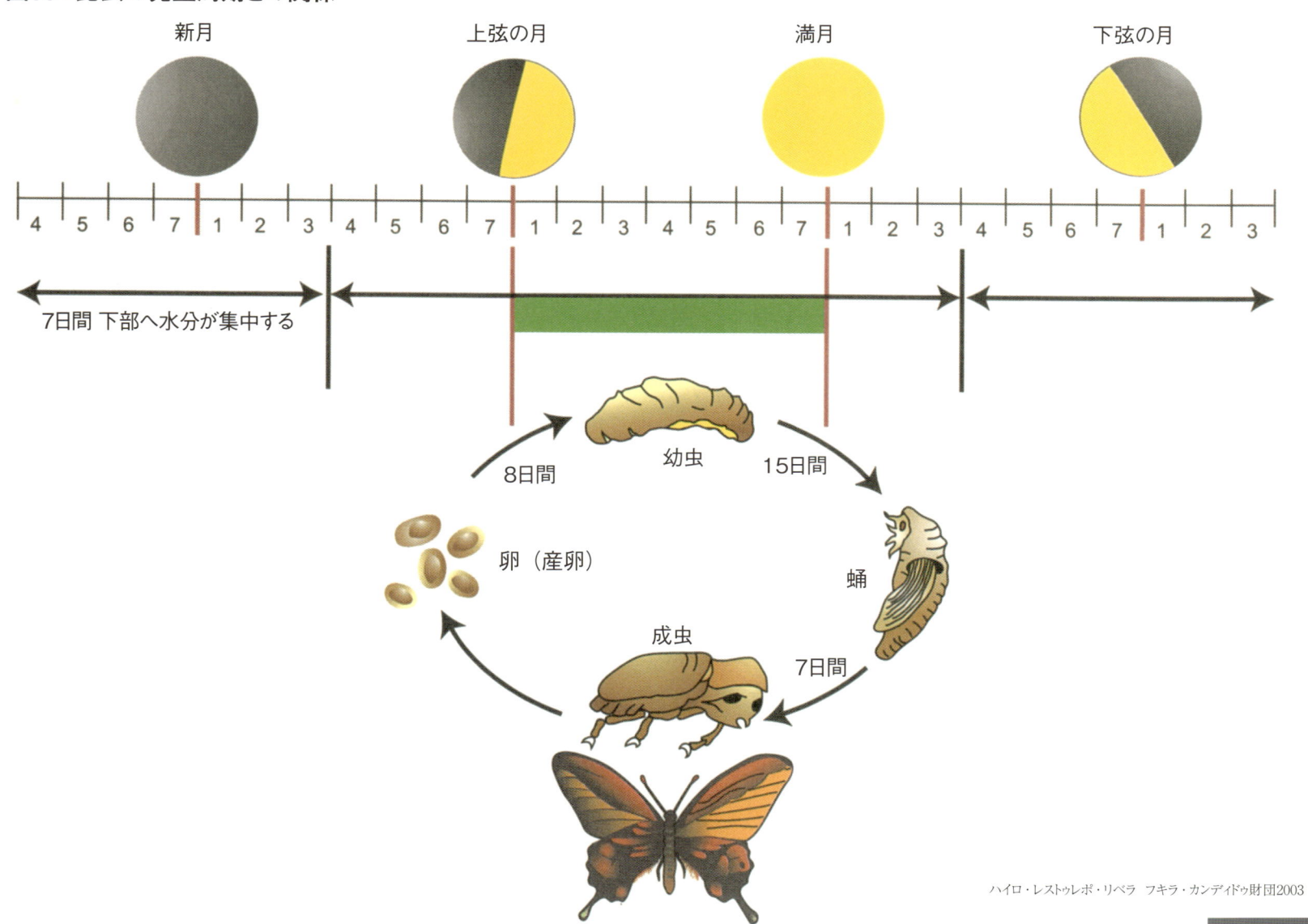

新月　　　　　　　上弦の月　　　　　　満月　　　　　　　下弦の月

7日間 下部へ水分が集中する

幼虫
8日間　　15日間
卵（産卵）　　蛹
成虫　　7日間

ハイロ・レストゥレポ・リベラ　フキラ・カンディドゥ財団2003

第3章　月齢が植物に及ぼす影響

図31：ミミズの養殖との関係

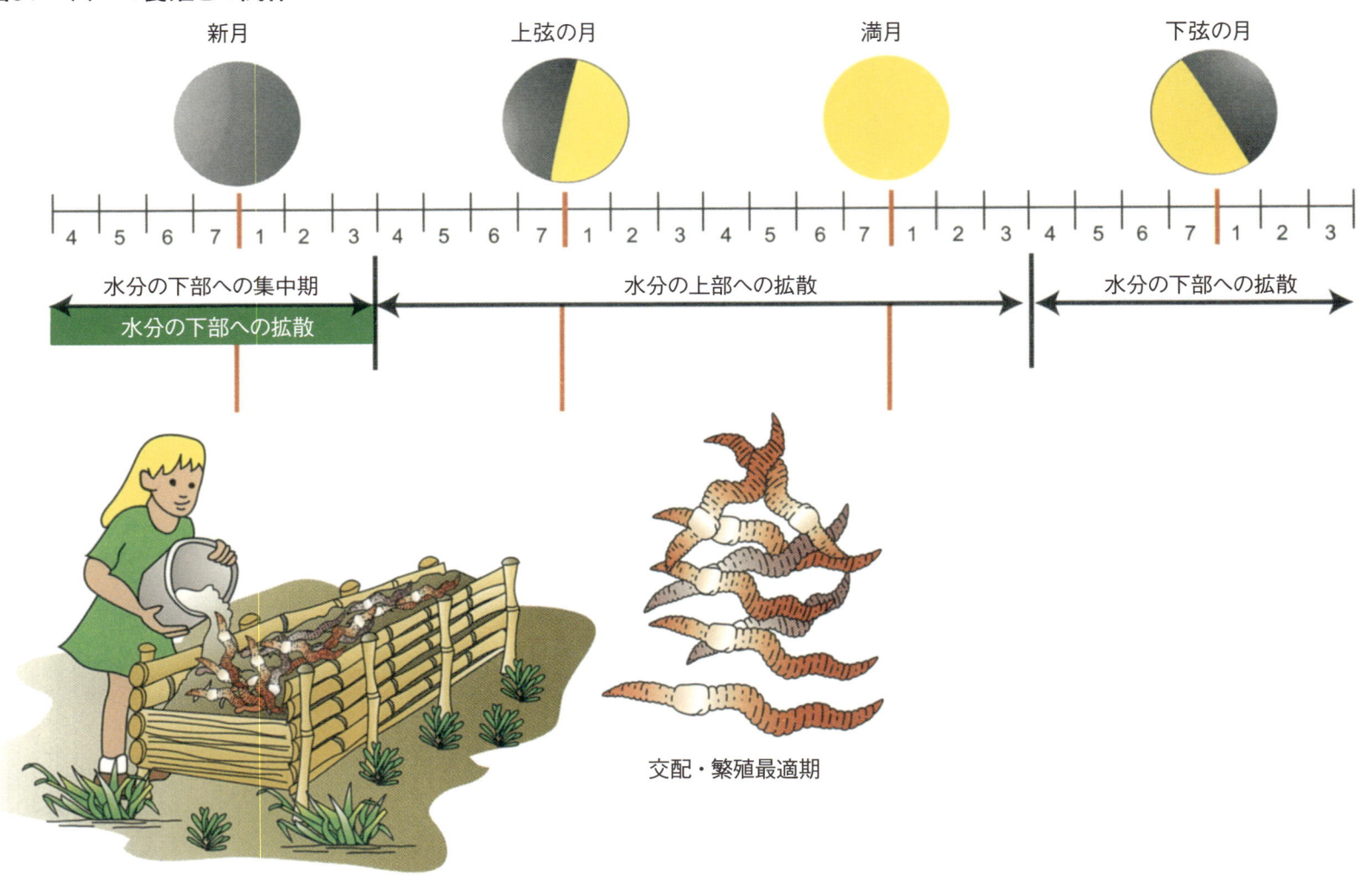

新月　　上弦の月　　満月　　下弦の月

水分の下部への集中期　　水分の上部への拡散　　水分の下部への拡散

水分の下部への拡散

養殖・肥大最適期

交配・繁殖最適期

ハイロ・レストゥレポ・リベラ　フキラ・カンディドゥ財団2003

図32：月齢と漁獲および下剤摂取の関係

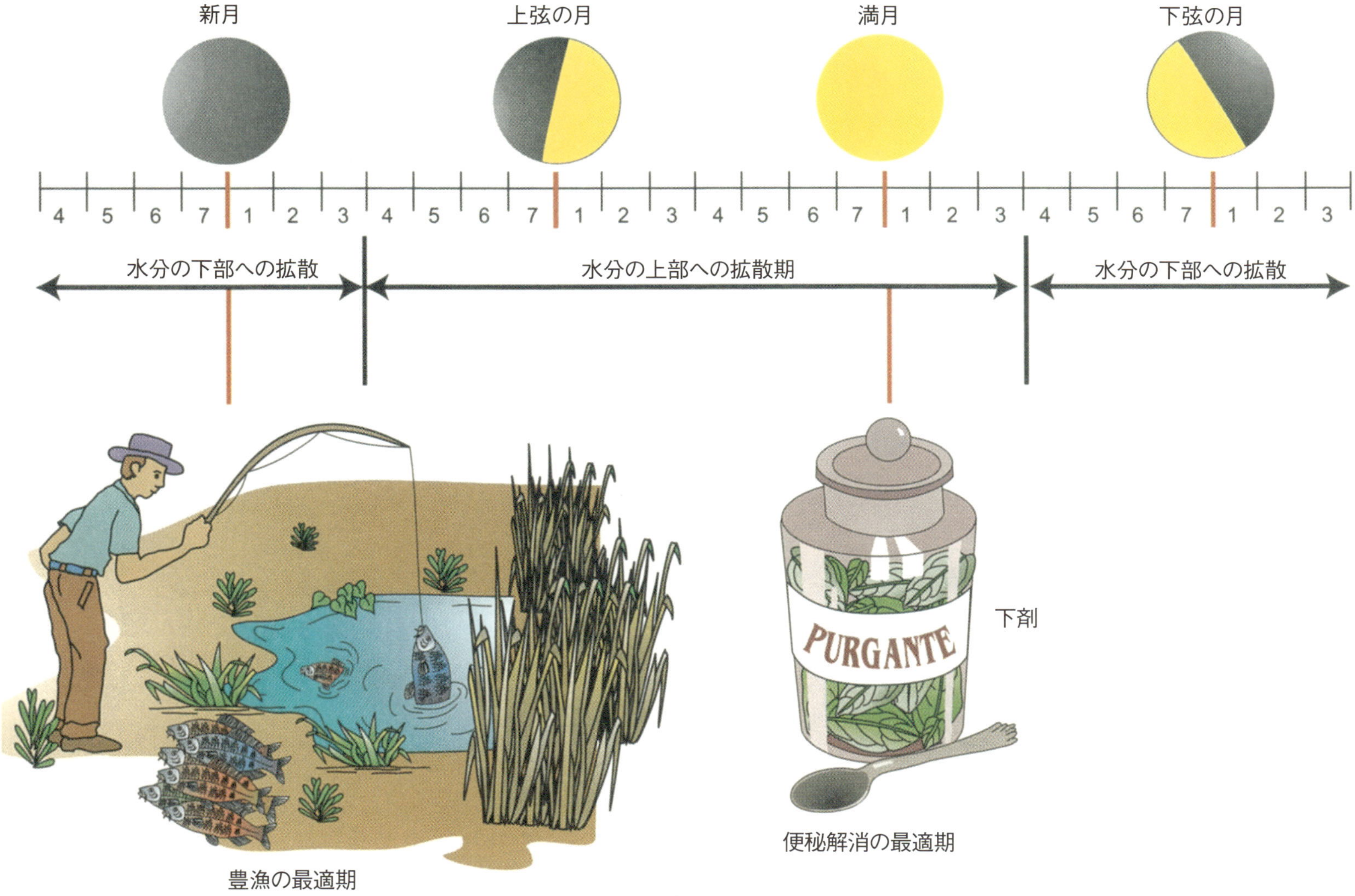

新月　　　　上弦の月　　　　満月　　　　下弦の月

4 5 6 7 1 2 3 4 5 6 7 1 2 3 4 5 6 7 1 2 3 4 5 6 7 1 2 3

水分の下部への拡散　　水分の上部への拡散期　　水分の下部への拡散

豊漁の最適期

下剤

便秘解消の最適期

ハイロ・レストゥレポ・リベラ　フキラ・カンディドゥ財団2003

第3章　月齢が植物に及ぼす影響

図33：詳細な樹液の活動；凝縮期と拡散期

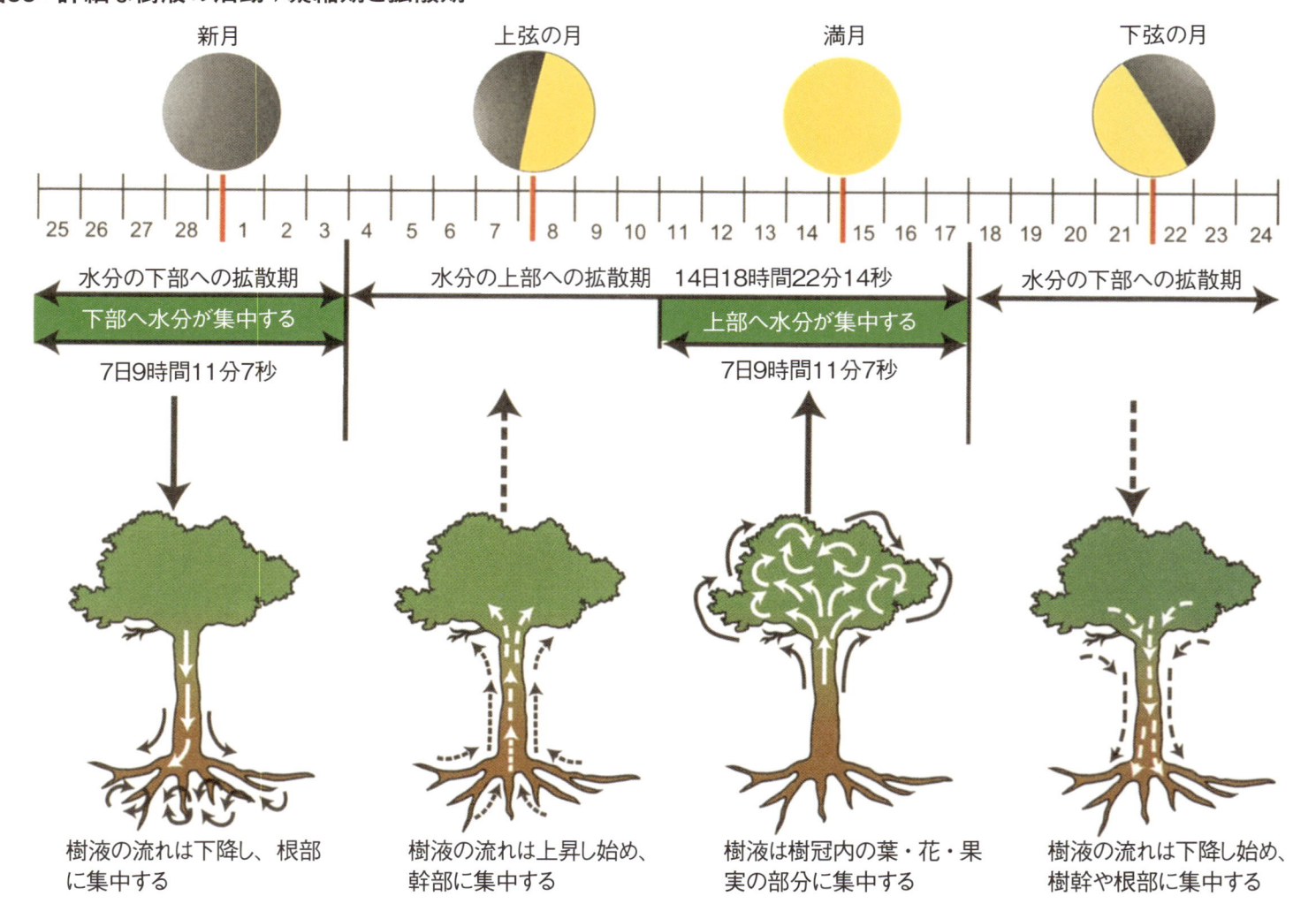

| 新月 | 上弦の月 | 満月 | 下弦の月 |

25 26 27 28 1 2 3 4 5 6 7 8 9 10 11 12 13 14 15 16 17 18 19 20 21 22 23 24

水分の下部への拡散期　｜　水分の上部への拡散期　14日18時間22分14秒　｜　水分の下部への拡散期

下部へ水分が集中する　　　　　　　　　　　　　上部へ水分が集中する

7日9時間11分7秒　　　　　　　　　　　　　　7日9時間11分7秒

樹液の流れは下降し、根部に集中する

樹液の流れは上昇し始め、幹部に集中する

樹液は樹冠内の葉・花・果実の部分に集中する

樹液の流れは下降し始め、樹幹や根部に集中する

ハイロ・レストゥレポ・リベラ　フキラ・カンディドゥ財団2003

図34：月齢が作物の移植とその地上部収穫物に与える影響

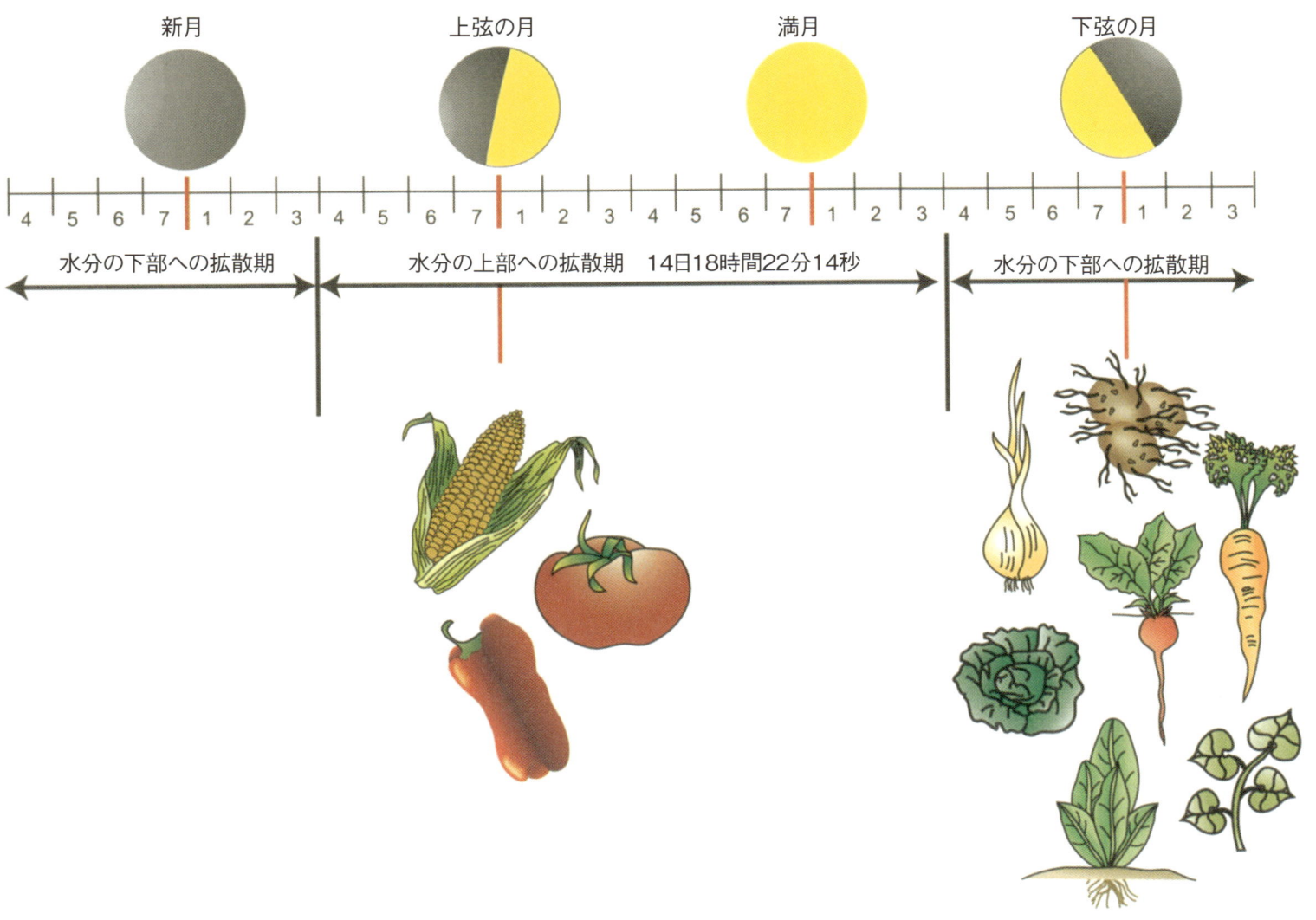

新月　　　　　　上弦の月　　　　　満月　　　　　　下弦の月

| 4 5 6 7 1 2 3 | 4 5 6 7 1 2 3 | 4 5 6 7 1 2 3 | 4 5 6 7 1 2 3 |

水分の下部への拡散期　　　水分の上部への拡散期　14日18時間22分14秒　　　水分の下部への拡散期

ハイロ・レストゥレポ・リベラ　フキラ・カンデイドゥ財団2003

図35：生鮮果菜類の収穫時期

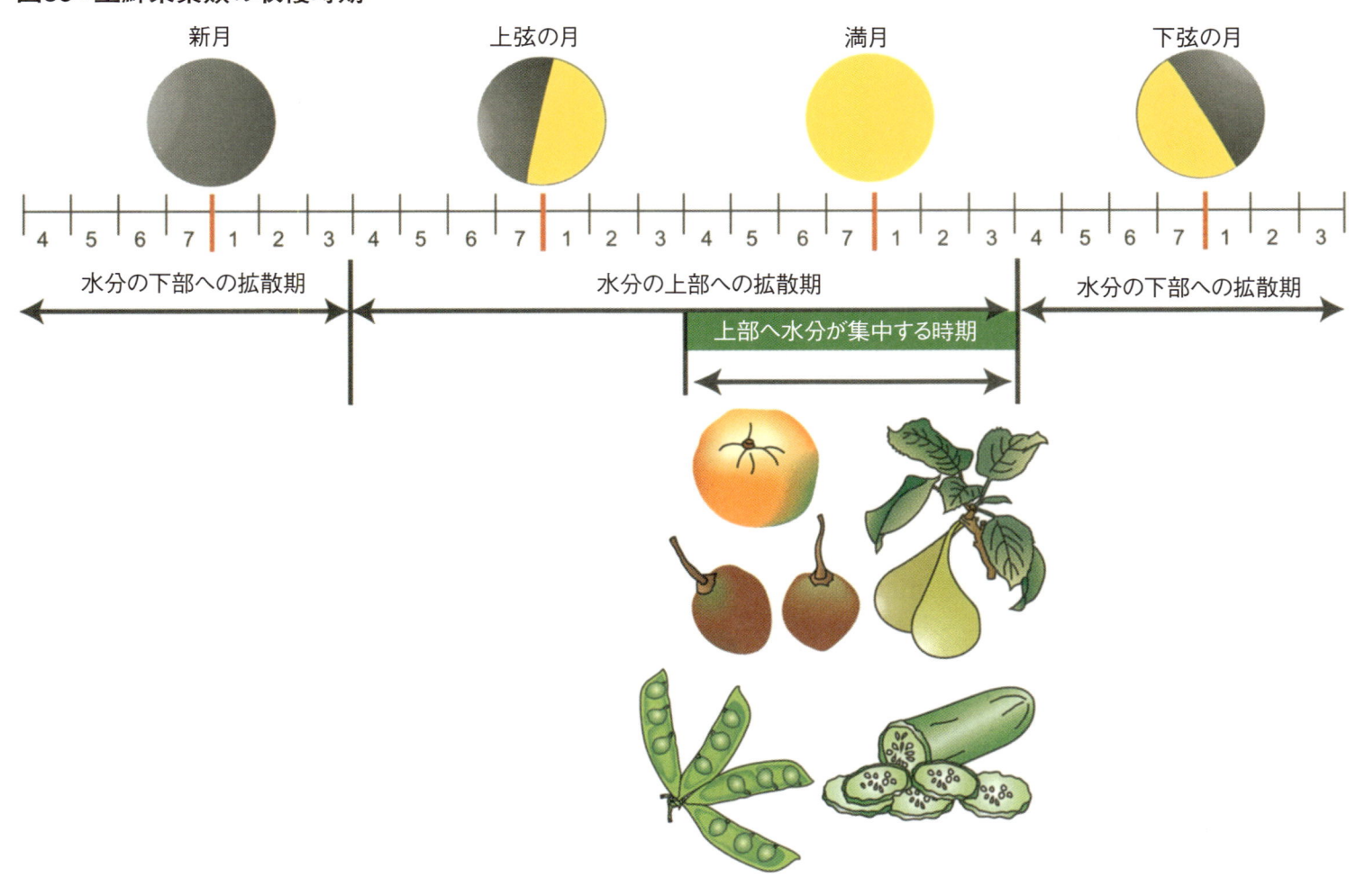

| 新月 | 上弦の月 | 満月 | 下弦の月 |

4 5 6 7 1 2 3 4 5 6 7 1 2 3 4 5 6 7 1 2 3 4 5 6 7 1 2 3

水分の下部への拡散期 / 水分の上部への拡散期 / 水分の下部への拡散期

上部へ水分が集中する時期

ハイロ・レストゥレポ・リベラ　フキラ・カンディドゥ財団2003

月

図36：生食用子実野菜と穀類の収穫時期

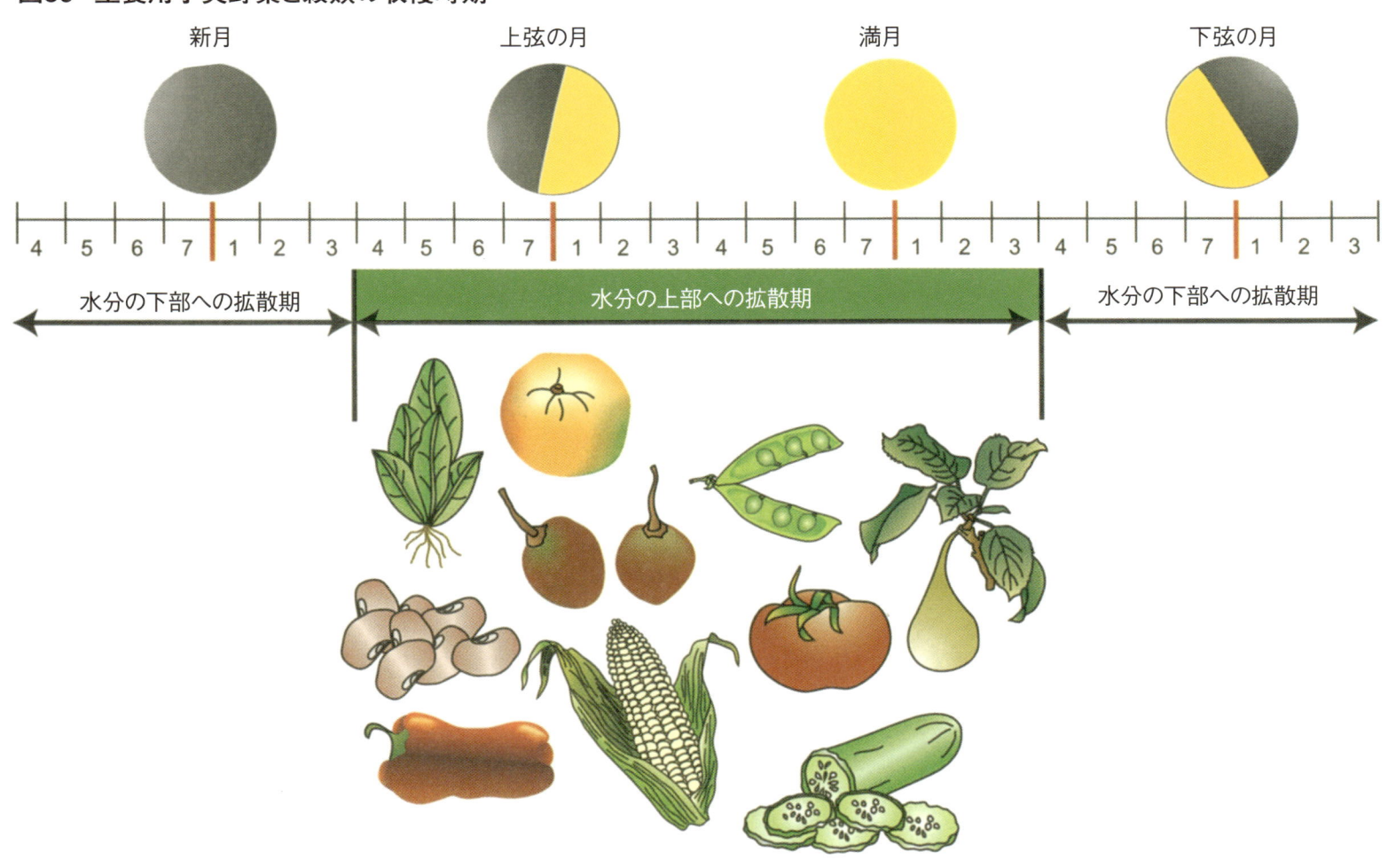

新月　　　　　　　上弦の月　　　　　　満月　　　　　　　下弦の月

4 5 6 7 1 2 3 4 5 6 7 1 2 3 4 5 6 7 1 2 3 4 5 6 7 1 2 3

← 水分の下部への拡散期 →｜← 水分の上部への拡散期 →｜← 水分の下部への拡散期 →

ハイロ・レストゥレポ・リベラ　フキラ・カンディドゥ財団2003

第3章　月齢が植物に及ぼす影響

図37：保存用根菜類と野菜の収穫時期

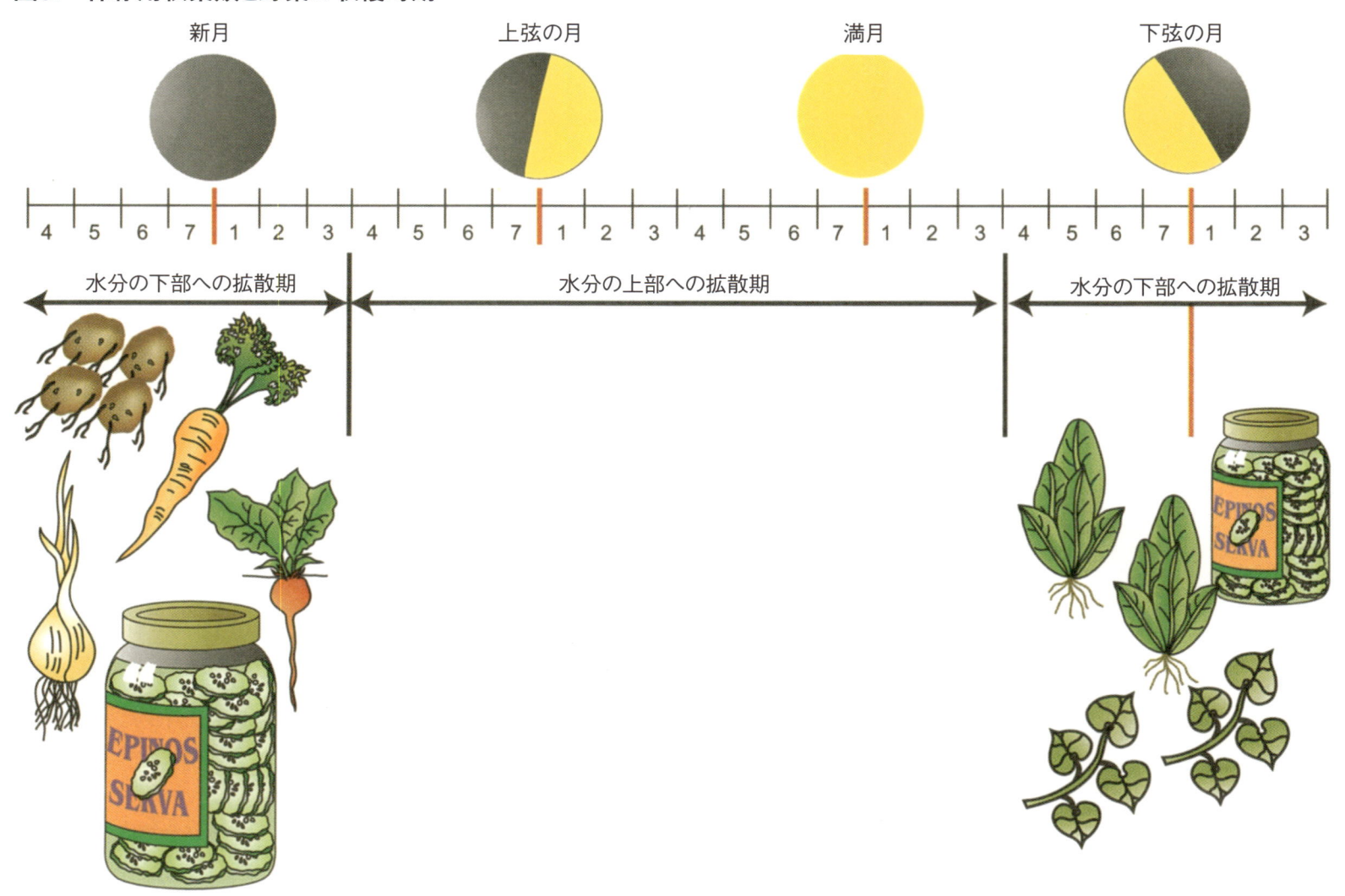

新月　　上弦の月　　満月　　下弦の月

水分の下部への拡散期　　水分の上部への拡散期　　水分の下部への拡散期

ハイロ・レストゥレポ・リベラ　フキラ・カンディドゥ財団2003

図38：保存用砂糖漬け果実と乾燥用果実の収穫時期

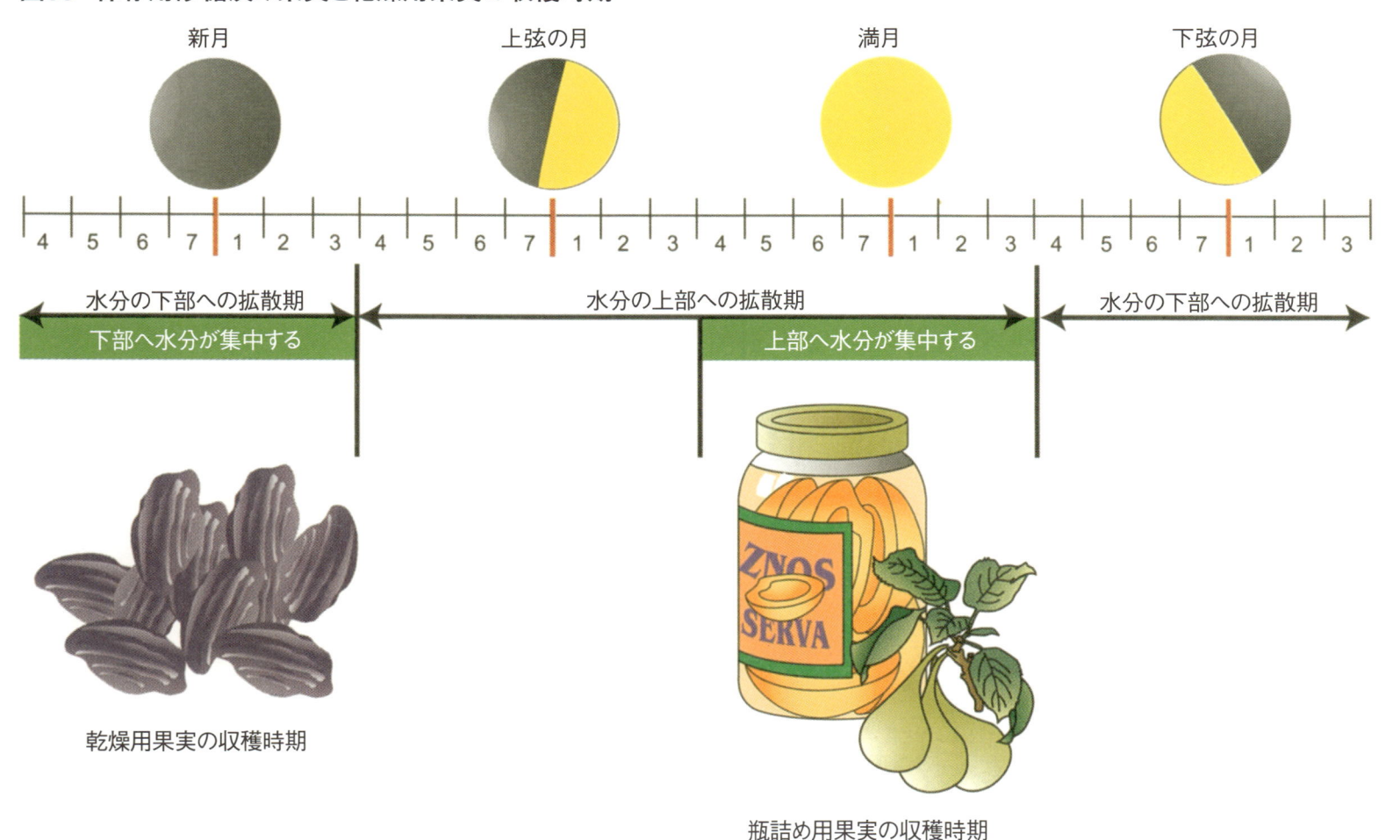

新月　　　　　　上弦の月　　　　　満月　　　　　　下弦の月

| 4 5 6 7 | 1 2 3 4 5 6 7 | 1 2 3 4 5 6 7 | 1 2 3 4 5 6 7 | 1 2 3 |

水分の下部への拡散期　　　　水分の上部への拡散期　　　　水分の下部への拡散期

下部へ水分が集中する　　　　　　　　　　　　上部へ水分が集中する

乾燥用果実の収穫時期

瓶詰め用果実の収穫時期

ハイロ・レストゥレポ・リベラ　フキラ・カンデイドゥ財団2003

第3章　月齢が植物に及ぼす影響

図39：ウリ科野菜の収穫時期

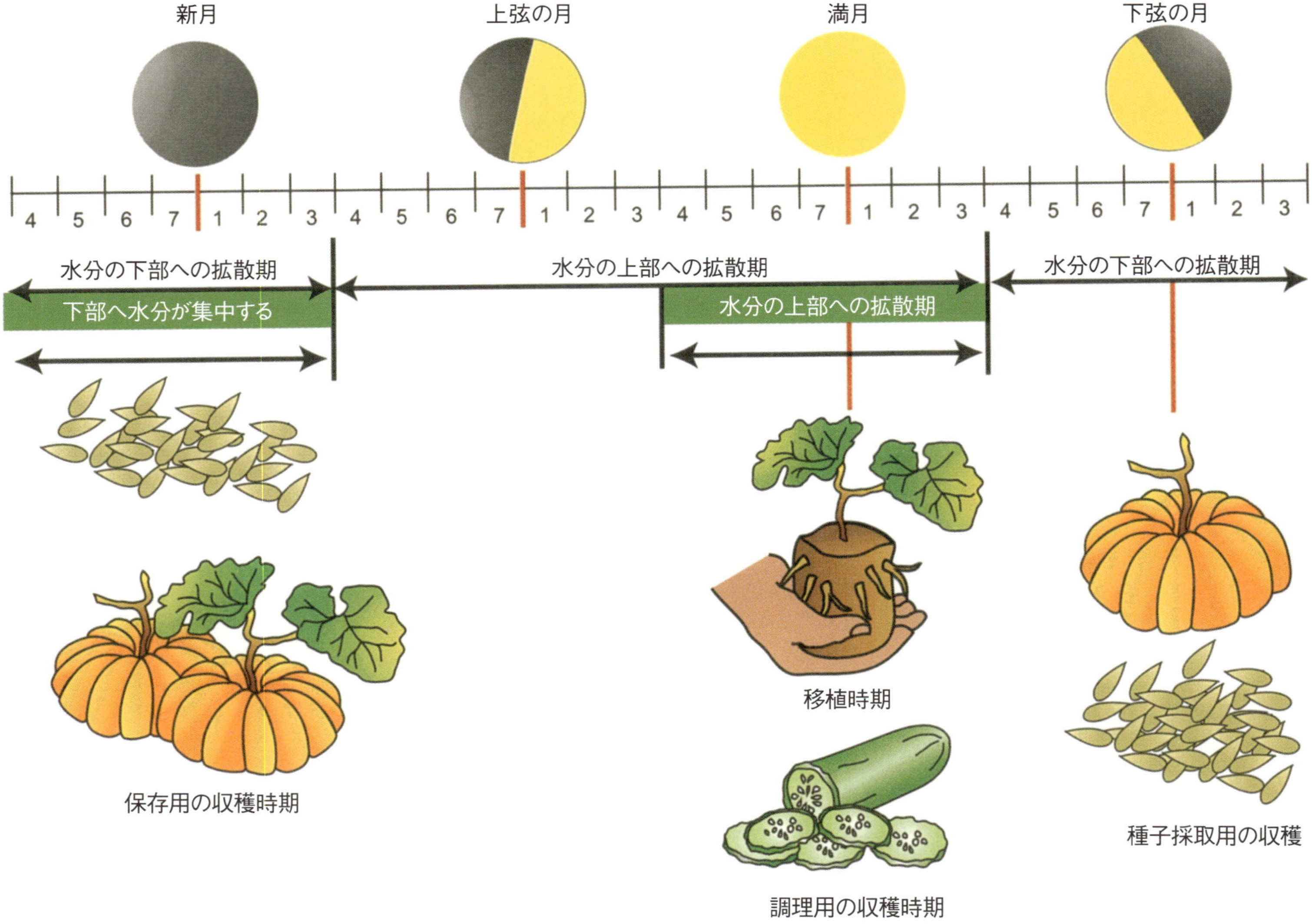

新月　　上弦の月　　満月　　下弦の月

4 5 6 7 1 2 3 4 5 6 7 1 2 3 4 5 6 7 1 2 3 4 5 6 7 1 2 3

水分の下部への拡散期　｜　水分の上部への拡散期　｜　水分の下部への拡散期

下部へ水分が集中する　　　　　　水分の上部への拡散期

保存用の収穫時期

移植時期

調理用の収穫時期

種子採取用の収穫

ハイロ・レストゥレポ・リベラ　フキラ・カンデイドゥ財団2003

月

図40：収穫直後に食すための果菜類の収穫時期

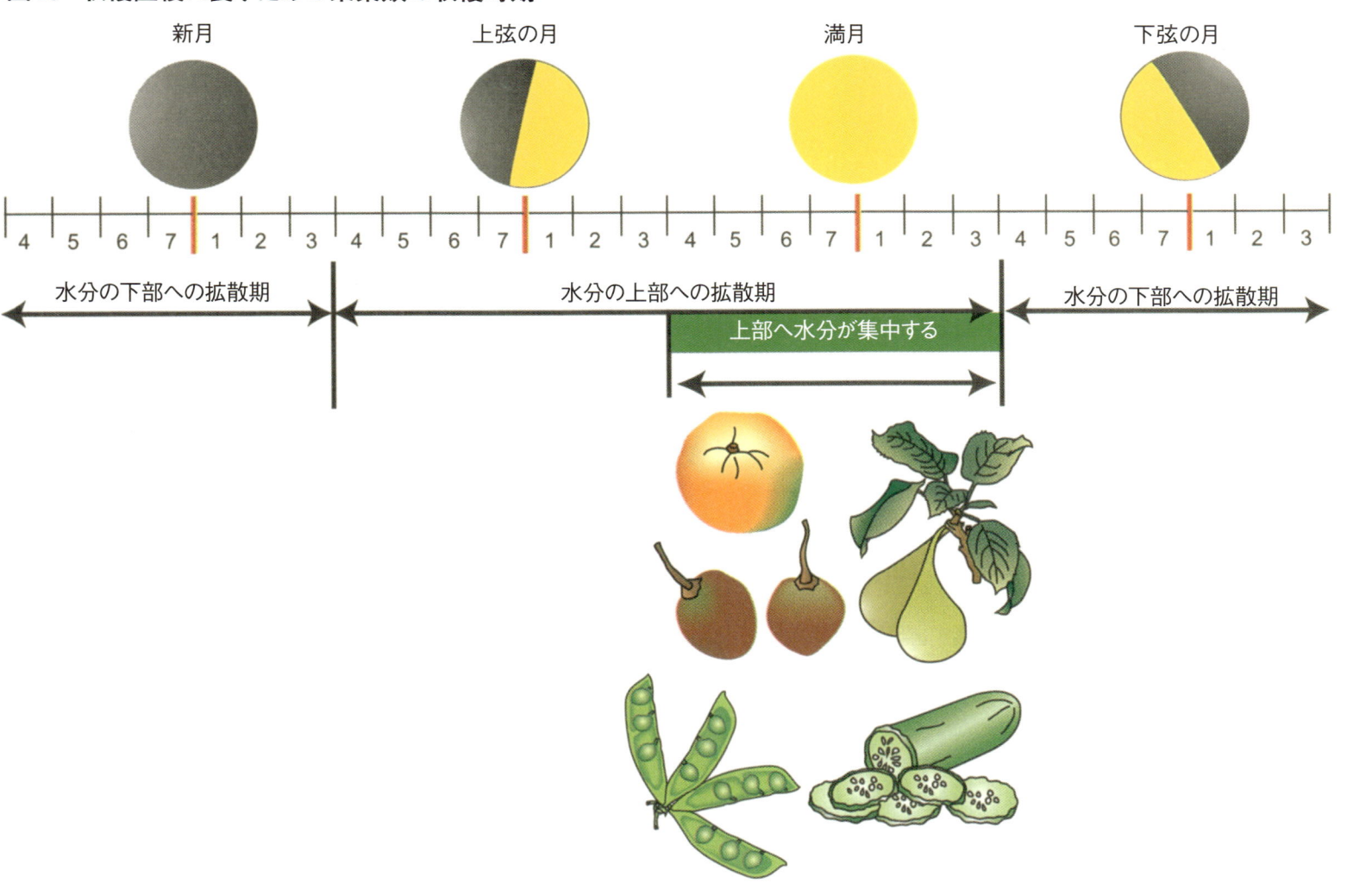

新月　　　　　　　上弦の月　　　　　　満月　　　　　　　下弦の月

| 4 5 6 7 1 2 3 | 4 5 6 7 1 2 3 | 4 5 6 7 1 2 3 | 4 5 6 7 1 2 3 |

水分の下部への拡散期　　　　水分の上部への拡散期　　　　水分の下部への拡散期

上部へ水分が集中する

ハイロ・レストゥレポ・リベラ　フキラ・カンディドゥ財団2003

第3章 月齢が植物に及ぼす影響

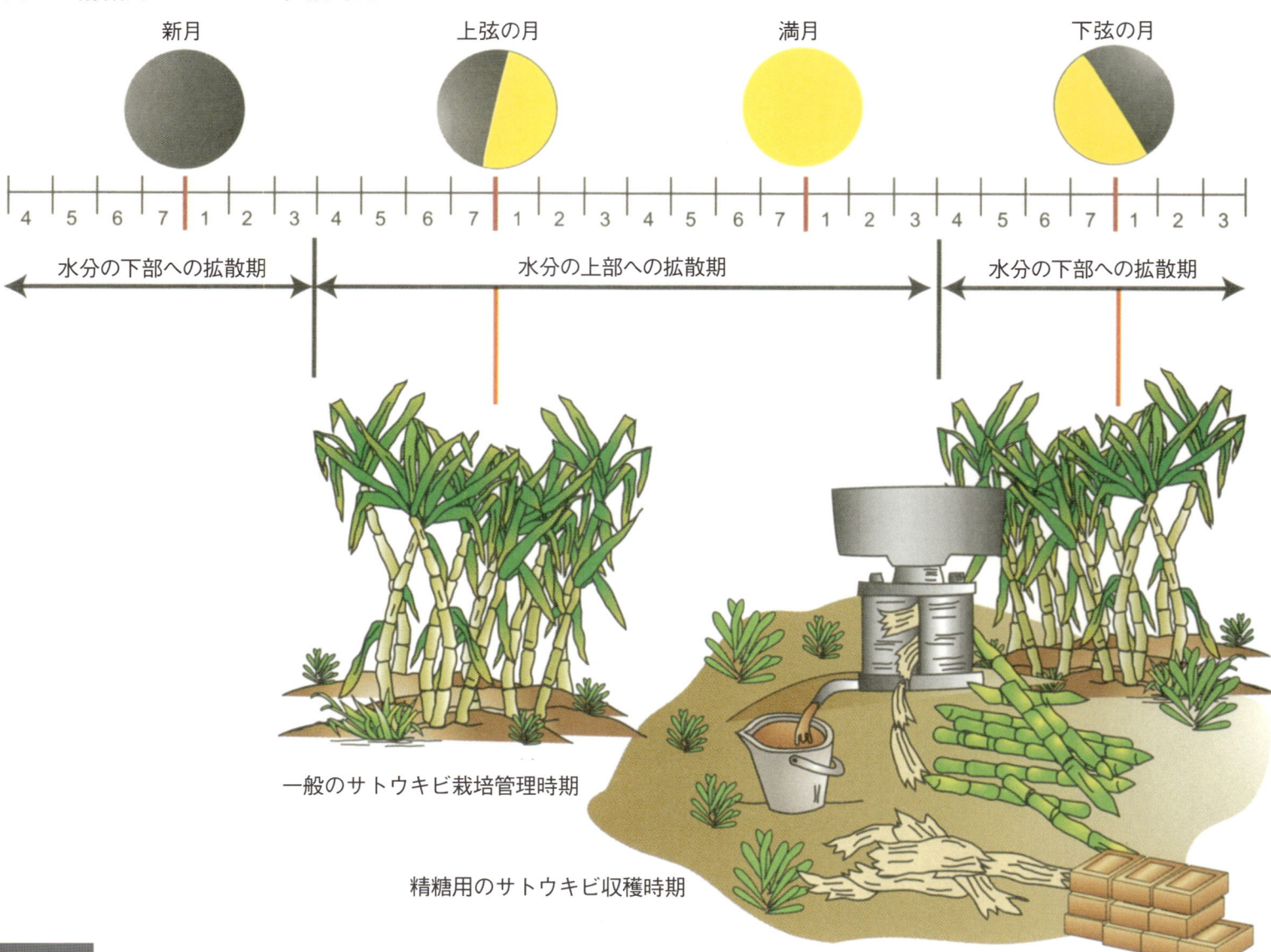

図41：精糖用のサトウキビ収穫時期

新月　　　　　上弦の月　　　　満月　　　　下弦の月

| 4 5 6 7 | 1 2 3 | 4 5 6 7 | 1 2 3 | 4 5 6 7 | 1 2 3 | 4 5 6 7 | 1 2 3 |

←　水分の下部への拡散期　→←　　水分の上部への拡散期　　→←　水分の下部への拡散期　→

一般のサトウキビ栽培管理時期

精糖用のサトウキビ収穫時期

ハイロ・レストゥレポ・リベラ　フキラ・カンディドゥ財団2003

図42：苗用サトウキビの繁殖

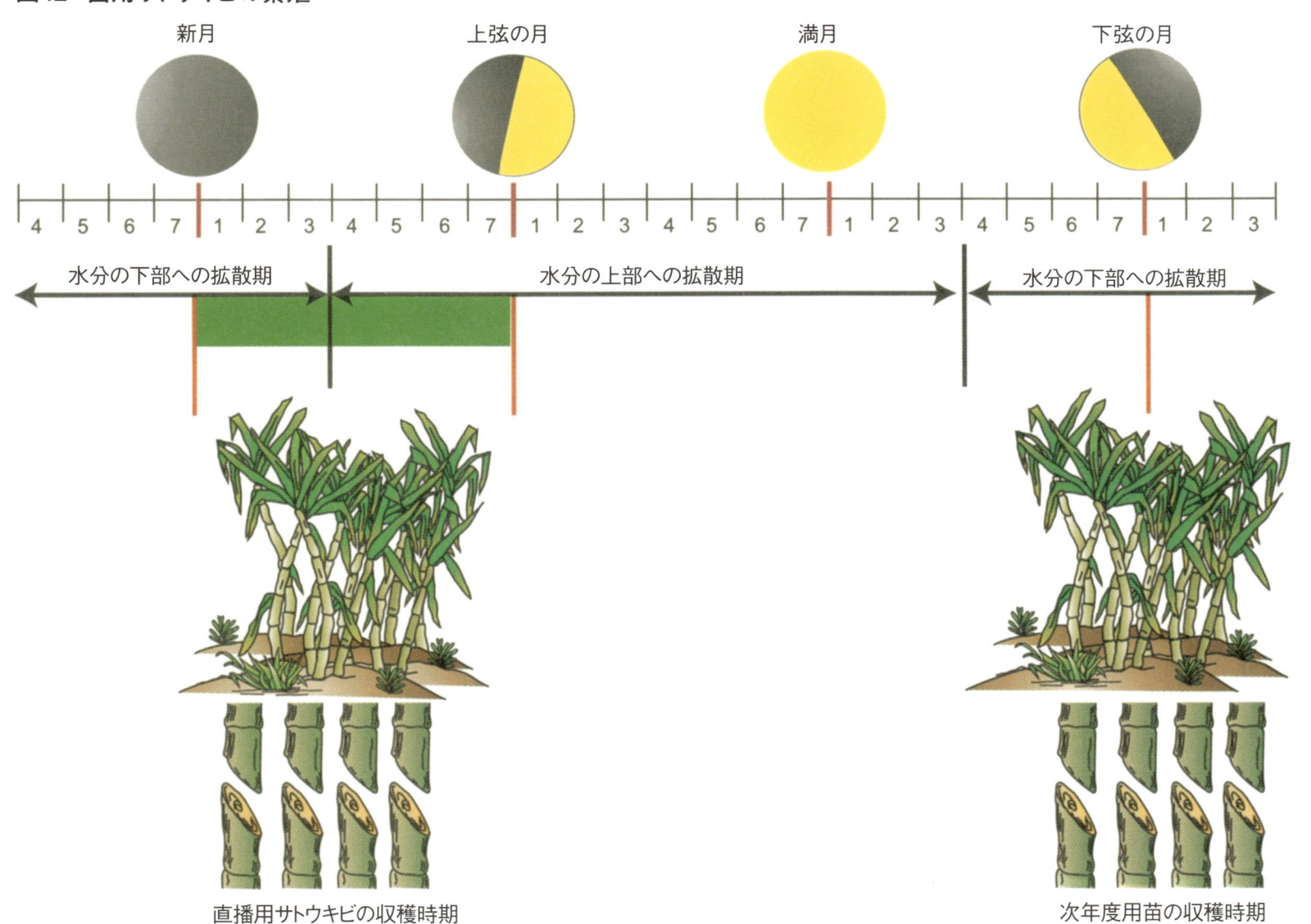

| 新月 | 上弦の月 | 満月 | 下弦の月 |

水分の下部への拡散期　　　水分の上部への拡散期　　　水分の下部への拡散期

直播用サトウキビの収穫時期　　　次年度用苗の収穫時期

ハイロ・レストゥレポ・リベラ　フキラ・カンディドゥ財団2003

第3章　月齢が植物に及ぼす影響

図43：根菜類の収穫時期

| 新月 | 上弦の月 | 満月 | 下弦の月 |

水分の下部への拡散期　｜　水分の上部への拡散期　｜　水分の下部への拡散期

下部へ水分が集中する　　　　　　　　　上部へ水分が集中する

調理のための根菜類の収穫時期

種イモ用バレイショの保管

キャサバ挿し木用苗の保管

ハイロ・レストゥレポ・リベラ　フキラ・カンディドゥ財団2003

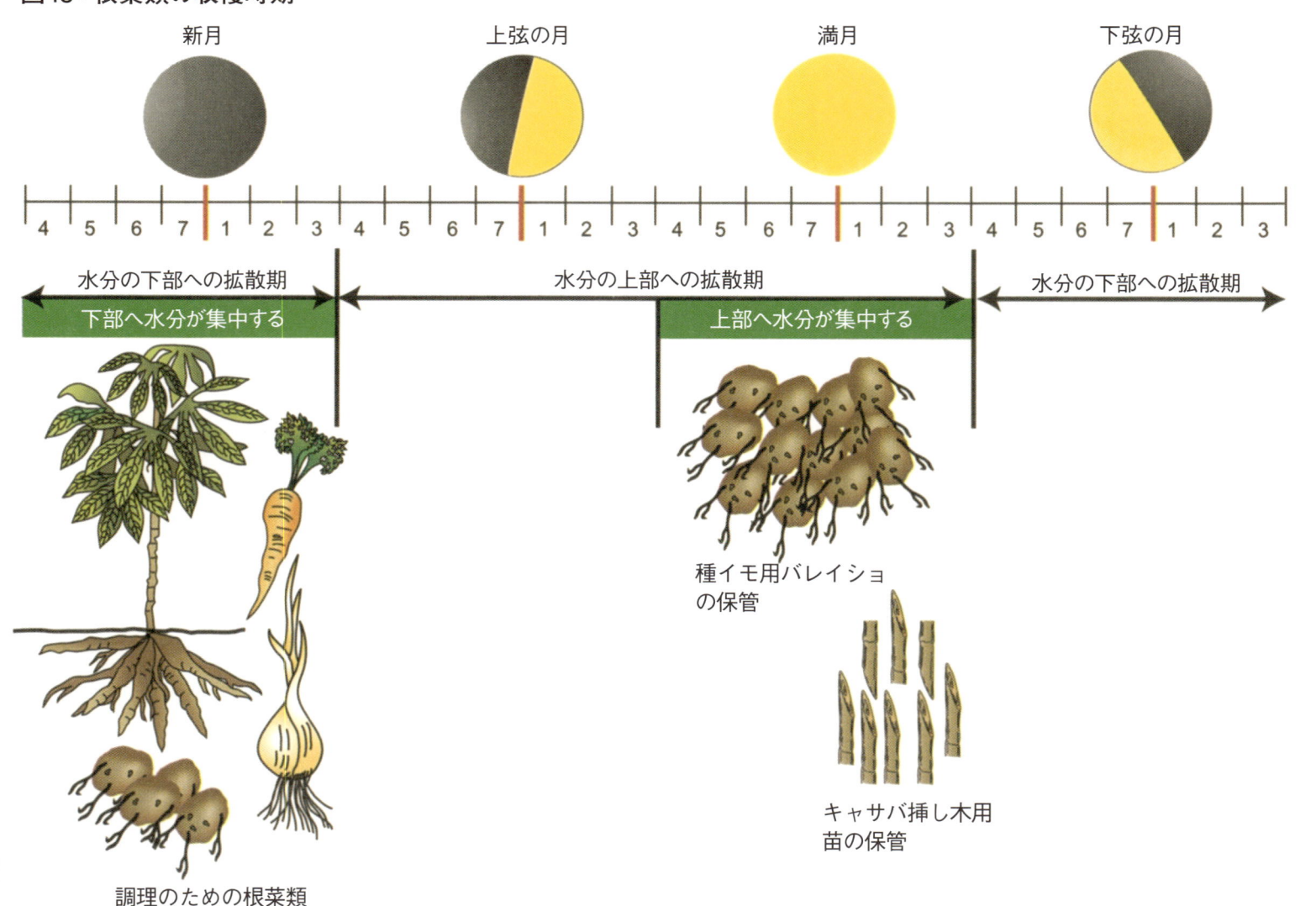

図44：繁殖用キャサバの穂木採取時期

新月　　　　　　上弦の月　　　　　　満月　　　　　　下弦の月

水分の下部への拡散期　｜　水分の上部への拡散期　｜　水分の下部への拡散期

下部へ水分が集中する

キャサバ収穫時期

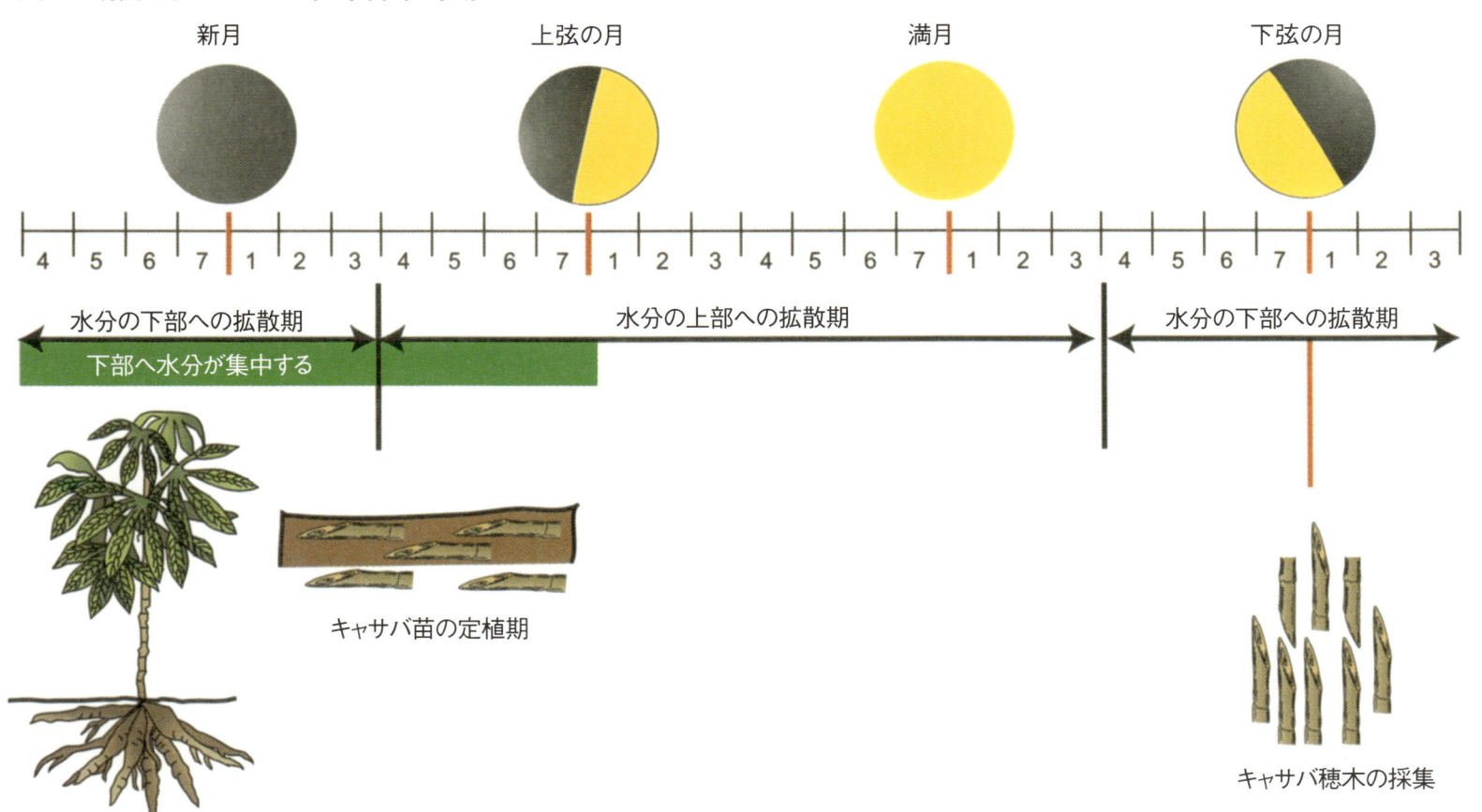

キャサバ苗の定植期

キャサバ穂木の採集

ハイロ・レストゥレポ・リベラ　フキラ・カンディドゥ財団2003

第3章　月齢が植物に及ぼす影響

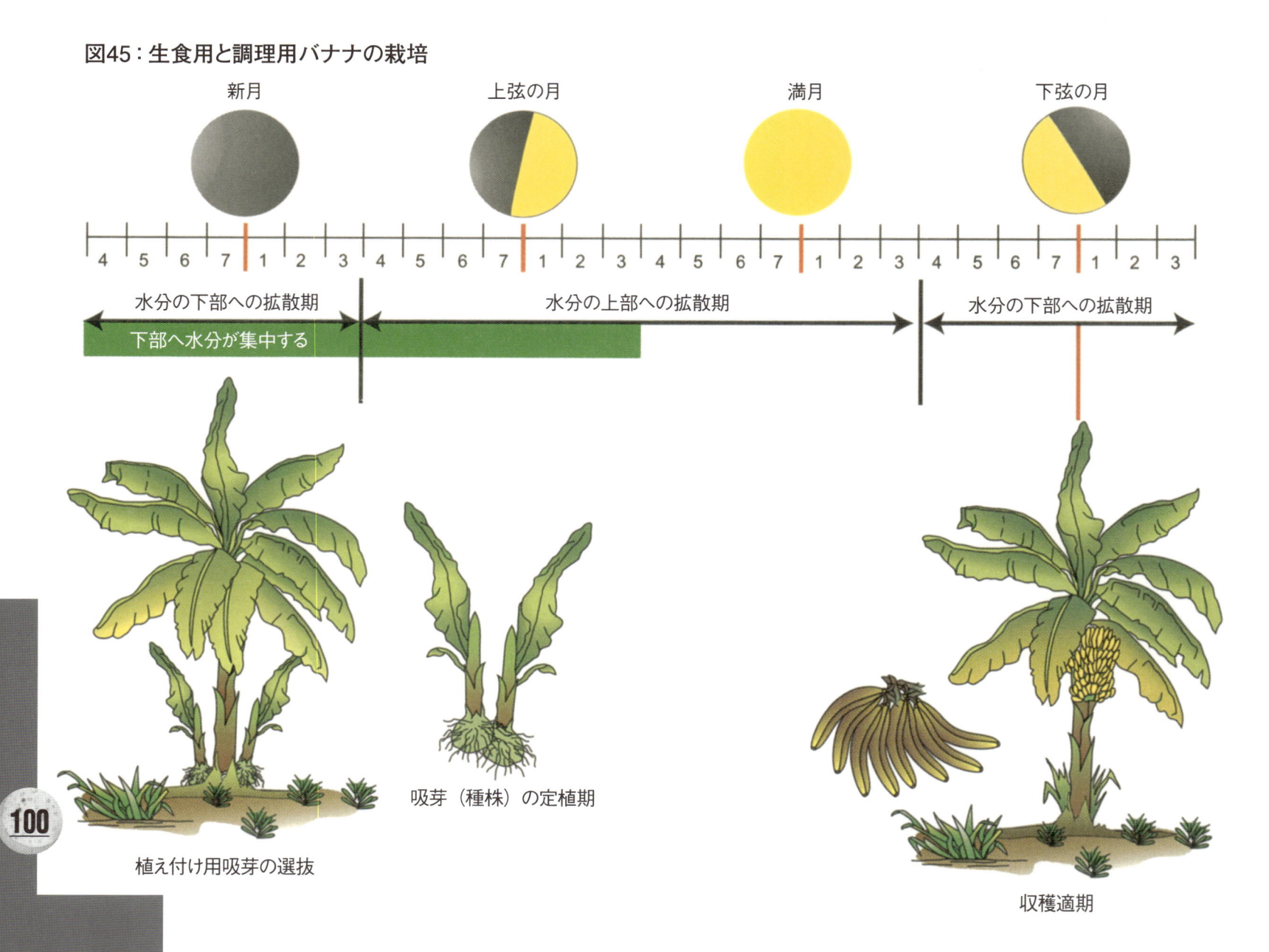

図45：生食用と調理用バナナの栽培

新月　　上弦の月　　満月　　下弦の月

4 5 6 7 1 2 3 4 5 6 7 1 2 3 4 5 6 7 1 2 3 4 5 6 7 1 2 3

水分の下部への拡散期　　水分の上部への拡散期　　水分の下部への拡散期

下部へ水分が集中する

植え付け用吸芽の選抜

吸芽（種株）の定植期

収穫適期

ハイロ・レストゥレポ・リベラ　フキラ・カンディドゥ財団2003

図46：薬草および香料植物の収穫

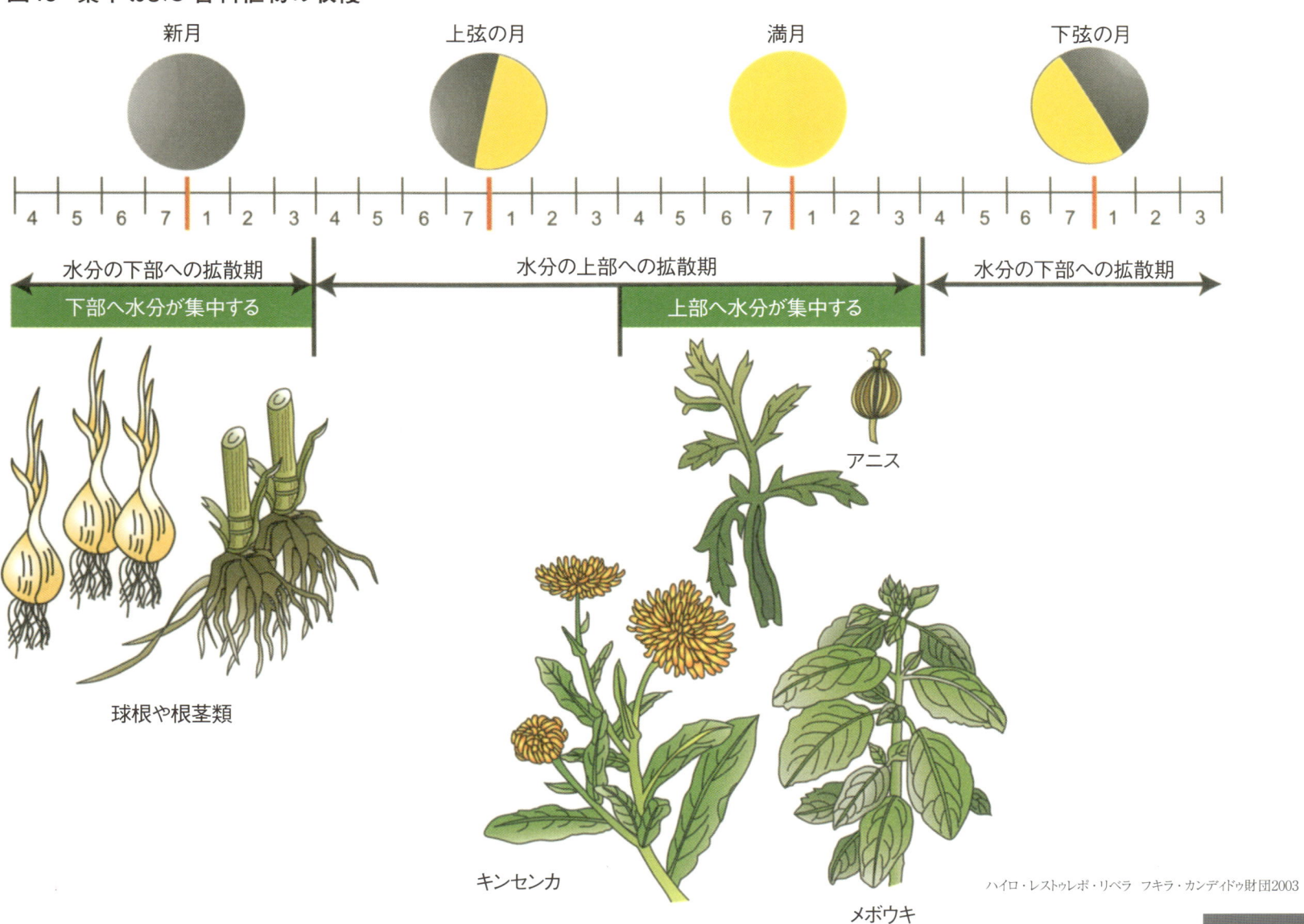

新月　　　　　　　上弦の月　　　　　満月　　　　　　下弦の月

| 4 5 6 7 1 2 3 | 4 5 6 7 1 2 3 | 4 5 6 7 1 2 3 | 4 5 6 7 1 2 3 |

←　水分の下部への拡散期　→←　　　水分の上部への拡散期　　　→←　水分の下部への拡散期　→

下部へ水分が集中する　　　　　　　　　　上部へ水分が集中する

球根や根茎類

アニス

キンセンカ

メボウキ

ハイロ・レストゥレポ・リベラ　フキラ・カンディドゥ財団2003

第3章　月齢が植物に及ぼす影響

図47：根茎薬草と葉薬草の収穫適期

新月　　　上弦の月　　　満月　　　下弦の月

4 5 6 7 1 2 3 4 5 6 7 1 2 3 4 5 6 7 1 2 3 4 5 6 7 1 2 3

水分の下部への拡散期　　　水分の上部への拡散期　　　水分の下部への拡散期

下部へ水分が集中する　　　上部へ水分が集中する

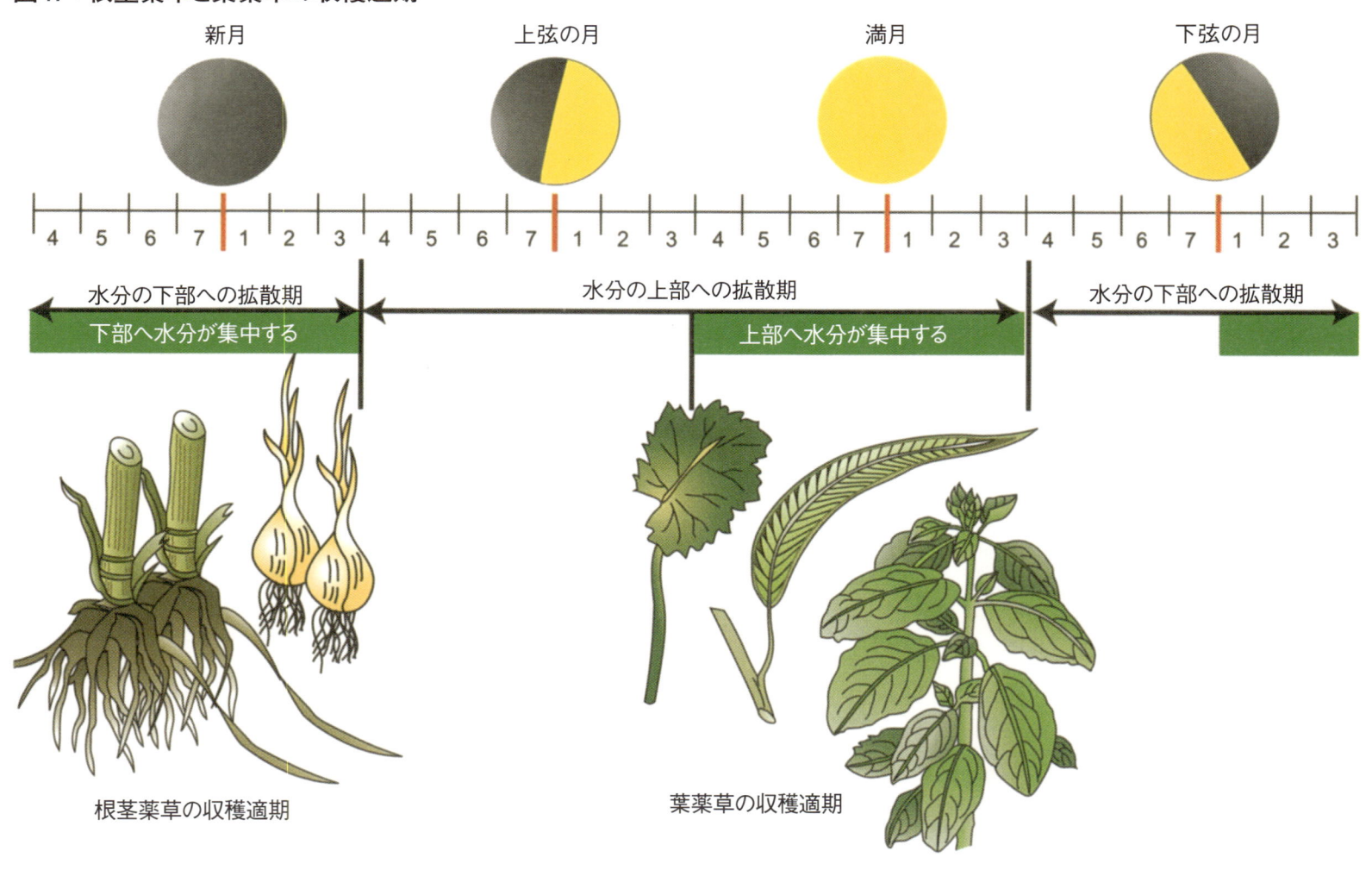

根茎薬草の収穫適期　　　葉薬草の収穫適期

ハイロ・レストゥレポ・リベラ　フキラ・カンディドゥ財団2003

図48：花薬草と種実薬草の収穫適期

| 新月 | 上弦の月 | 満月 | 下弦の月 |

4 5 6 7 1 2 3 4 5 6 7 1 2 3 4 5 6 7 1 2 3 4 5 6 7 1 2 3

← 水分の下部への拡散期 → ← 水分の上部への拡散期 → ← 水分の下部への拡散期 →

下部へ水分が集中する　　　　　　　　　　上部へ水分が集中する

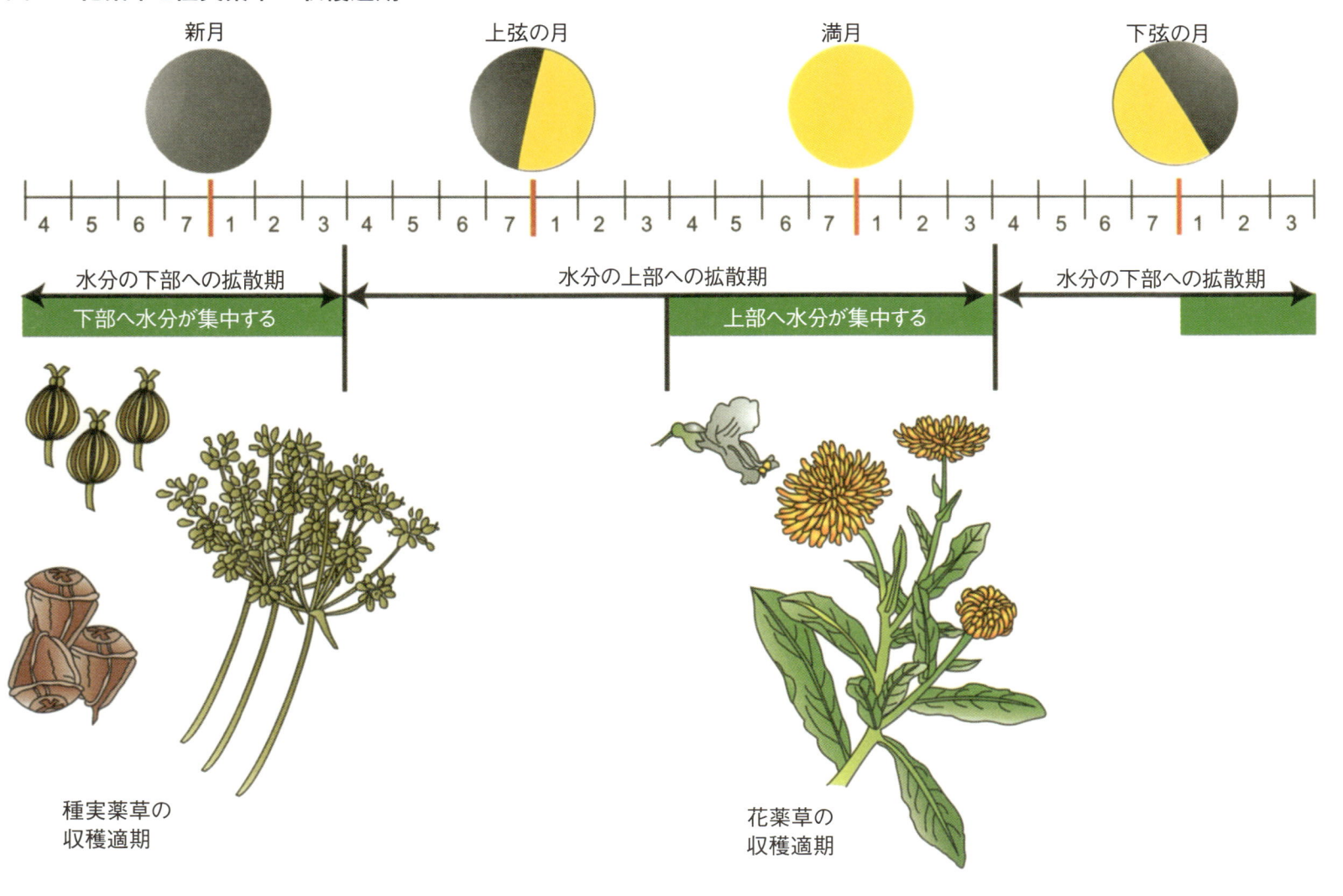

種実薬草の
収穫適期

花薬草の
収穫適期

ハイロ・レストゥレポ・リベラ　フキラ・カンデイドゥ財団2003

図49：茎薬草と樹皮薬草の収穫適期

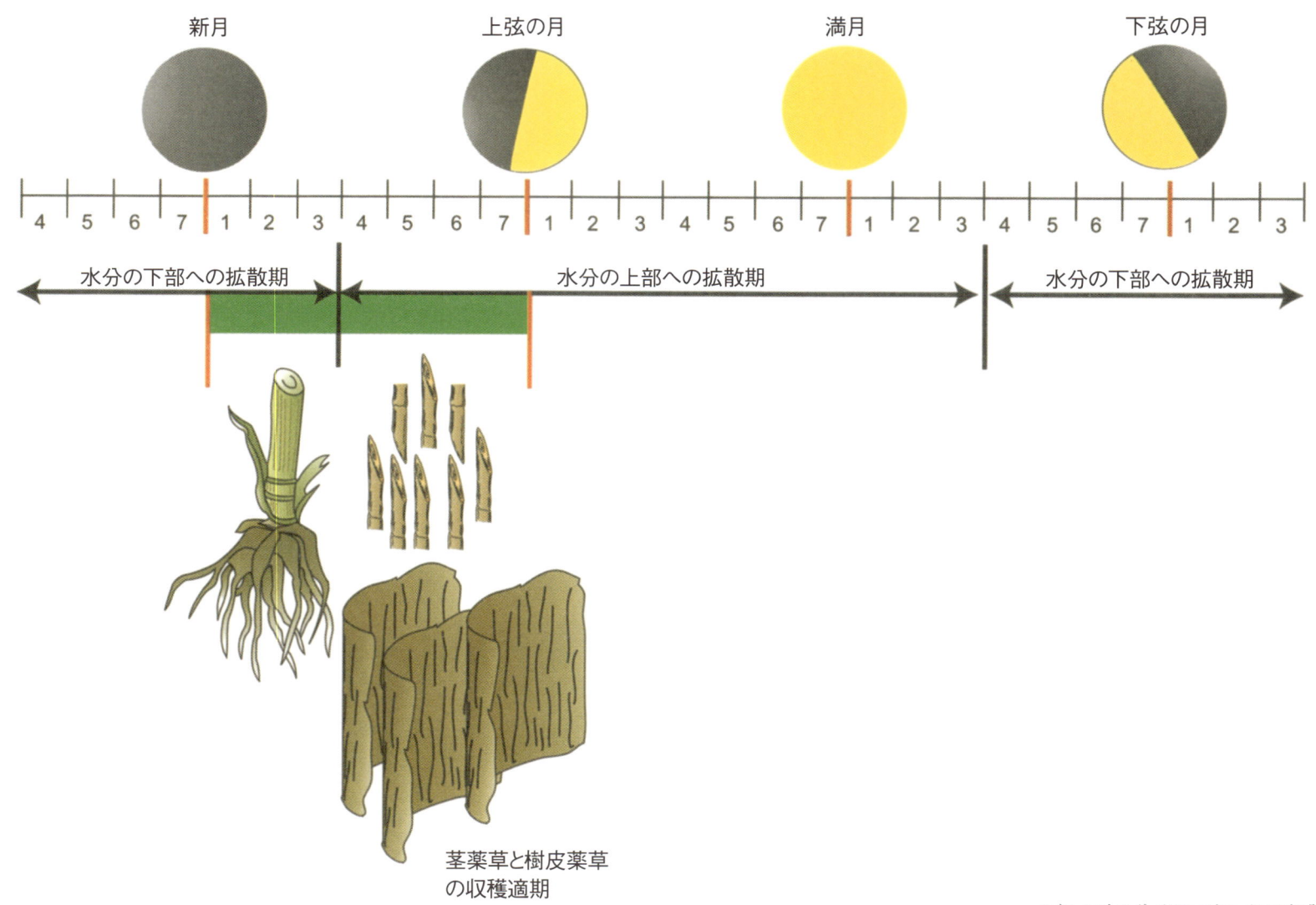

新月　　上弦の月　　満月　　下弦の月

水分の下部への拡散期　　水分の上部への拡散期　　水分の下部への拡散期

茎薬草と樹皮薬草
の収穫適期

ハイロ・レストゥレポ・リベラ　フキラ・カンディドゥ財団2003

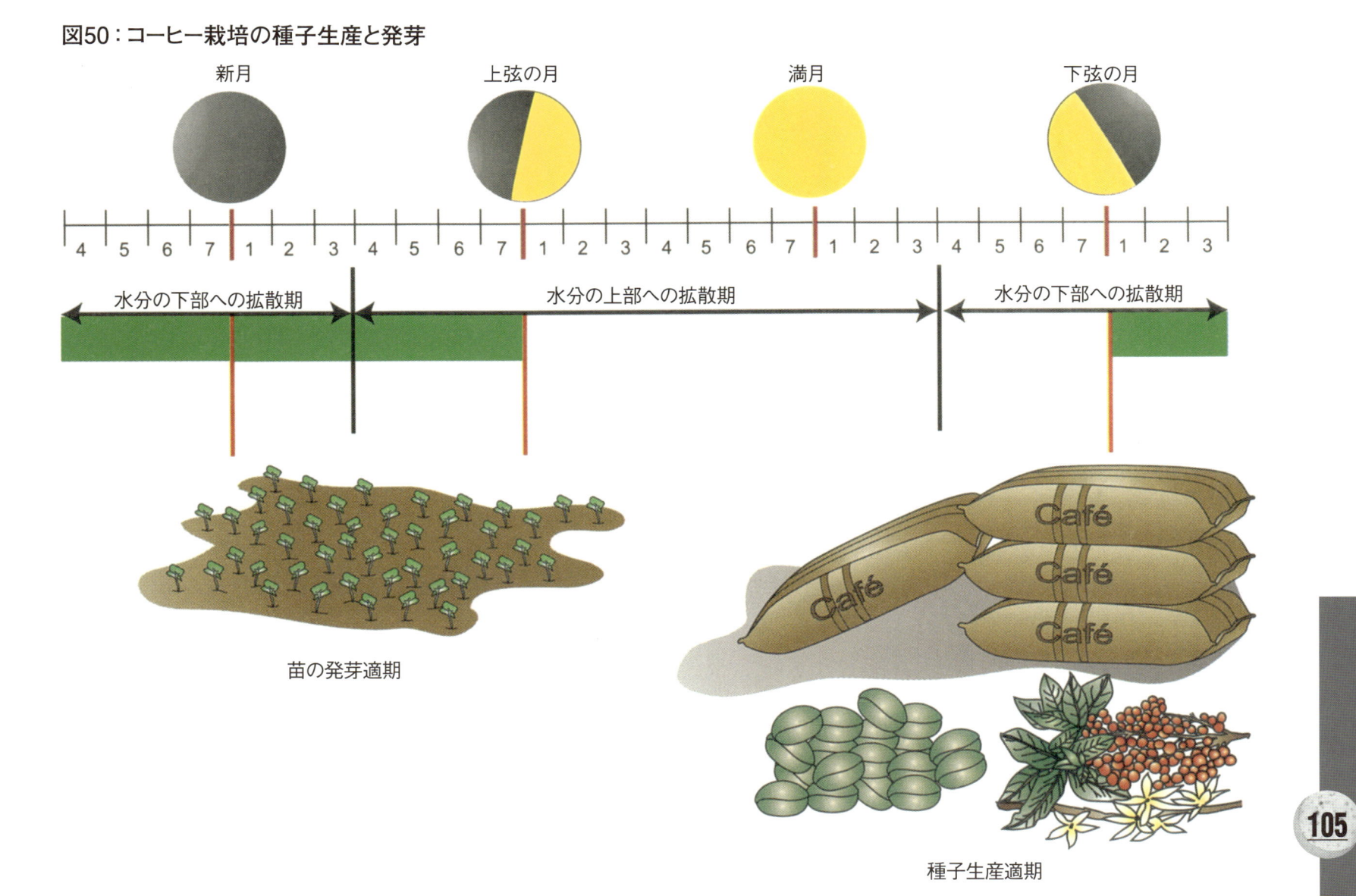

図50：コーヒー栽培の種子生産と発芽

新月　　　　　　上弦の月　　　　　満月　　　　　　下弦の月

| 水分の下部への拡散期 | 水分の上部への拡散期 | 水分の下部への拡散期 |

苗の発芽適期

種子生産適期

ハイロ・レストゥレポ・リベラ　フキラ・カンディドゥ財団2003

図51：コーヒー栽培：ポットへの移植および定植

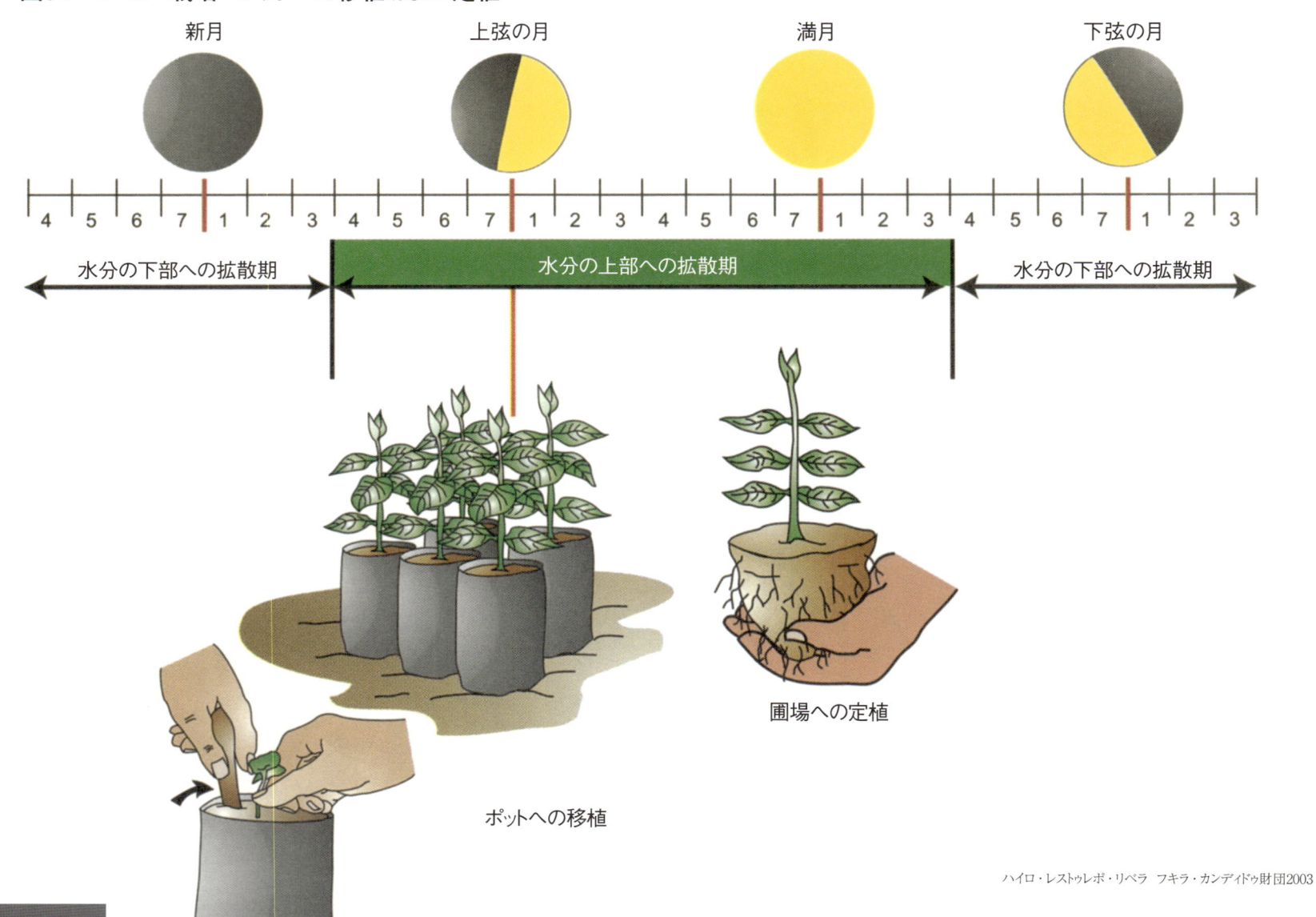

新月　　　上弦の月　　　満月　　　下弦の月

水分の下部への拡散期　　水分の上部への拡散期　　水分の下部への拡散期

ポットへの移植

圃場への定植

ハイロ・レストゥレポ・リベラ　フキラ・カンディドゥ財団2003

図52：コーヒー栽培：新芽管理と枯れ枝せん定

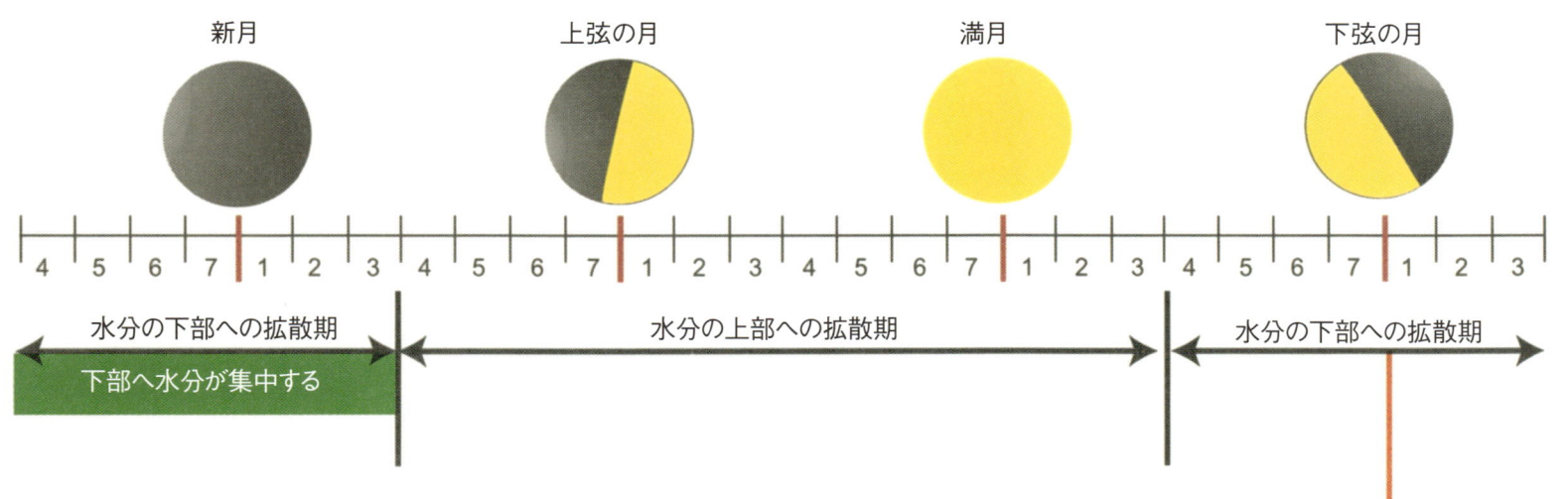

新月　　　　　上弦の月　　　　満月　　　　下弦の月

水分の下部への拡散期　　　水分の上部への拡散期　　　水分の下部への拡散期

下部へ水分が集中する

新芽・脇芽への施肥

枯れ枝のせん定

ハイロ・レストゥレポ・リベラ　フキラ・カンディドゥ財団2003

第3章　月齢が植物に及ぼす影響

図53：コーヒーの収穫、液肥散布・施肥時期

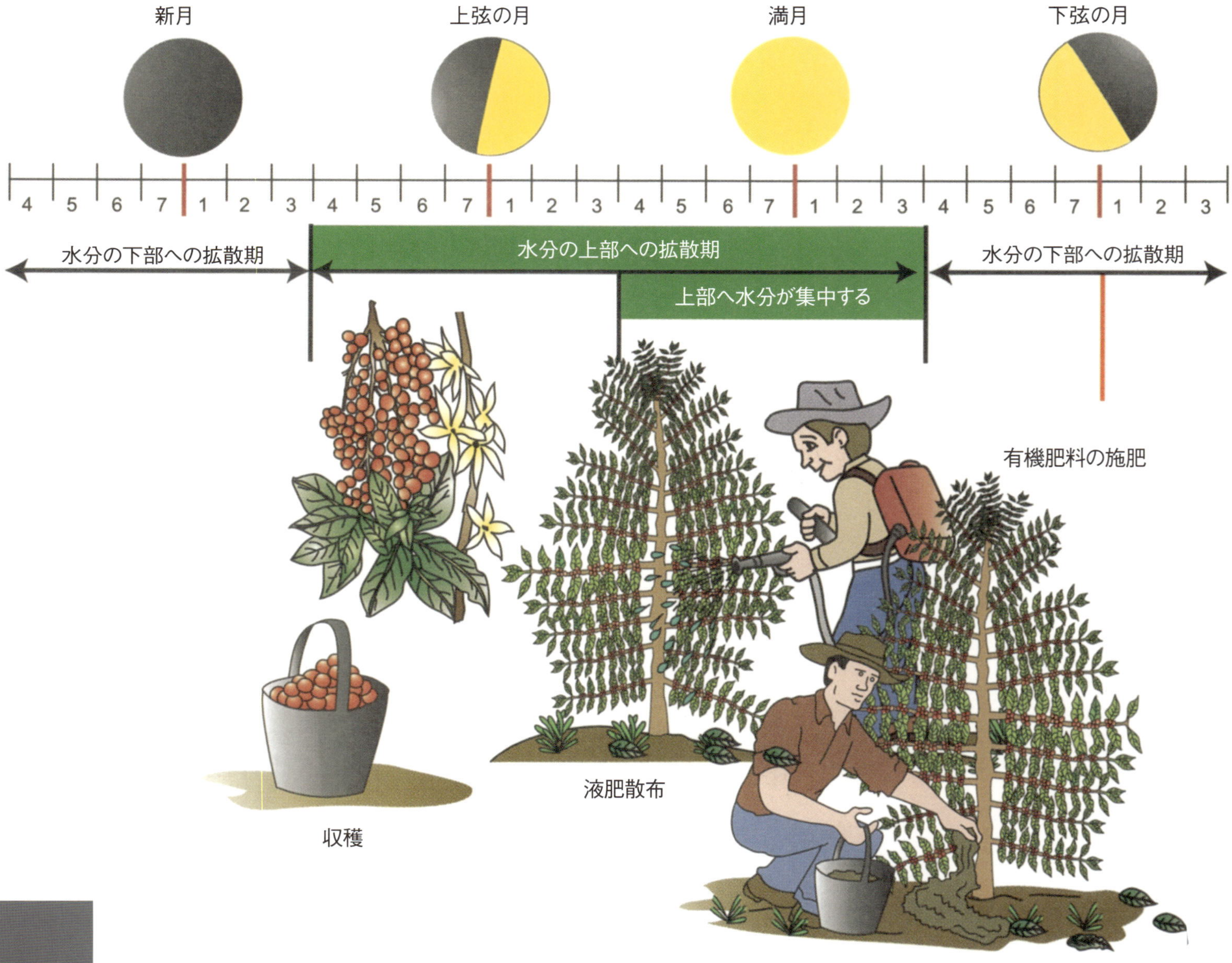

新月　　　上弦の月　　　満月　　　下弦の月

4 5 6 7 1 2 3 4 5 6 7 1 2 3 4 5 6 7 1 2 3 4 5 6 7 1 2 3

← 水分の下部への拡散期 →　水分の上部への拡散期　← 水分の下部への拡散期 →

上部へ水分が集中する

有機肥料の施肥

液肥散布

収穫

ハイロ・レストゥレポ・リベラ　フキラ・カンデイドゥ財団2003

図54：月齢と果樹栽培の関係

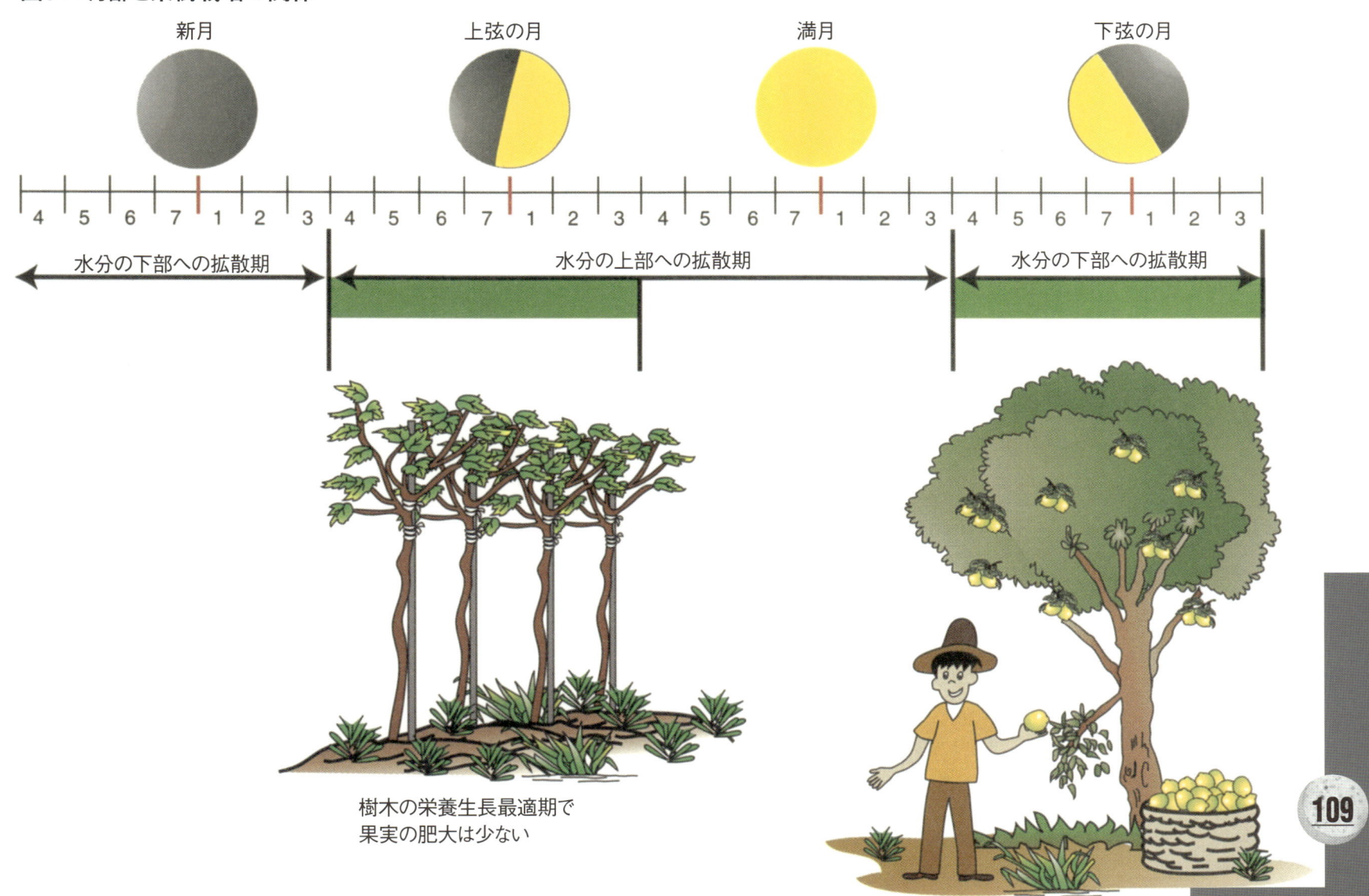

新月　　　　　　　上弦の月　　　　　　満月　　　　　　　下弦の月

| 4 5 6 7 1 2 3 | 4 5 6 7 1 2 3 | 4 5 6 7 1 2 3 | 4 5 6 7 1 2 3 |

← 水分の下部への拡散期 →　← 水分の上部への拡散期 →　← 水分の下部への拡散期 →

樹木の栄養生長最適期で
果実の肥大は少ない

果実肥大の促進期で
樹生生長は弱い

ハイロ・レストゥレポ・リベラ　フキラ・カンディドゥ財団2003

第3章　月齢が植物に及ぼす影響

図55：接ぎ木ととり木

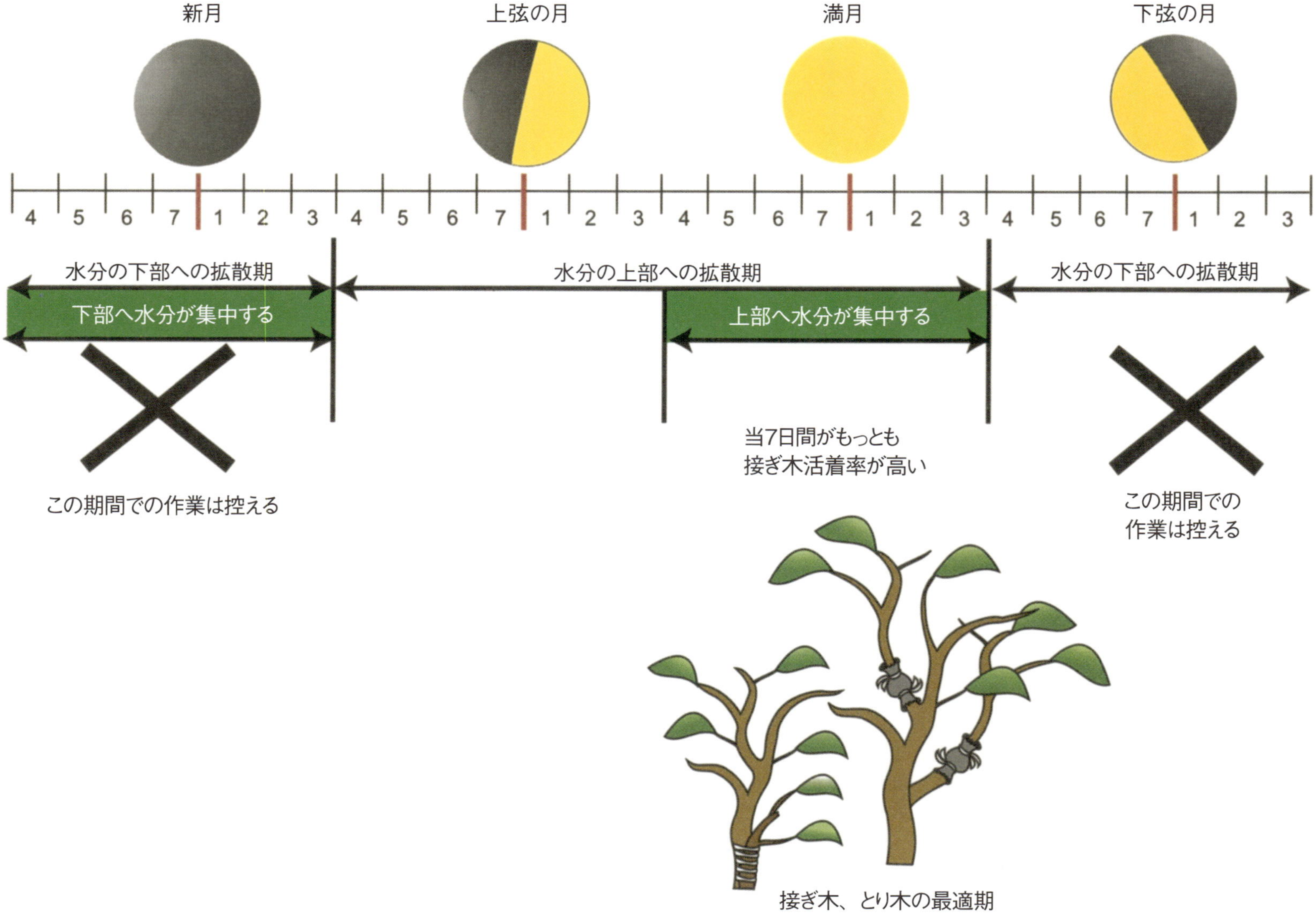

| 新月 | 上弦の月 | 満月 | 下弦の月 |

4 5 6 7 1 2 3 4 5 6 7 1 2 3 4 5 6 7 1 2 3 4 5 6 7 1 2 3

水分の下部への拡散期　　　　　水分の上部への拡散期　　　　　水分の下部への拡散期

下部へ水分が集中する　　　　　　　　　　　上部へ水分が集中する

✕ この期間での作業は控える

当7日間がもっとも接ぎ木活着率が高い

✕ この期間での作業は控える

接ぎ木、とり木の最適期

ハイロ・レストゥレポ・リベラ　フキラ・カンディドゥ財団2003

図56：果樹のせん定と整枝

新月　　　上弦の月　　　満月　　　下弦の月

| 4 | 5 | 6 | 7 | 1 | 2 | 3 | 4 | 5 | 6 | 7 | 1 | 2 | 3 | 4 | 5 | 6 | 7 | 1 | 2 | 3 | 4 | 5 | 6 | 7 | 1 | 2 | 3 |

← 水分の下部への拡散期　　水分の上部への拡散期 →　← 水分の下部への拡散期 →

若木の整枝とせん定

この期間はせん定をしない

枯れ枝せん定やせん定による傷を最低限にする時期

せん定活動の最適期

整枝・せん定時期

ハイロ・レストゥレポ・リベラ　フキラ・カンディドゥ財団2003

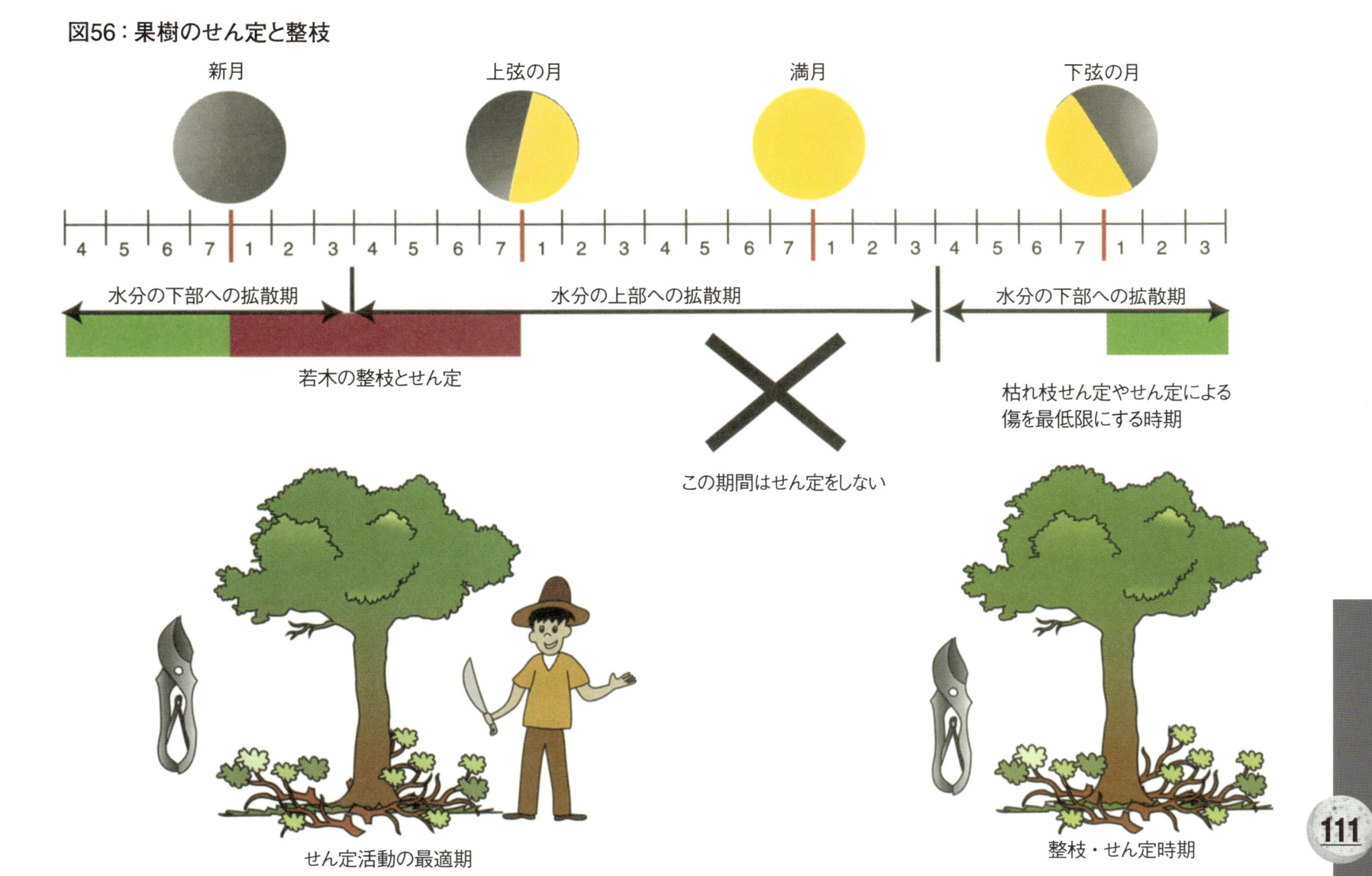

第3章　月齢が植物に及ぼす影響

図57：タケ類の繁殖

新月　　　上弦の月　　　満月　　　下弦の月

← 水分の下部への拡散期 →　　水分の上部への拡散期　　← 水分の下部への拡散期 →

挿し木や移植の最適期

地下茎の繁殖最盛期

ハイロ・レストゥレポ・リベラ　フキラ・カンディドゥ財団2003

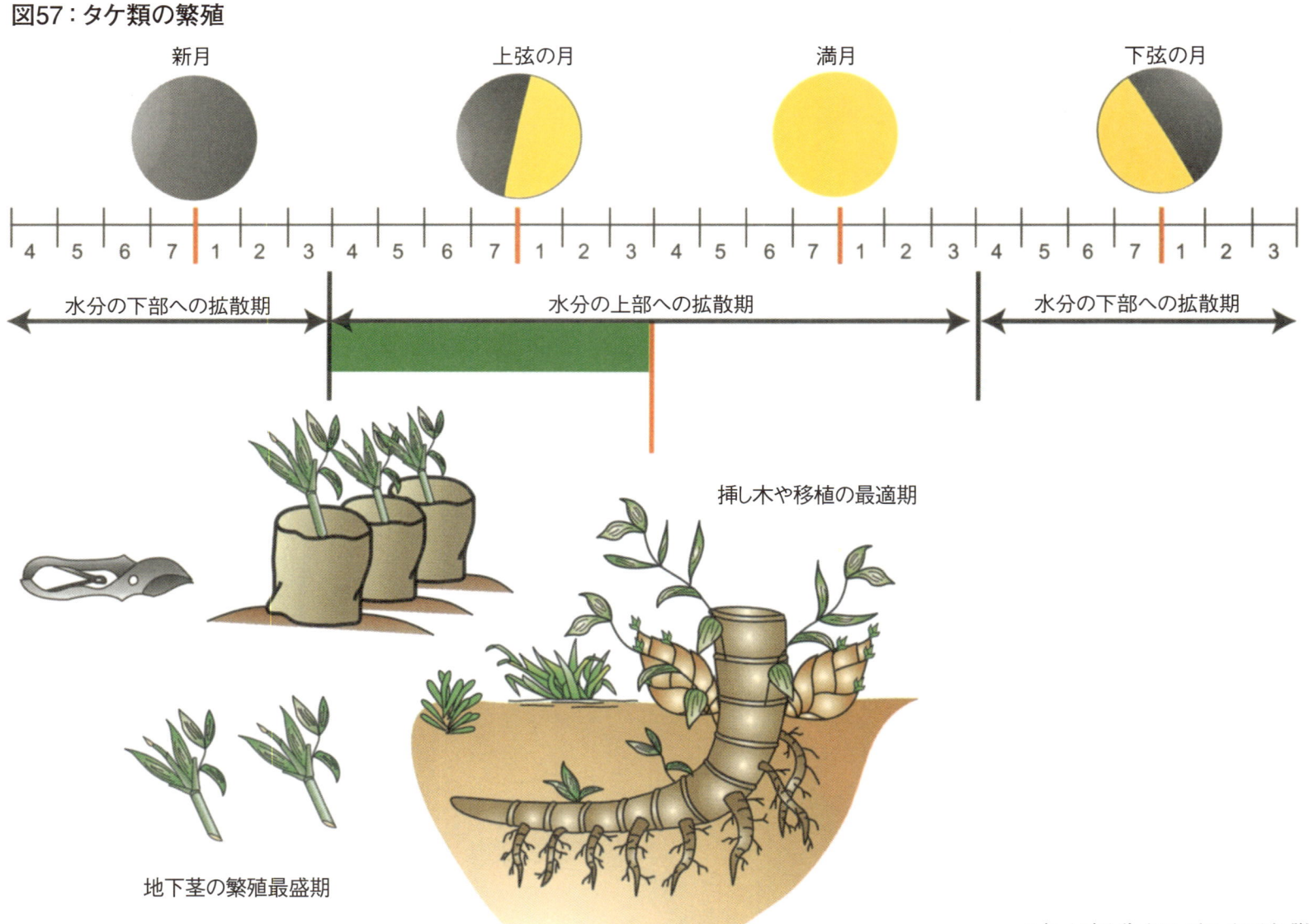

図58：建築用のタケの伐採適期

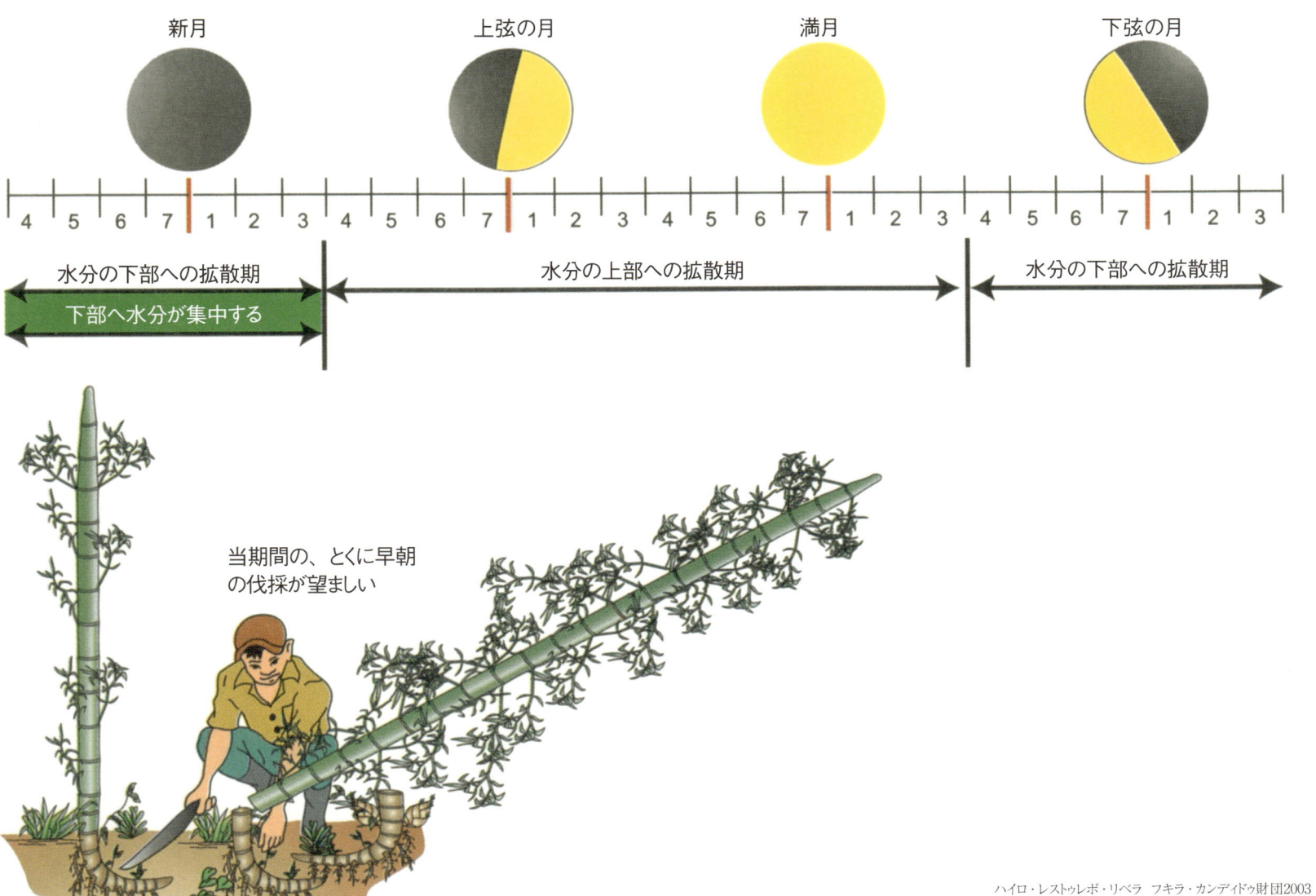

新月　　　　　上弦の月　　　　満月　　　　　下弦の月

水分の下部への拡散期　｜　水分の上部への拡散期　｜　水分の下部への拡散期

下部へ水分が集中する

当期間の、とくに早朝の伐採が望ましい

ハイロ・レストゥレポ・リベラ　フキラ・カンディドゥ財団2003

図59：建築用木材と薪用木材の伐採適期

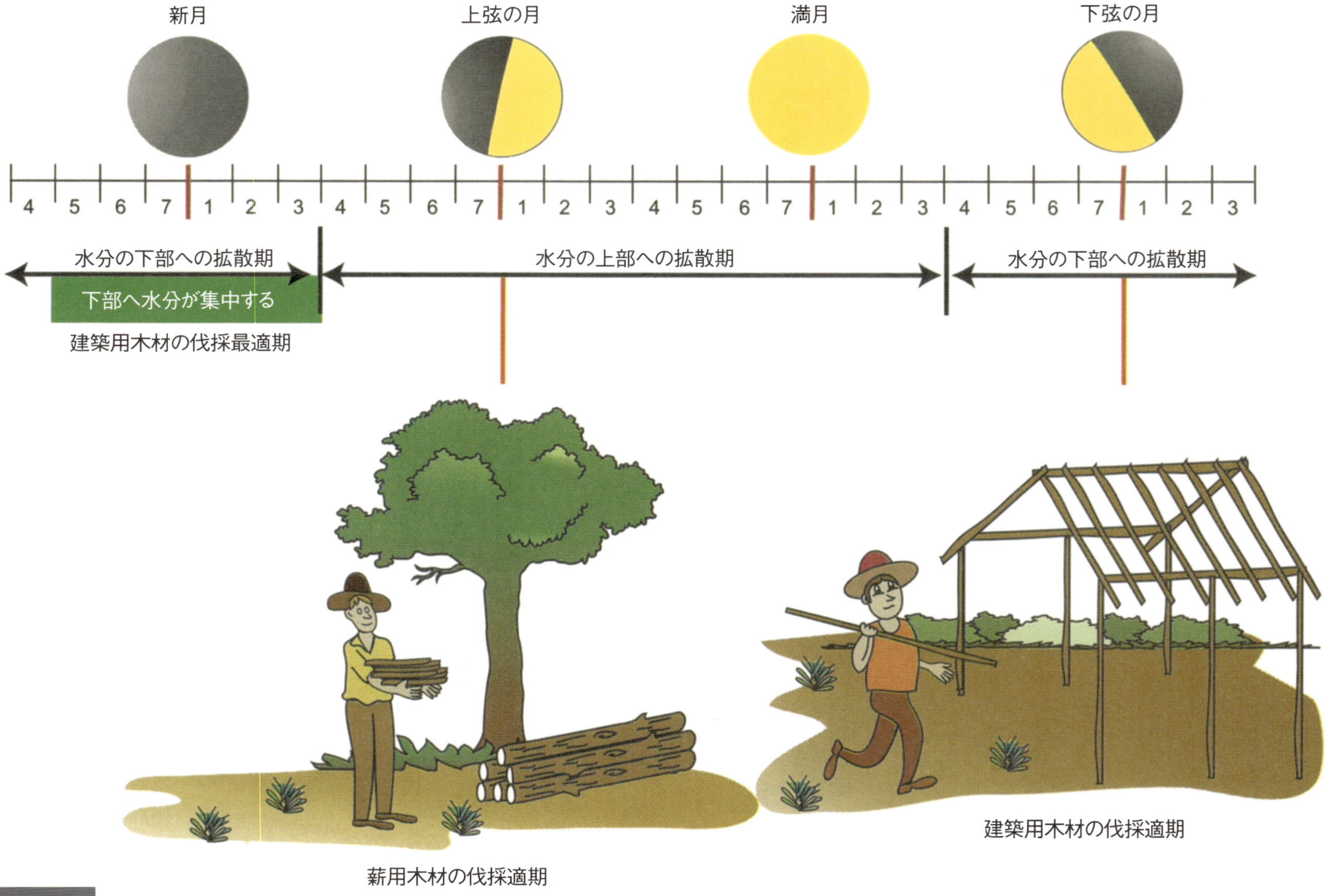
新月
上弦の月
満月
下弦の月
4 5 6 7 1 2 3 4 5 6 7 1 2 3 4 5 6 7 1 2 3 4 5 6 7 1 2 3
水分の下部への拡散期
下部へ水分が集中する
建築用木材の伐採最適期
水分の上部への拡散期
水分の下部への拡散期
薪用木材の伐採適期
建築用木材の伐採適期

ハイロ・レストゥレポ・リベラ　フキラ・カンディドゥ財団2003

図60：カンキツ類の栽培：採種と発芽

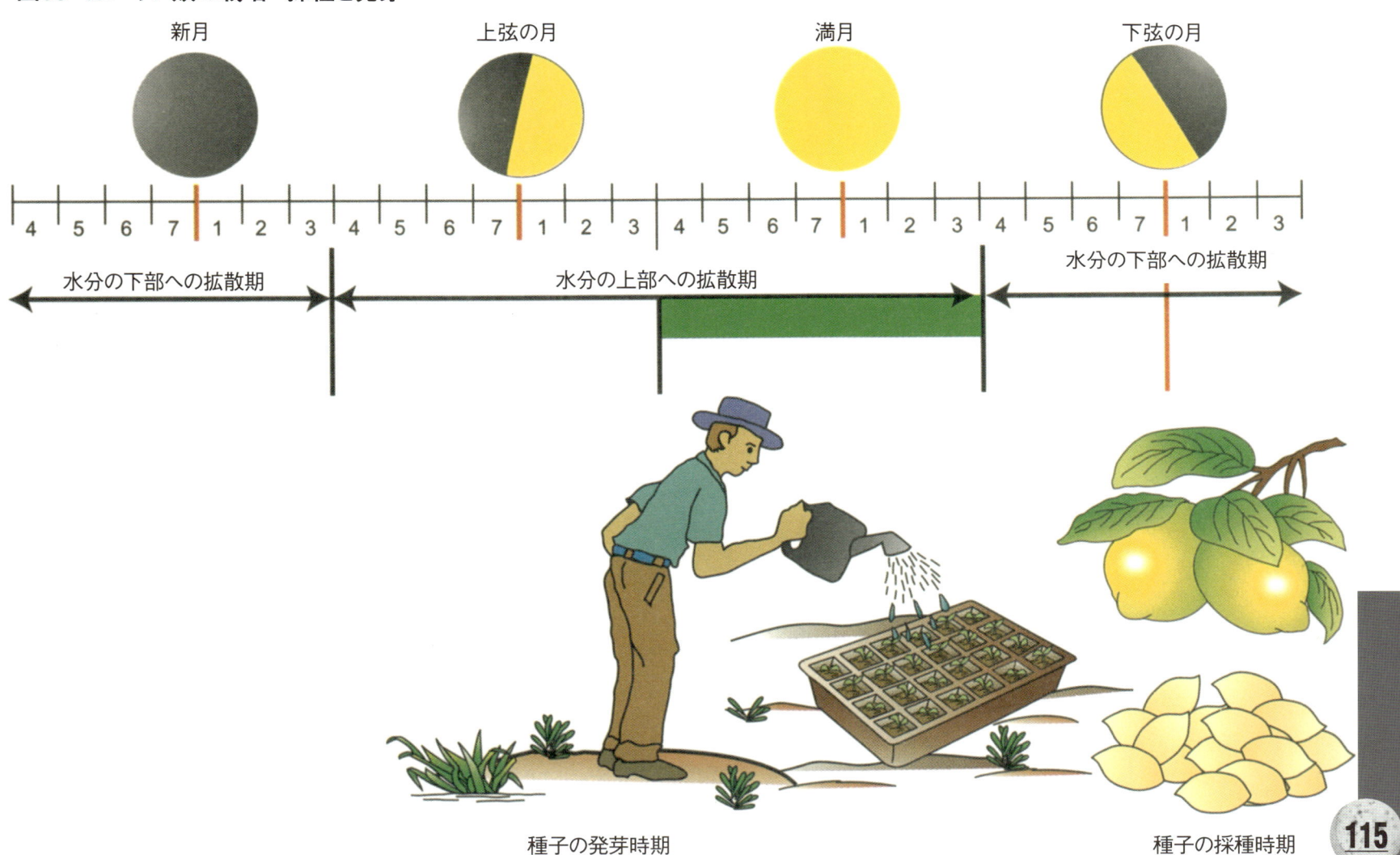

新月　　　　　　　上弦の月　　　　　　満月　　　　　　　下弦の月

水分の下部への拡散期　　　水分の上部への拡散期　　　水分の下部への拡散期

種子の発芽時期　　　　　　　　　　　　　　　　種子の採種時期

ハイロ・レストゥレポ・リベラ　フキラ・カンディドゥ財団2003

第3章　月齢が植物に及ぼす影響

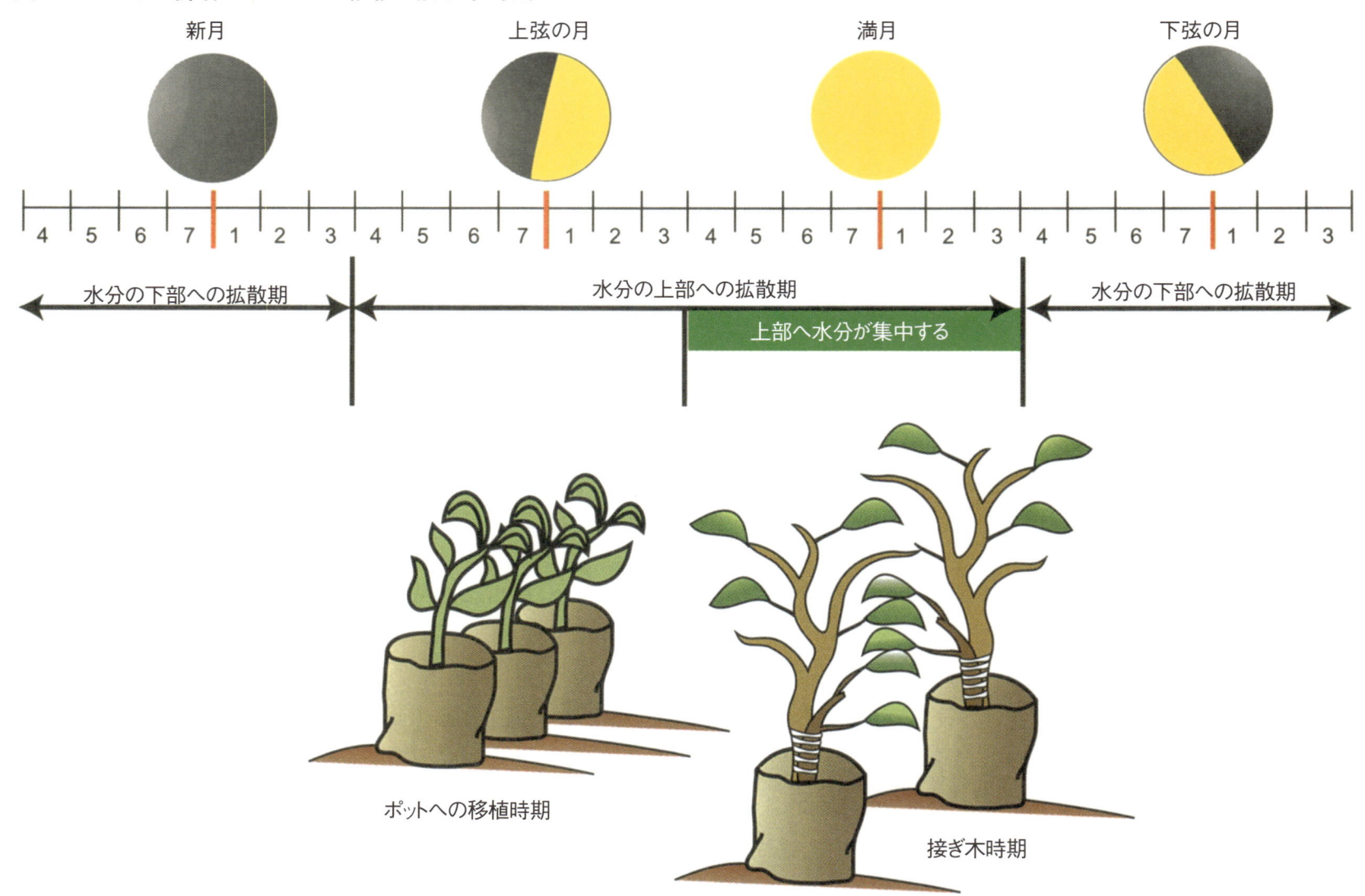

図61：カンキツ栽培のポットへの移植と接ぎ木時期

新月　　　　　　上弦の月　　　　　満月　　　　　　下弦の月

水分の下部への拡散期　　　水分の上部への拡散期　　　水分の下部への拡散期

上部へ水分が集中する

ポットへの移植時期

接ぎ木時期

ハイロ・レストゥレポ・リベラ　フキラ・カンディドゥ財団2003

図62：カンキツ栽培の定植と整枝時期

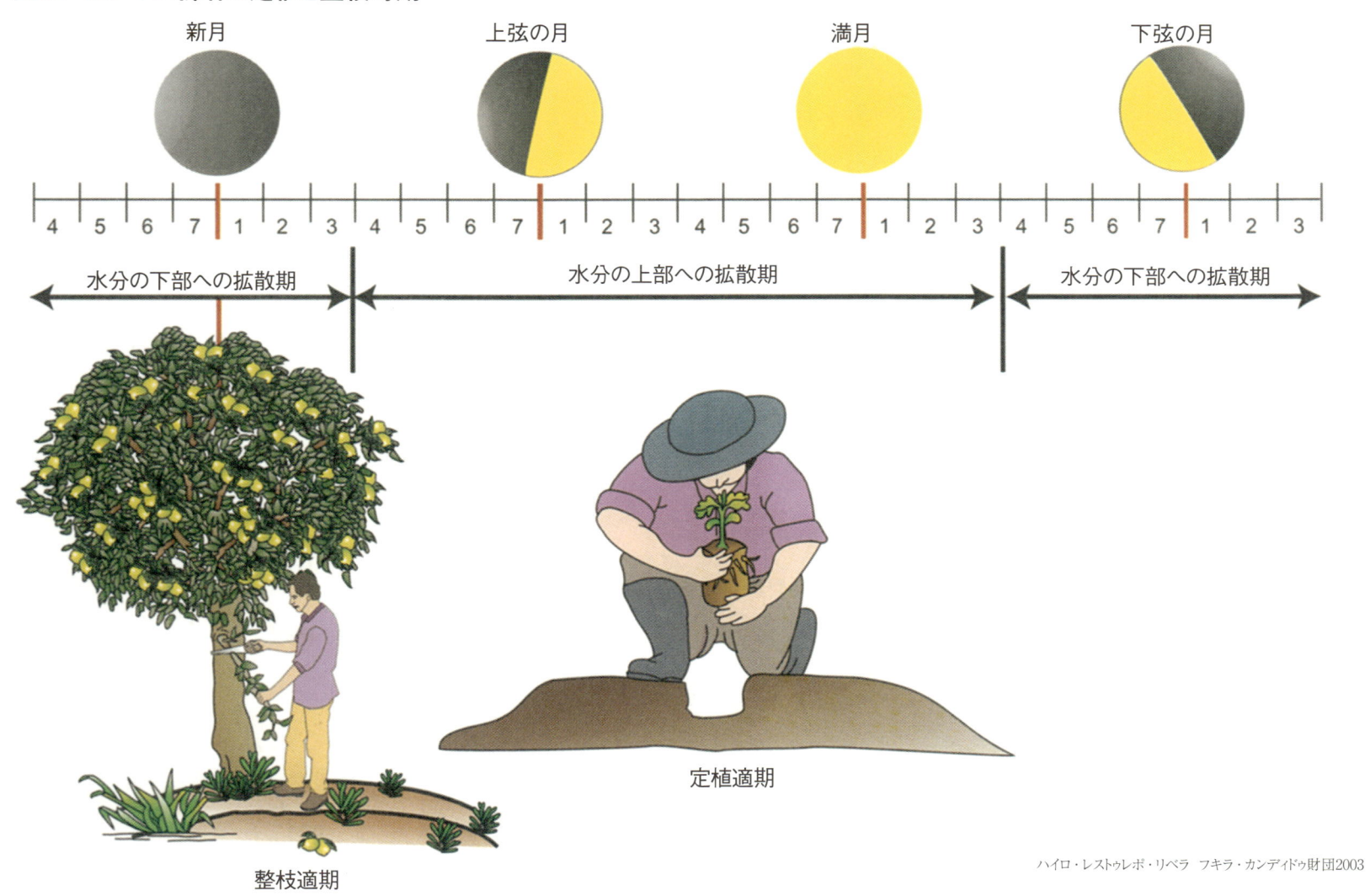

新月　　　上弦の月　　　満月　　　下弦の月

4 5 6 7 1 2 3 4 5 6 7 1 2 3 4 5 6 7 1 2 3 4 5 6 7 1 2 3

← 水分の下部への拡散期 →　← 水分の上部への拡散期 →　← 水分の下部への拡散期 →

整枝適期

定植適期

ハイロ・レストゥレポ・リベラ　フキラ・カンディドゥ財団2003

図63：コーヒー栽培の種子生産と発芽

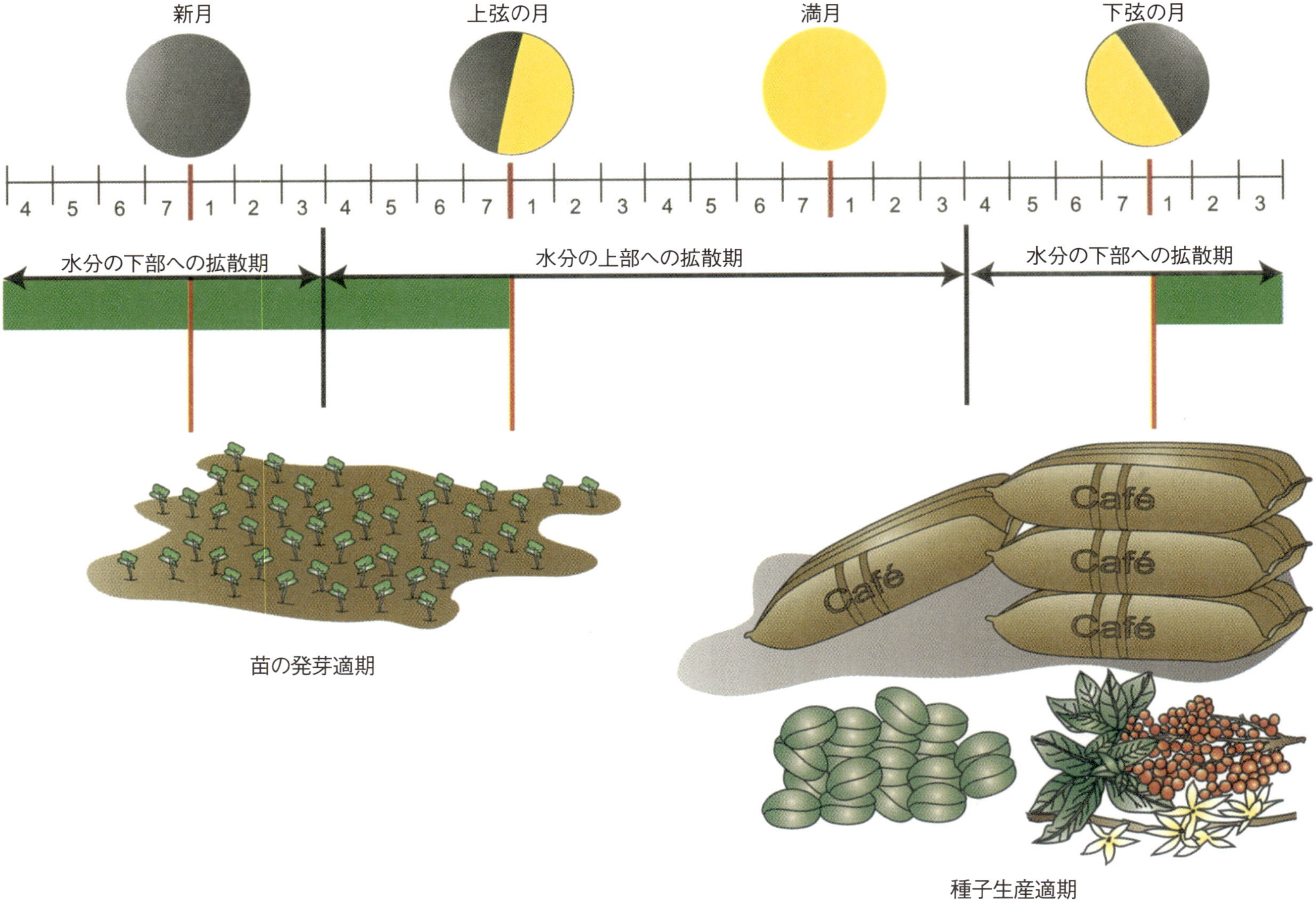
新月
上弦の月
満月
下弦の月
4 5 6 7 1 2 3 4 5 6 7 1 2 3 4 5 6 7 1 2 3 4 5 6 7 1 2 3
水分の下部への拡散期
水分の上部への拡散期
水分の下部への拡散期
Café
Café
Café
Café
苗の発芽適期
種子生産適期

ハイロ・レストゥレポ・リベラ　フキラ・カンディドゥ財団2003

図64：ブドウ栽培

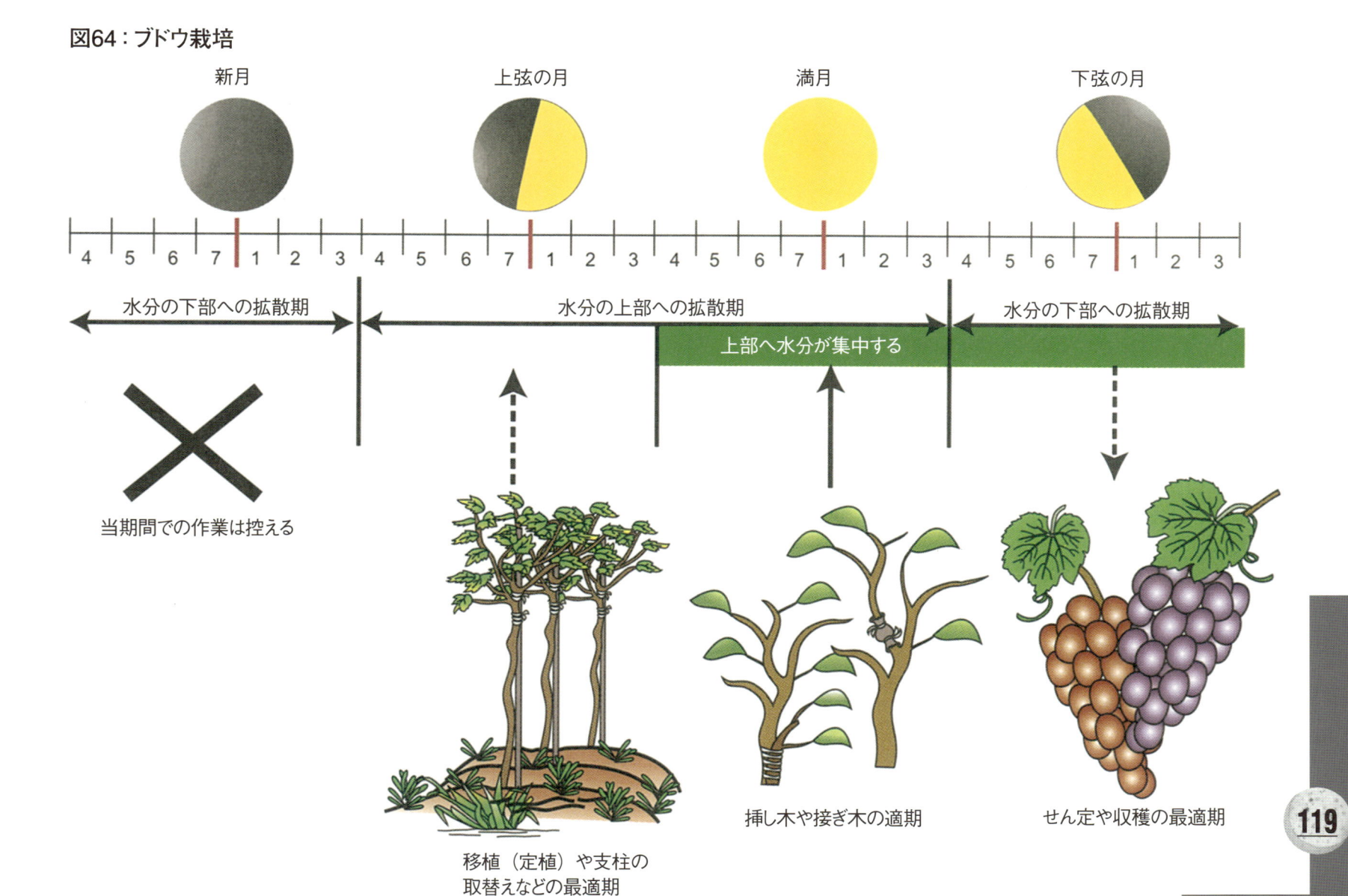

| 新月 | 上弦の月 | 満月 | 下弦の月 |

| 4 5 6 7 1 2 3 | 4 5 6 7 1 2 3 | 4 5 6 7 1 2 3 | 4 5 6 7 1 2 3 |

←水分の下部への拡散期→ ←水分の上部への拡散期→ ←水分の下部への拡散期→

上部へ水分が集中する

当期間での作業は控える

移植（定植）や支柱の取替えなどの最適期

挿し木や接ぎ木の適期

せん定や収穫の最適期

ハイロ・レストゥレポ・リベラ　フキラ・カンディドゥ財団2003

第3章　月齢が植物に及ぼす影響

図65：植林：苗の採集と定植

新月　　　上弦の月　　　満月　　　下弦の月

4 5 6 7 1 2 3 4 5 6 7 1 2 3 4 5 6 7 1 2 3 4 5 6 7 1 2 3

← 水分の下部への拡散期 → ← 水分の上部への拡散期 → ← 水分の下部への拡散期 →

挿し木用穂木の採集　　　苗木の定植

ハイロ・レストゥレポ・リベラ　フキラ・カンディドゥ財団2003

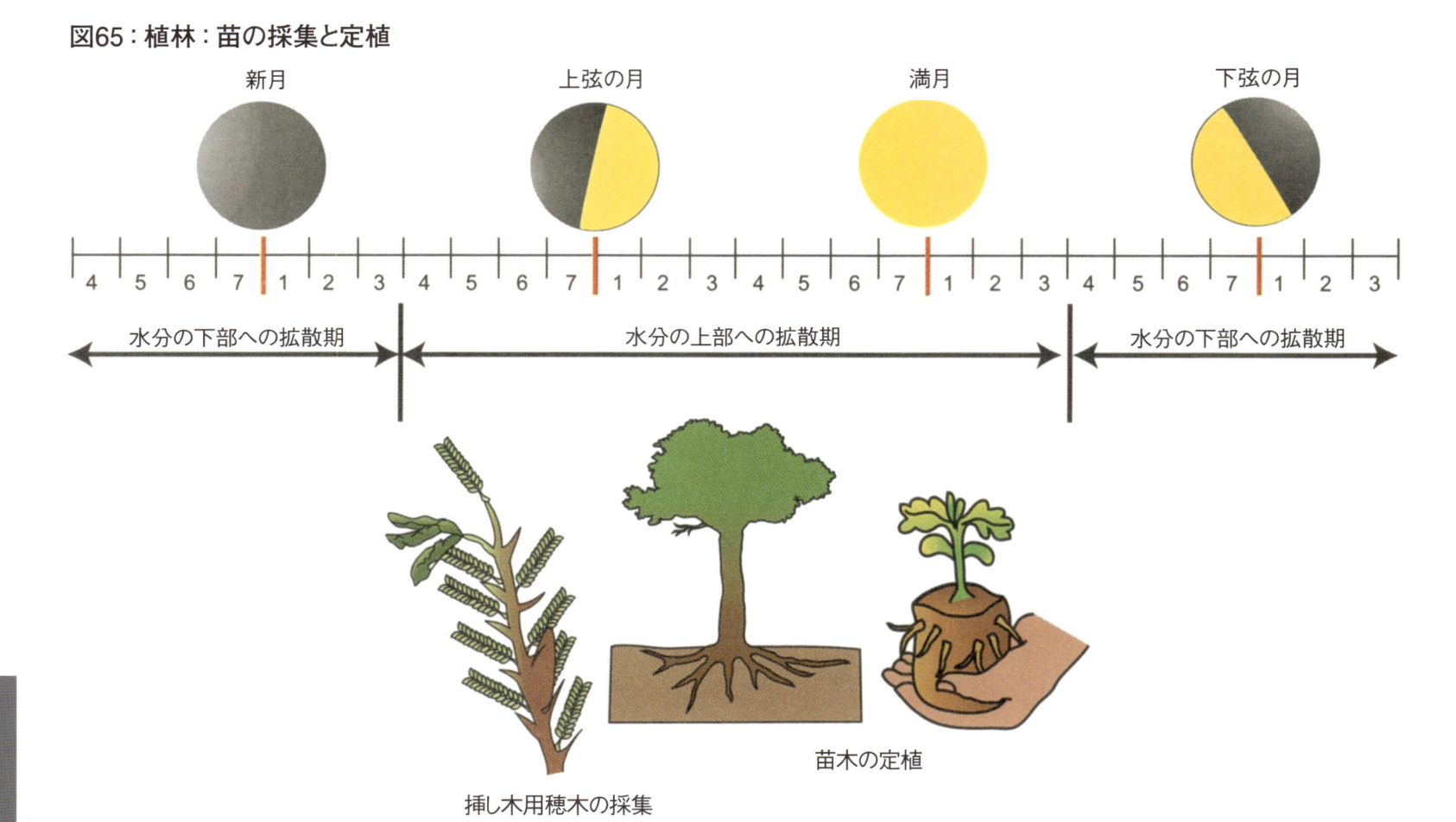

図66：植林：枝払いと樹形管理

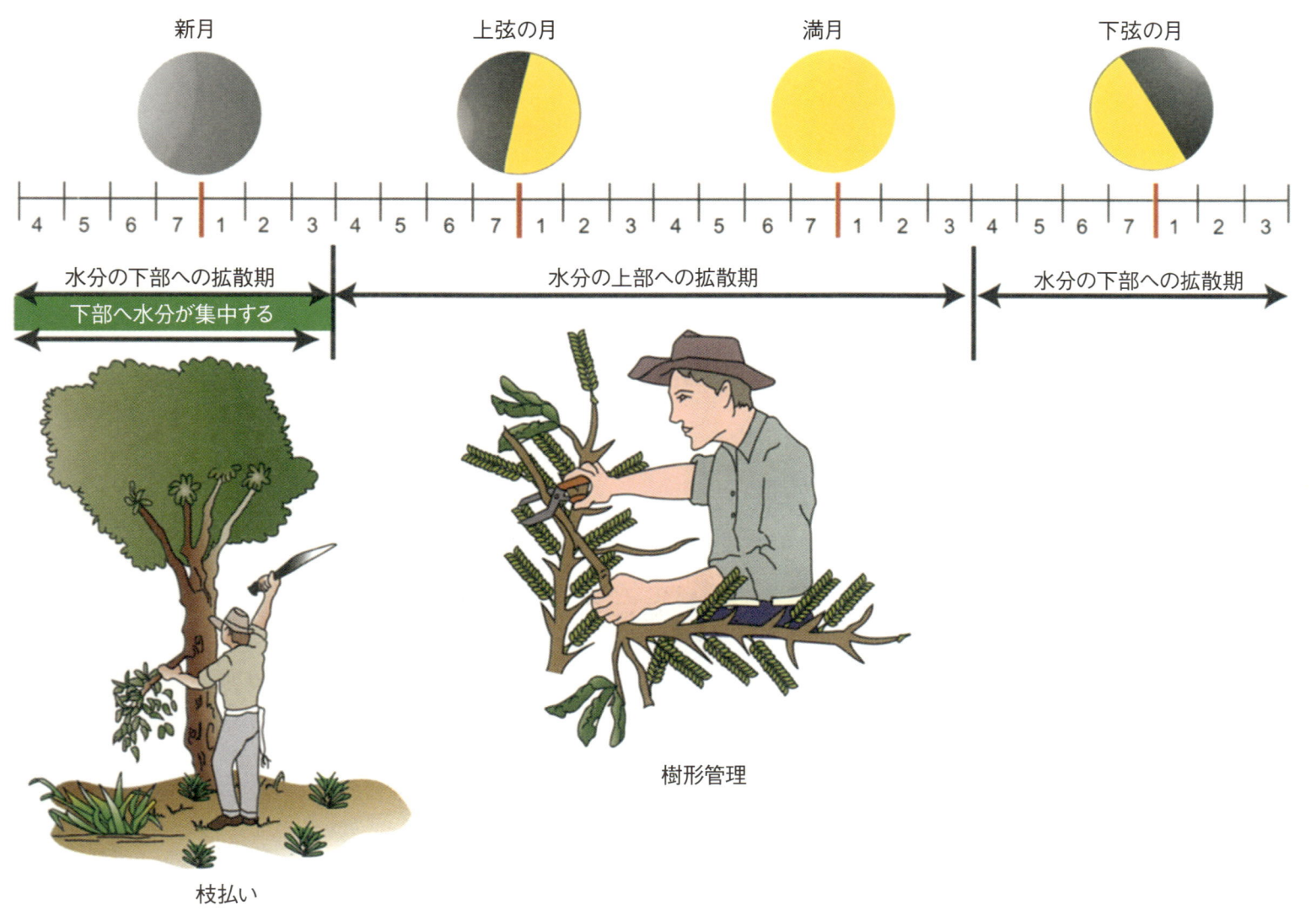

新月　　　上弦の月　　　満月　　　下弦の月

水分の下部への拡散期 ← → 水分の上部への拡散期 ← → 水分の下部への拡散期

下部へ水分が集中する

枝払い

樹形管理

ハイロ・レストゥレポ・リベラ　フキラ・カンディドゥ財団2003

第3章　月齢が植物に及ぼす影響

図67：植林：家畜による枝払いと種子の採集

| 新月 | 上弦の月 | 満月 | 下弦の月 |

4 5 6 7 1 2 3 4 5 6 7 1 2 3 4 5 6 7 1 2 3 4 5 6 7 1 2 3

水分の下部への拡散期 ← 水分の上部への拡散期 → 水分の下部への拡散期

下部へ水分が集中する

家畜による枝払い

林木種子の採集

ハイロ・レストゥレポ・リベラ　フキラ・カンディドゥ財団2003

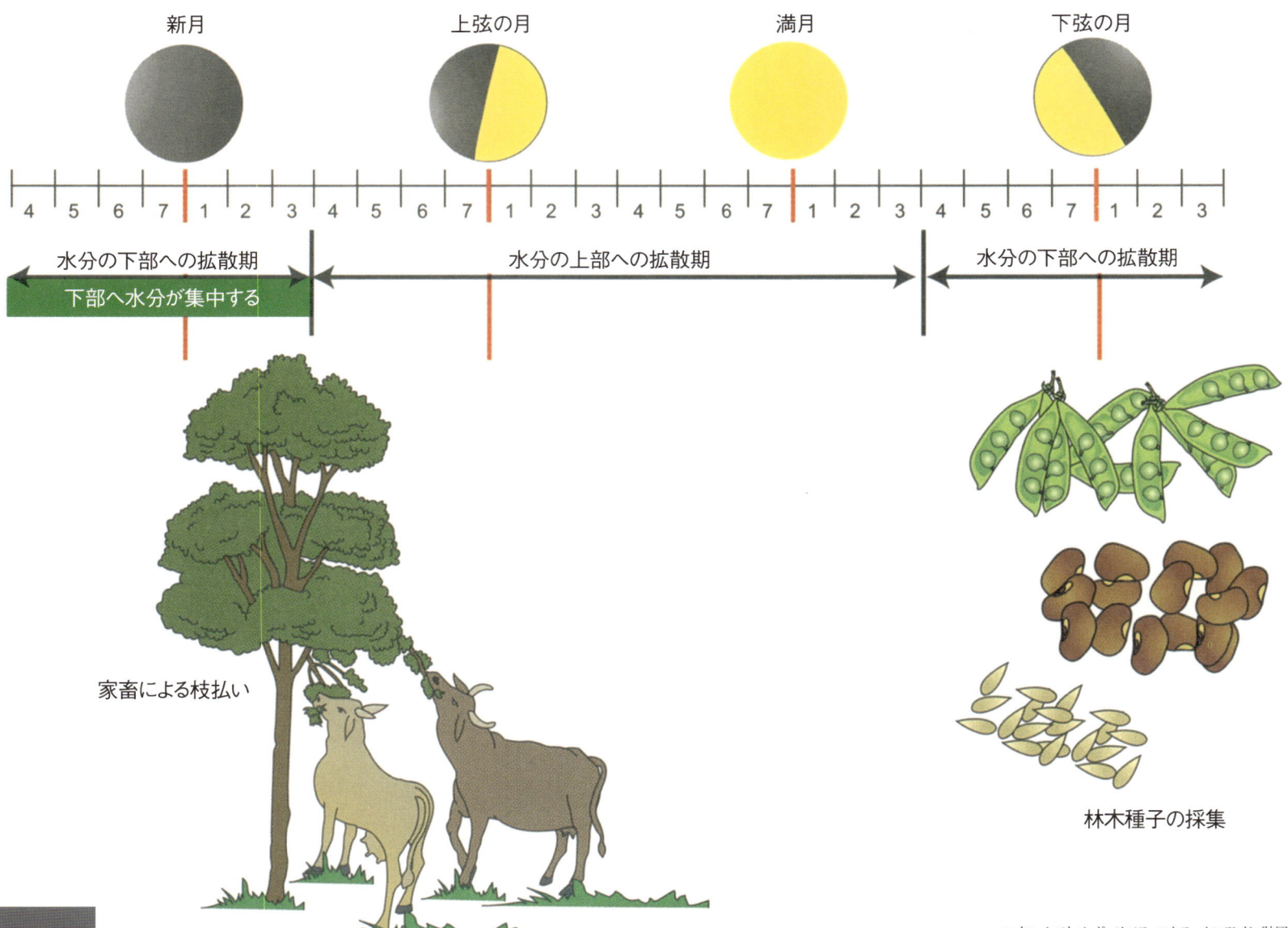

図68：サボテン類の栽培

新月　　　　　　上弦の月　　　満月　　　　　下弦の月

| 4 5 6 7 | 1 2 3 4 5 6 7 | 1 2 3 4 5 6 7 | 1 2 3 4 5 6 7 | 1 2 3 |

水分の下部への拡散期　　　水分の上部への拡散期　　　水分の下部への拡散期

上部へ水分が集中する

生食用サボテンの実は
当期間がもっともジューシー

ハイロ・レストゥレポ・リベラ　フキラ・カンディドゥ財団2003

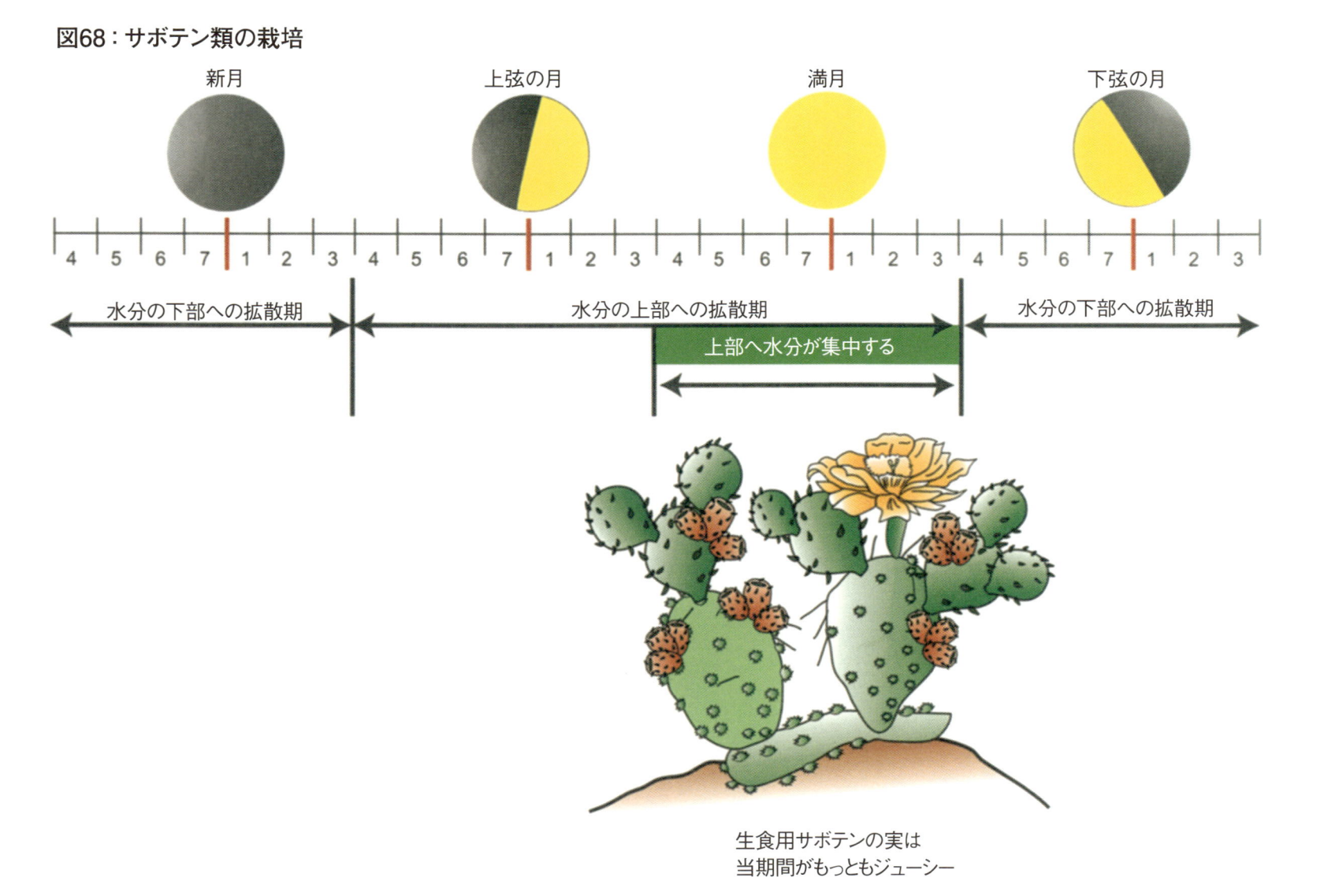

第3章　月齢が植物に及ぼす影響

図69：リュウゼツランの栽培

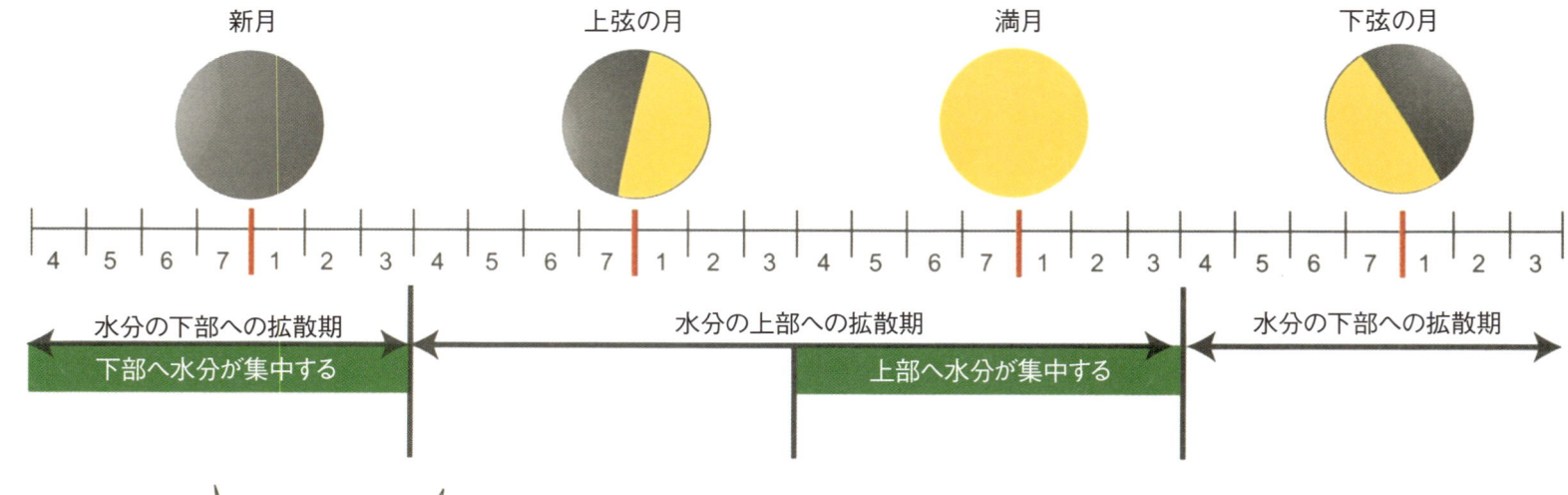

| 新月 | 上弦の月 | 満月 | 下弦の月 |

4 5 6 7 1 2 3 4 5 6 7 1 2 3 4 5 6 7 1 2 3 4 5 6 7 1 2 3

水分の下部への拡散期　　水分の上部への拡散期　　水分の下部への拡散期

下部へ水分が集中する　　上部へ水分が集中する

当期間に収穫すると、もっとも高濃度の糖分が得られる

当期間に収穫するともっとも収穫量が高い

ハイロ・レストゥレポ・リベラ　フキラ・カンディドゥ財団2003

図70：繊維作物の収穫

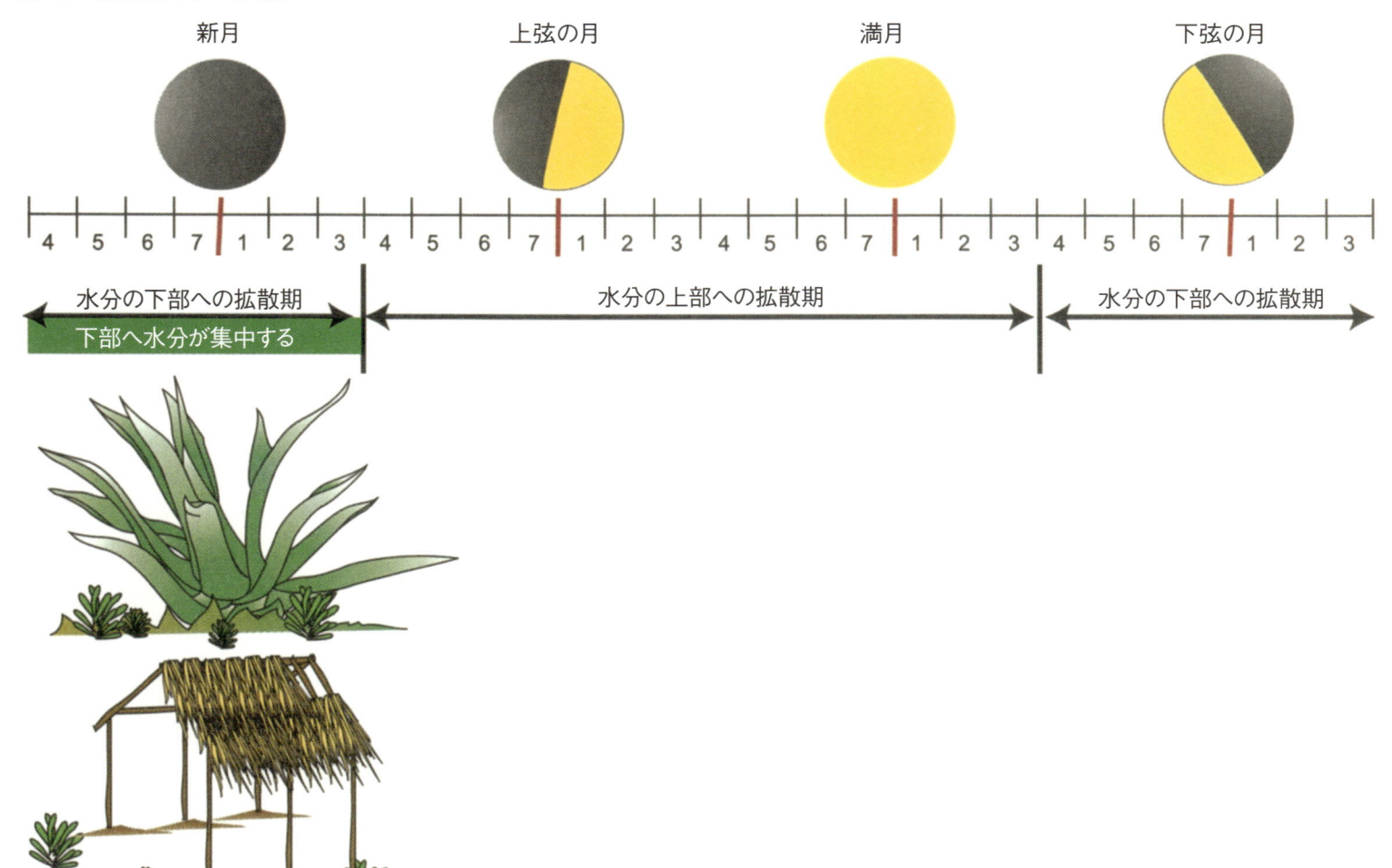

| 新月 | 上弦の月 | 満月 | 下弦の月 |

4 5 6 7 1 2 3 4 5 6 7 1 2 3 4 5 6 7 1 2 3 4 5 6 7 1 2 3

← 水分の下部への拡散期 → ← 水分の上部への拡散期 → ← 水分の下部への拡散期 →

下部へ水分が集中する

繊維植物の収穫適期

ハイロ・レストゥレポ・リベラ　フキラ・カンディドゥ財団2003

第3章　月齢が植物に及ぼす影響

図71：雑草管理

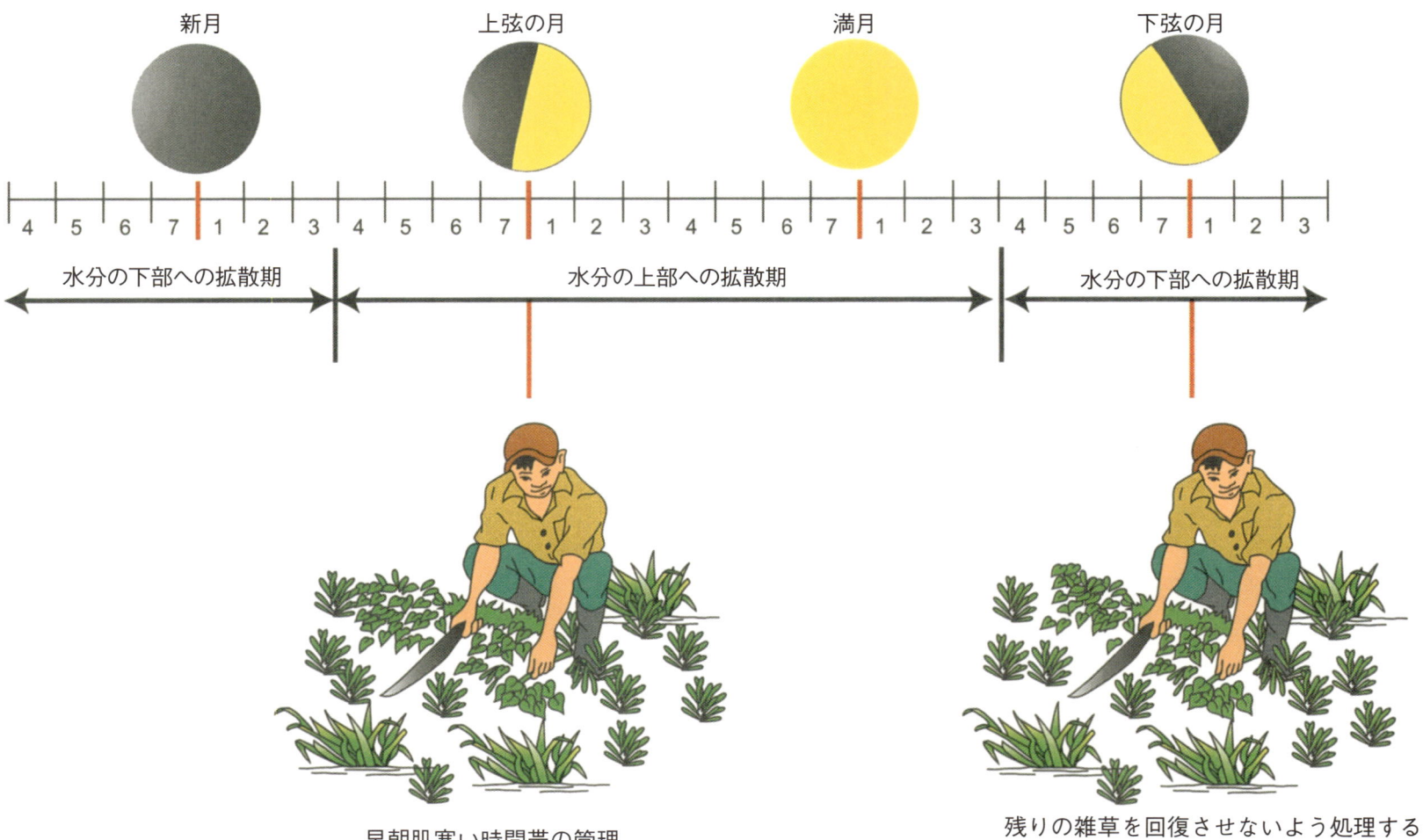

| 新月 | 上弦の月 | 満月 | 下弦の月 |

4 5 6 7 1 2 3 4 5 6 7 1 2 3 4 5 6 7 1 2 3 4 5 6 7 1 2 3

←水分の下部への拡散期→ ←　　　　水分の上部への拡散期　　　　→ ←水分の下部への拡散期→

早朝肌寒い時間帯の管理

残りの雑草を回復させないよう処理する
同じく2回目も同様に早朝に管理する

ハイロ・レストゥレポ・リベラ　フキラ・カンディドゥ財団2003

図72：混作による緑肥作物軍団

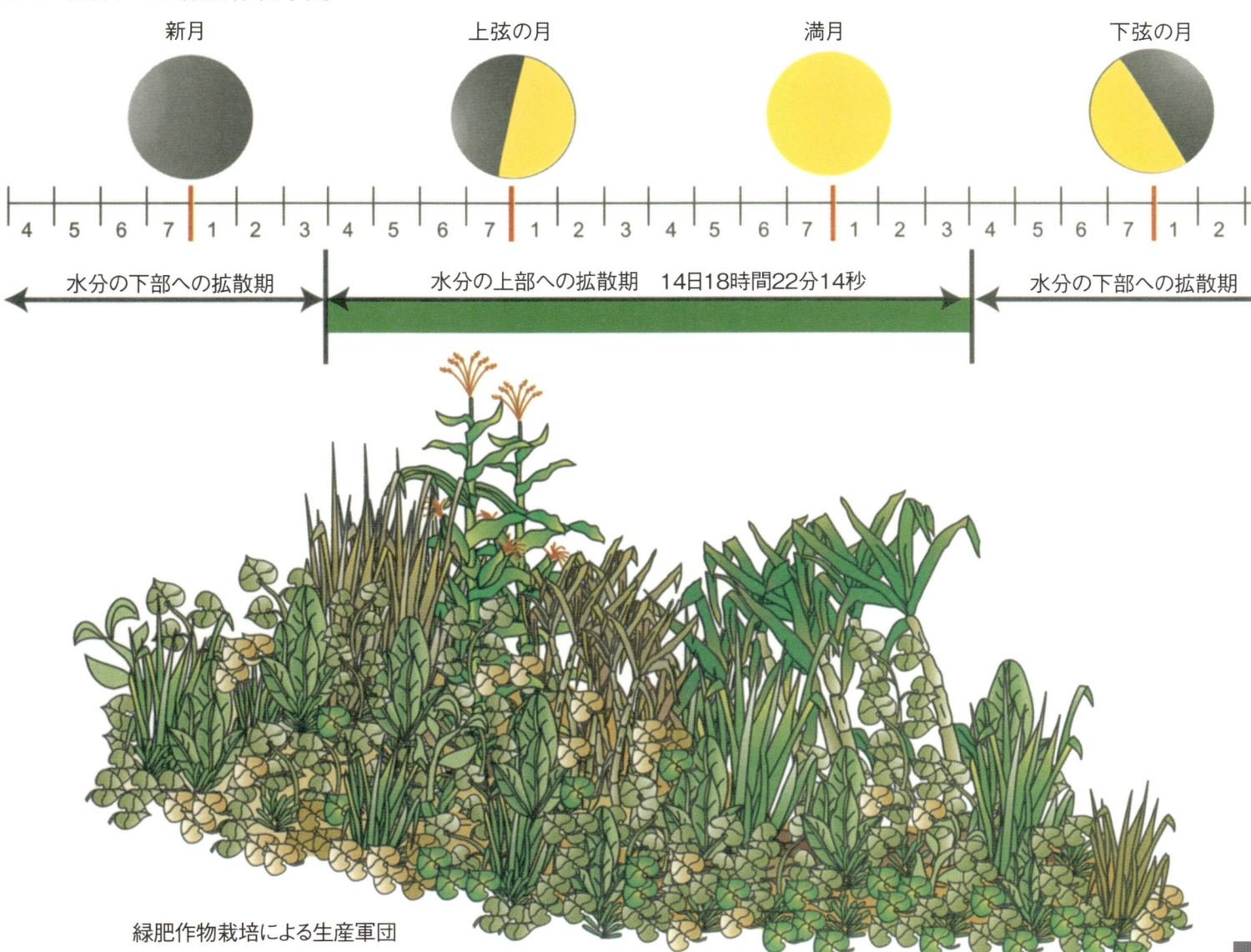

| 新月 | 上弦の月 | 満月 | 下弦の月 |

水分の下部への拡散期　　水分の上部への拡散期　14日18時間22分14秒　　水分の下部への拡散期

緑肥作物栽培による生産軍団

ハイロ・レストゥレポ・リベラ　フキラ・カンディドゥ財団2003

第3章　月齢が植物に及ぼす影響

図73：飼料作物の種子生産

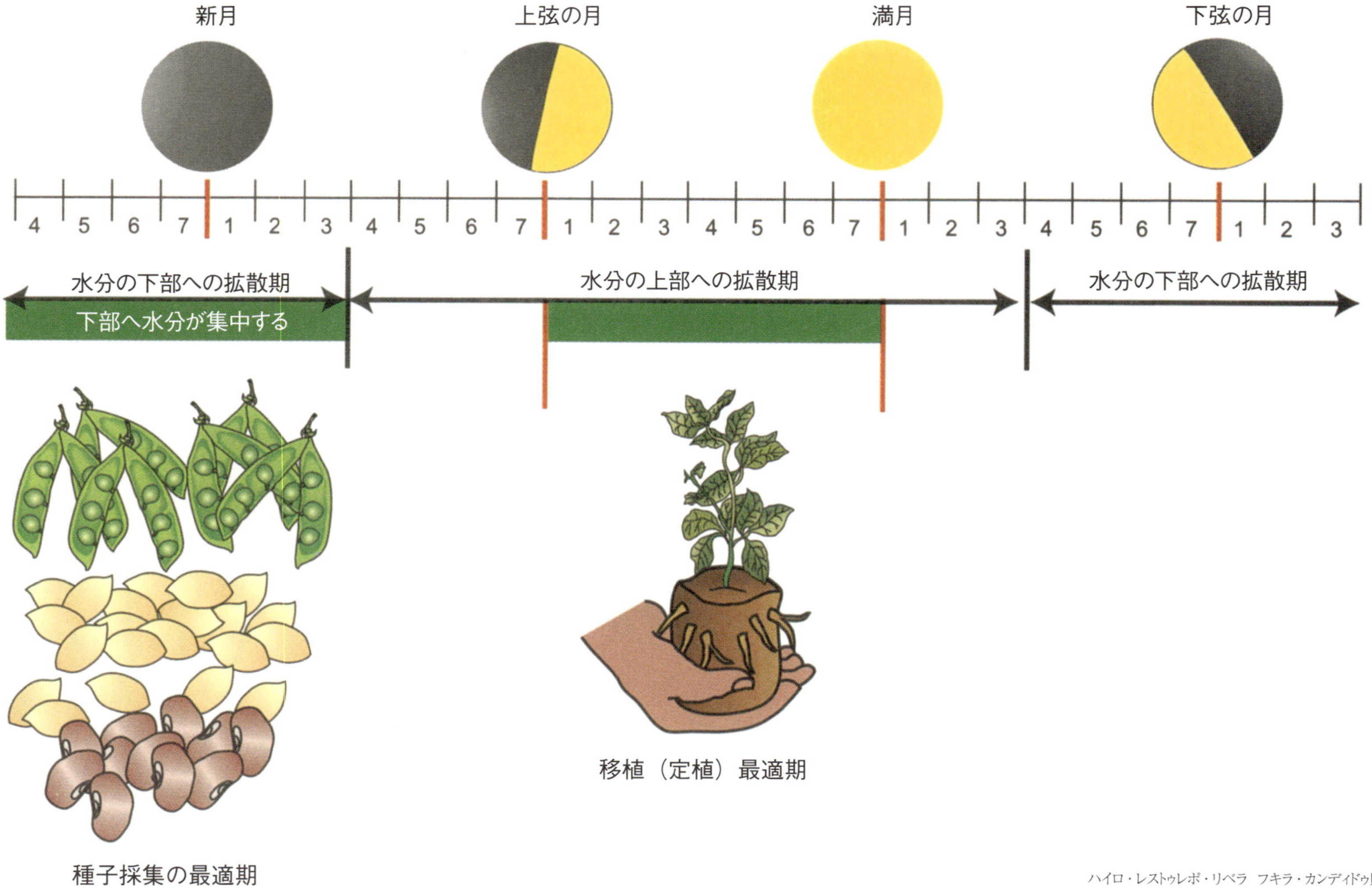

|新月|上弦の月|満月|下弦の月|

| 4 5 6 7 | 1 2 3 | 4 5 6 7 | 1 2 3 | 4 5 6 7 | 1 2 3 | 4 5 6 7 | 1 2 3 |

← 水分の下部への拡散期 →　　　　← 水分の上部への拡散期 →　　　　← 水分の下部への拡散期 →

下部へ水分が集中する

種子採集の最適期

移植（定植）最適期

ハイロ・レストゥレポ・リベラ　フキラ・カンディドゥ財団2003

月

図74：飼料作物の収穫期

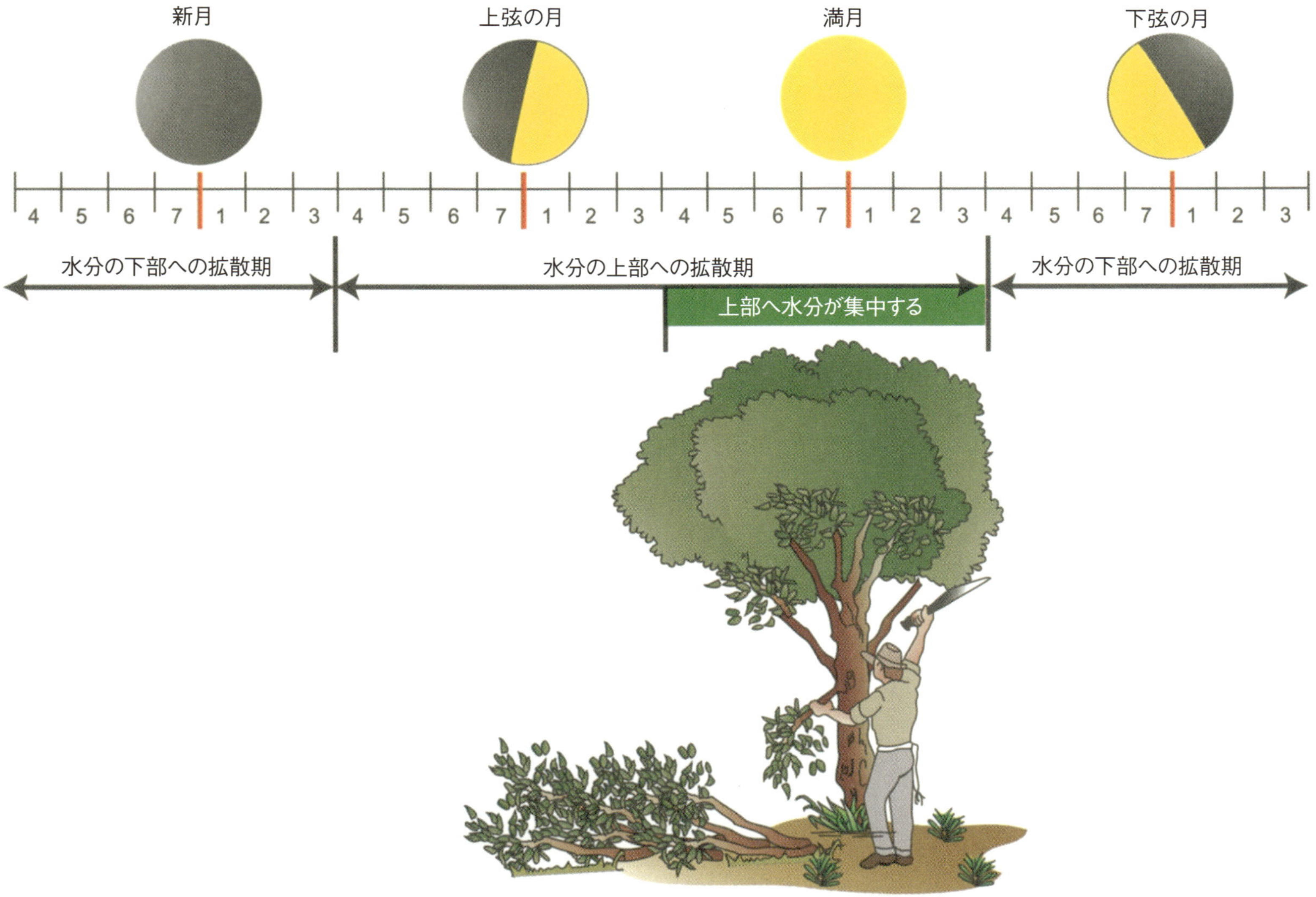

新月　　　　　　　　　　上弦の月　　　　　　　満月　　　　　　　　下弦の月

4 5 6 7 1 2 3 4 5 6 7 1 2 3 4 5 6 7 1 2 3 4 5 6 7 1 2 3

← 水分の下部への拡散期 → ← 水分の上部への拡散期 → ← 水分の下部への拡散期 →

上部へ水分が集中する

植物体中に水分含量が多い当期間が最適の収穫期

ハイロ・レストゥレポ・リベラ　フキラ・カンディドゥ財団2003

第3章　月齢が植物に及ぼす影響

図75：乾燥用飼料作物（バイオマス）の収穫期

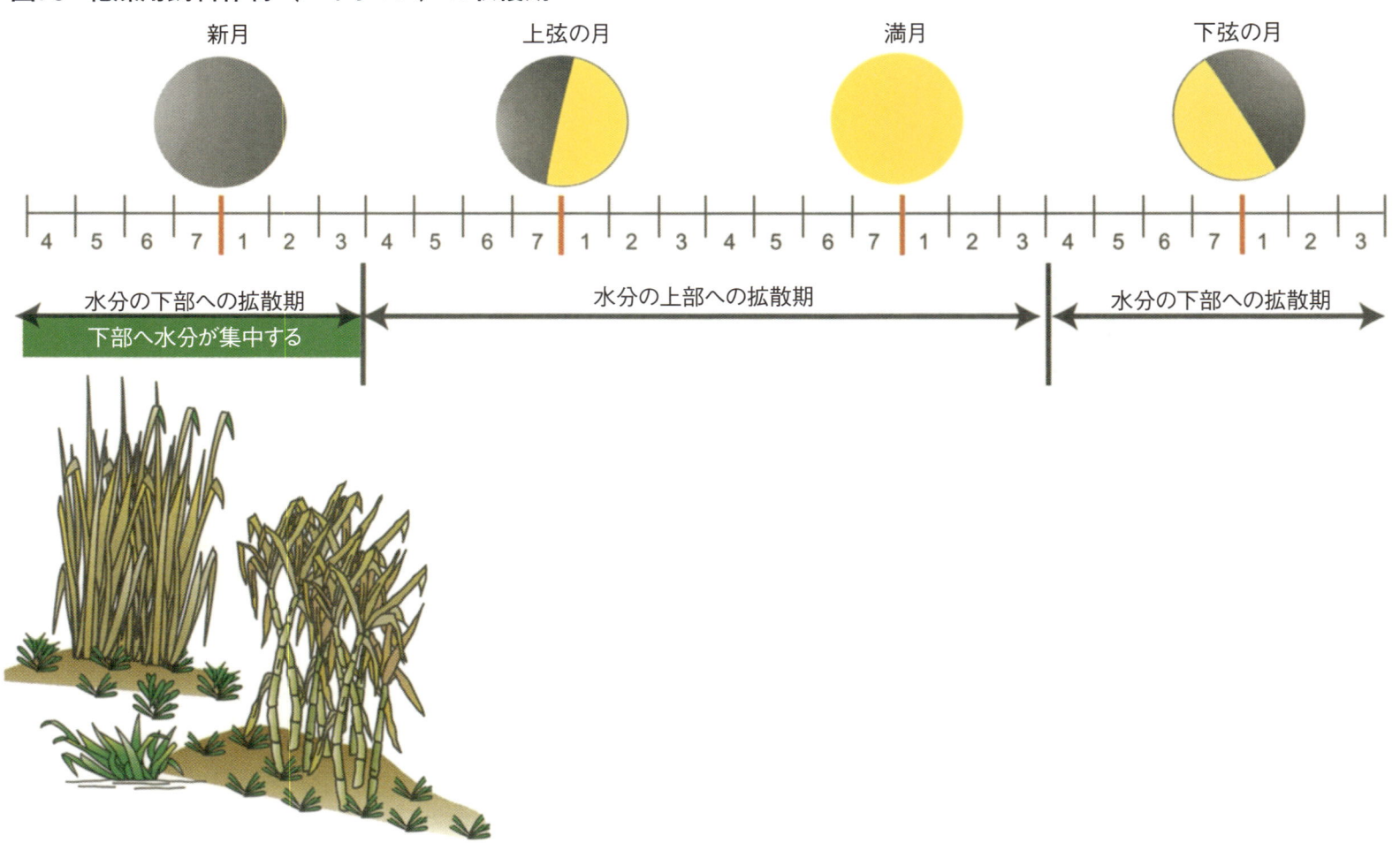

新月　　　　上弦の月　　　　満月　　　　下弦の月

| 水分の下部への拡散期 | 水分の上部への拡散期 | 水分の下部への拡散期 |

下部へ水分が集中する

当期間の乾燥用飼料作物の収穫乾燥は、
その後のうま味を増す

ハイロ・レストゥレポ・リベラ　フキラ・カンディドゥ財団2003

図76：青刈り用と乾燥用飼料作物の播種期、栽培、収穫期

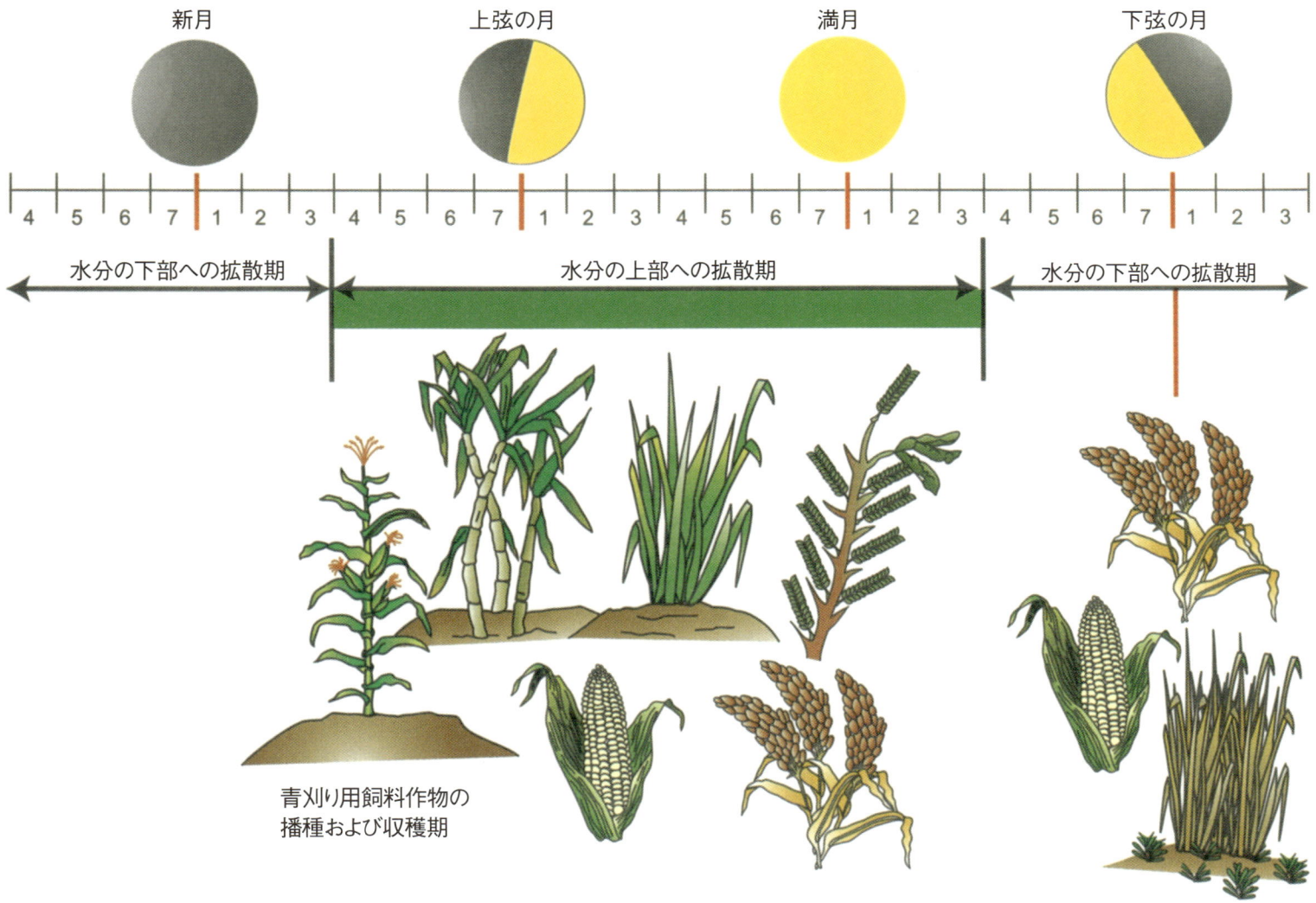

新月　　　　　　上弦の月　　　　　　満月　　　　　　下弦の月

水分の下部への拡散期　　　水分の上部への拡散期　　　水分の下部への拡散期

青刈り用飼料作物の播種および収穫期

乾燥保存用の収穫期

ハイロ・レストゥレポ・リベラ　フキラ・カンディドゥ財団2003

第3章　月齢が植物に及ぼす影響

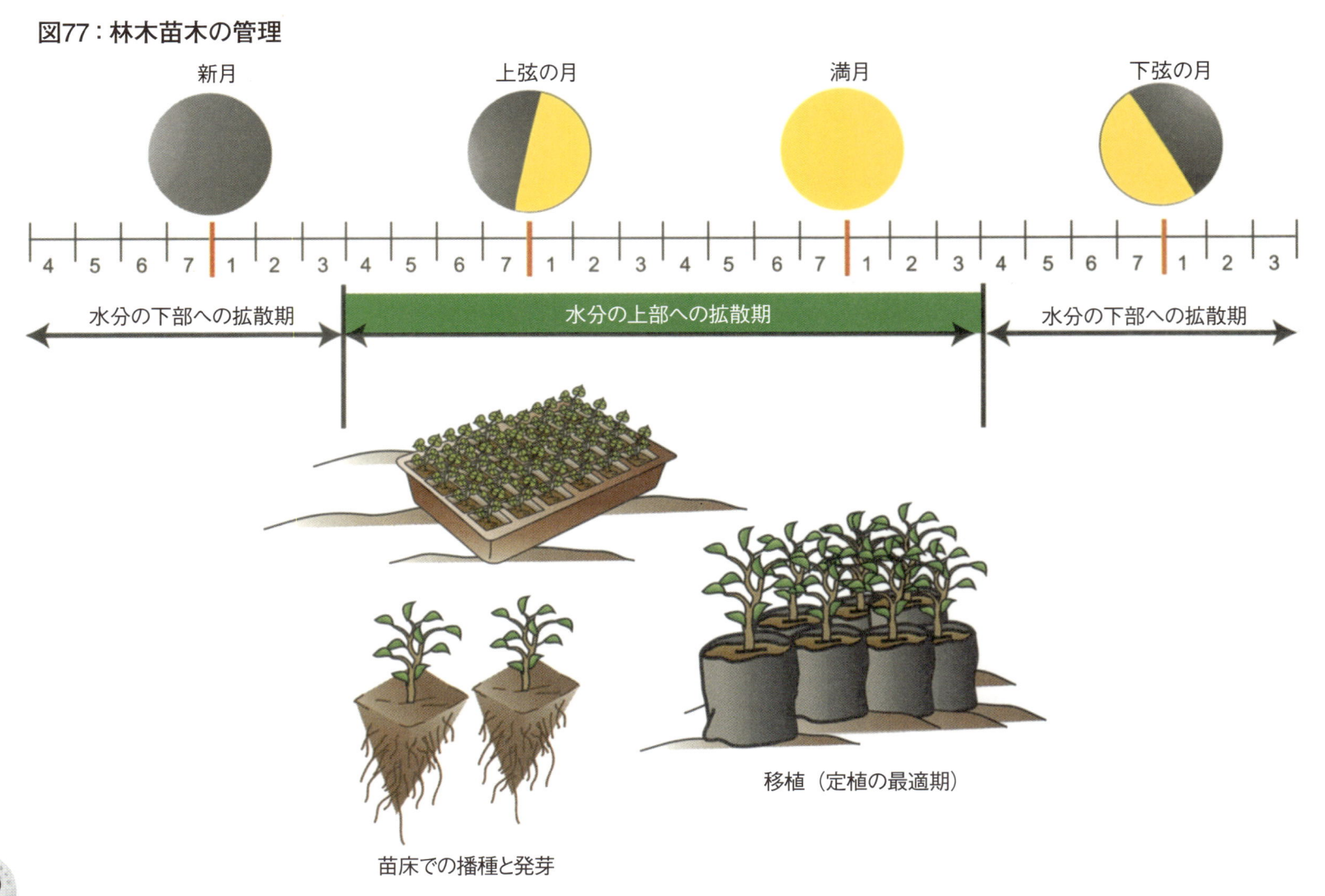

図77：林木苗木の管理

新月　　　上弦の月　　　満月　　　下弦の月

水分の下部への拡散期　　　水分の上部への拡散期　　　水分の下部への拡散期

苗床での播種と発芽

移植（定植の最適期）

ハイロ・レストゥレポ・リベラ　フキラ・カンディドゥ財団2003

78：果樹類の苗木管理

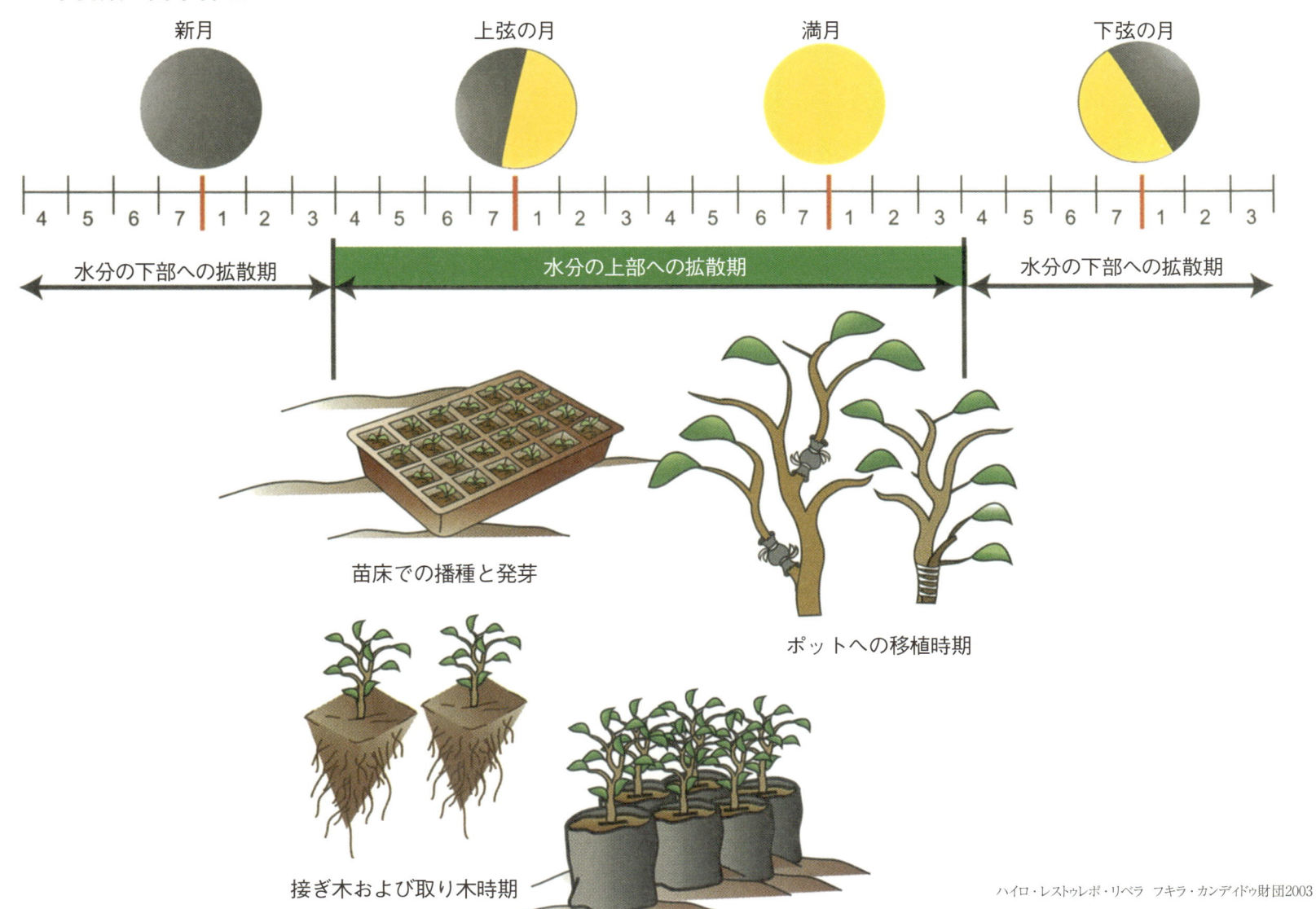

| 新月 | 上弦の月 | 満月 | 下弦の月 |

4 5 6 7 1 2 3 4 5 6 7 1 2 3 4 5 6 7 1 2 3 4 5 6 7 1 2 3

← 水分の下部への拡散期 → ← 水分の上部への拡散期 → ← 水分の下部への拡散期 →

苗床での播種と発芽

ポットへの移植時期

接ぎ木および取り木時期

ハイロ・レストゥレポ・リベラ フキラ・カンディドゥ財団2003

第3章　月齢が植物に及ぼす影響

図79：野菜および花卉類の育苗管理

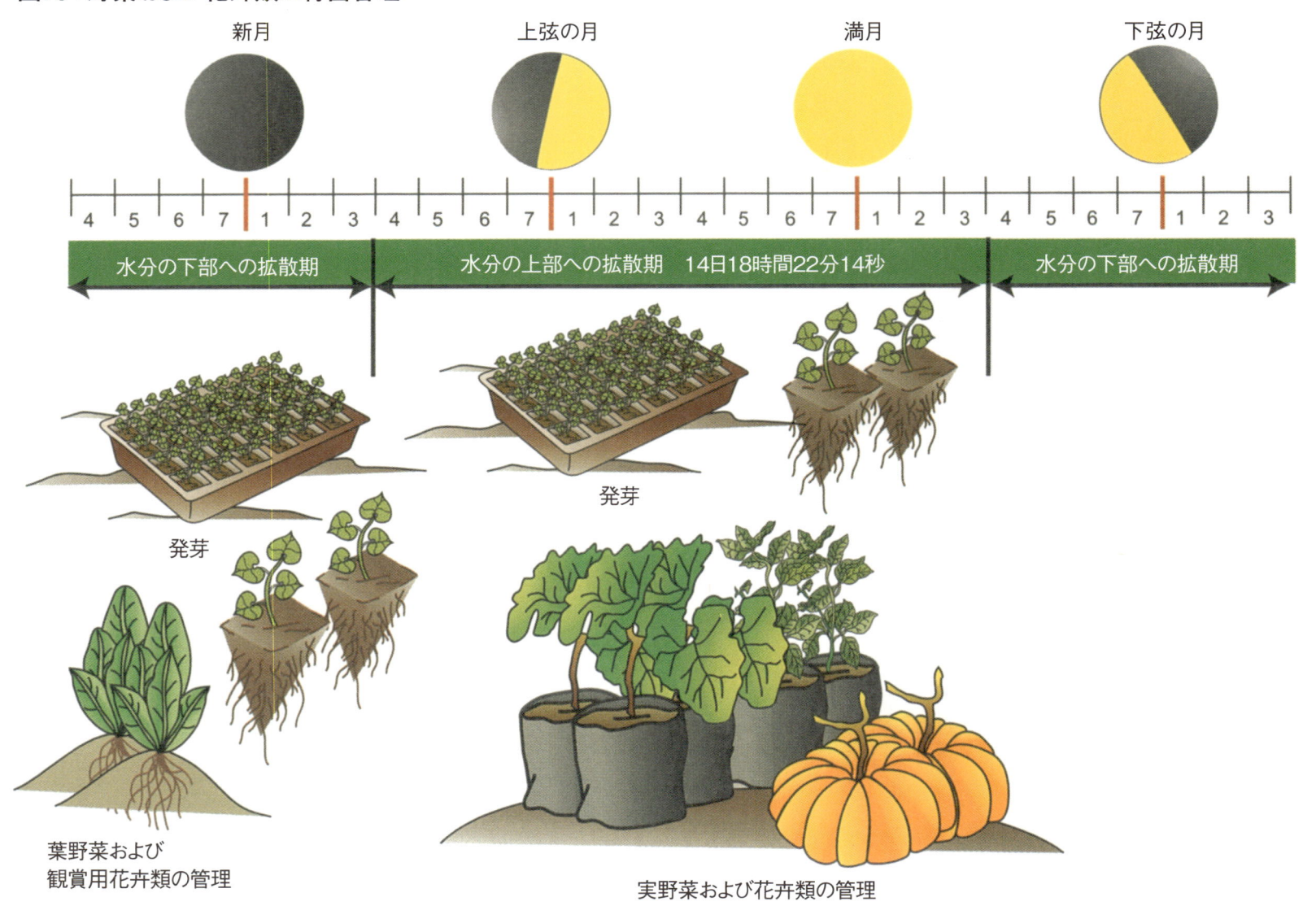

| 新月 | 上弦の月 | 満月 | 下弦の月 |

目盛：4 5 6 7 1 2 3 4 5 6 7 1 2 3 4 5 6 7 1 2 3 4 5 6 7 1 2 3

水分の下部への拡散期 ← | → 水分の上部への拡散期　14日18時間22分14秒 ← | → 水分の下部への拡散期

発芽

発芽

葉野菜および
観賞用花卉類の管理

実野菜および花卉類の管理

ハイロ・レストゥレポ・リベラ　フキラ・カンディドゥ財団2003

図80：種子の採集と生物肥料の散布

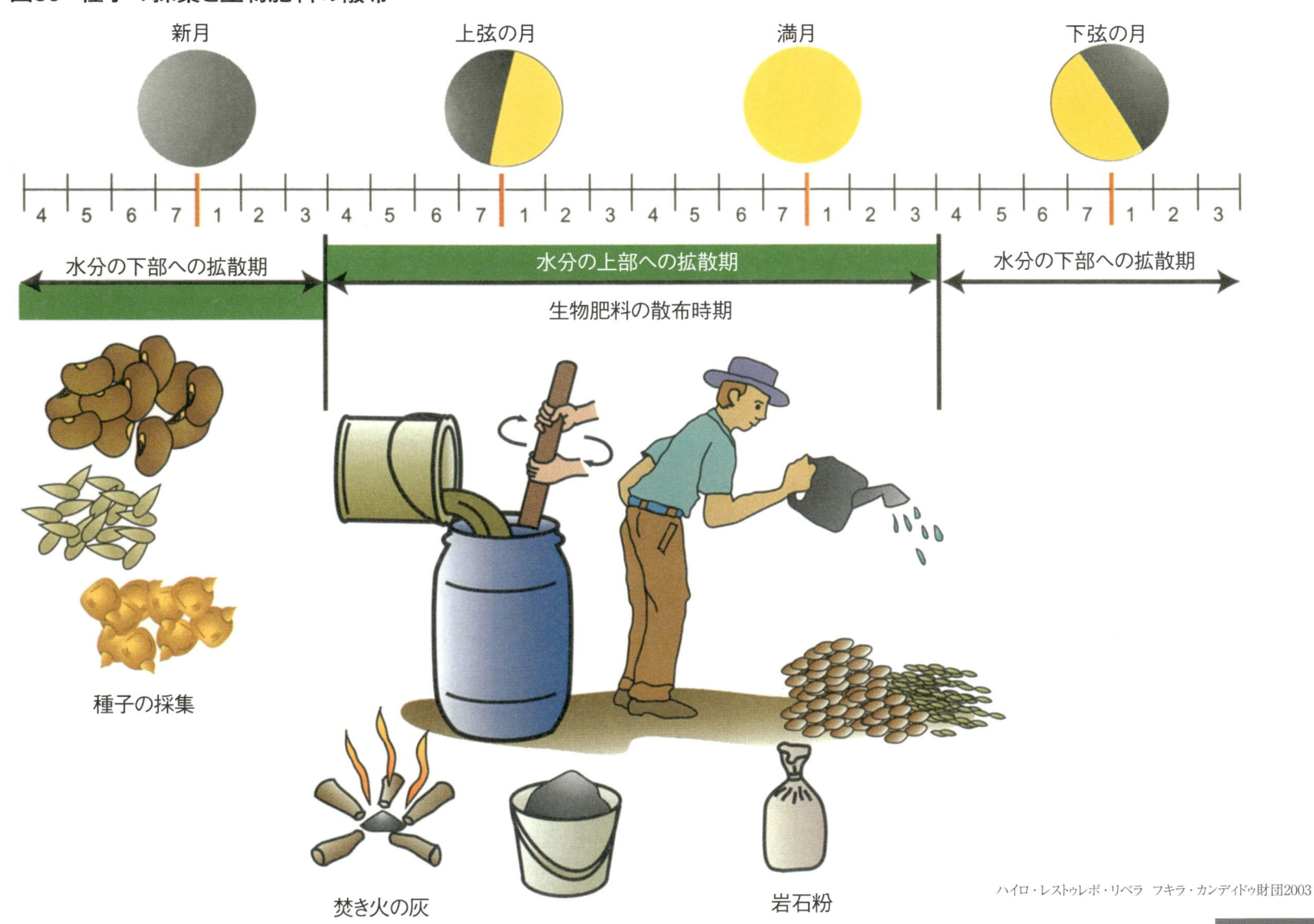

| 新月 | 上弦の月 | 満月 | 下弦の月 |

水分の下部への拡散期　　水分の上部への拡散期　　水分の下部への拡散期

生物肥料の散布時期

種子の採集

焚き火の灰

岩石粉

ハイロ・レストゥレポ・リベラ　フキラ・カンディドゥ財団2003

第3章 月齢が植物に及ぼす影響

図81：球根類：根茎類の採集と管理

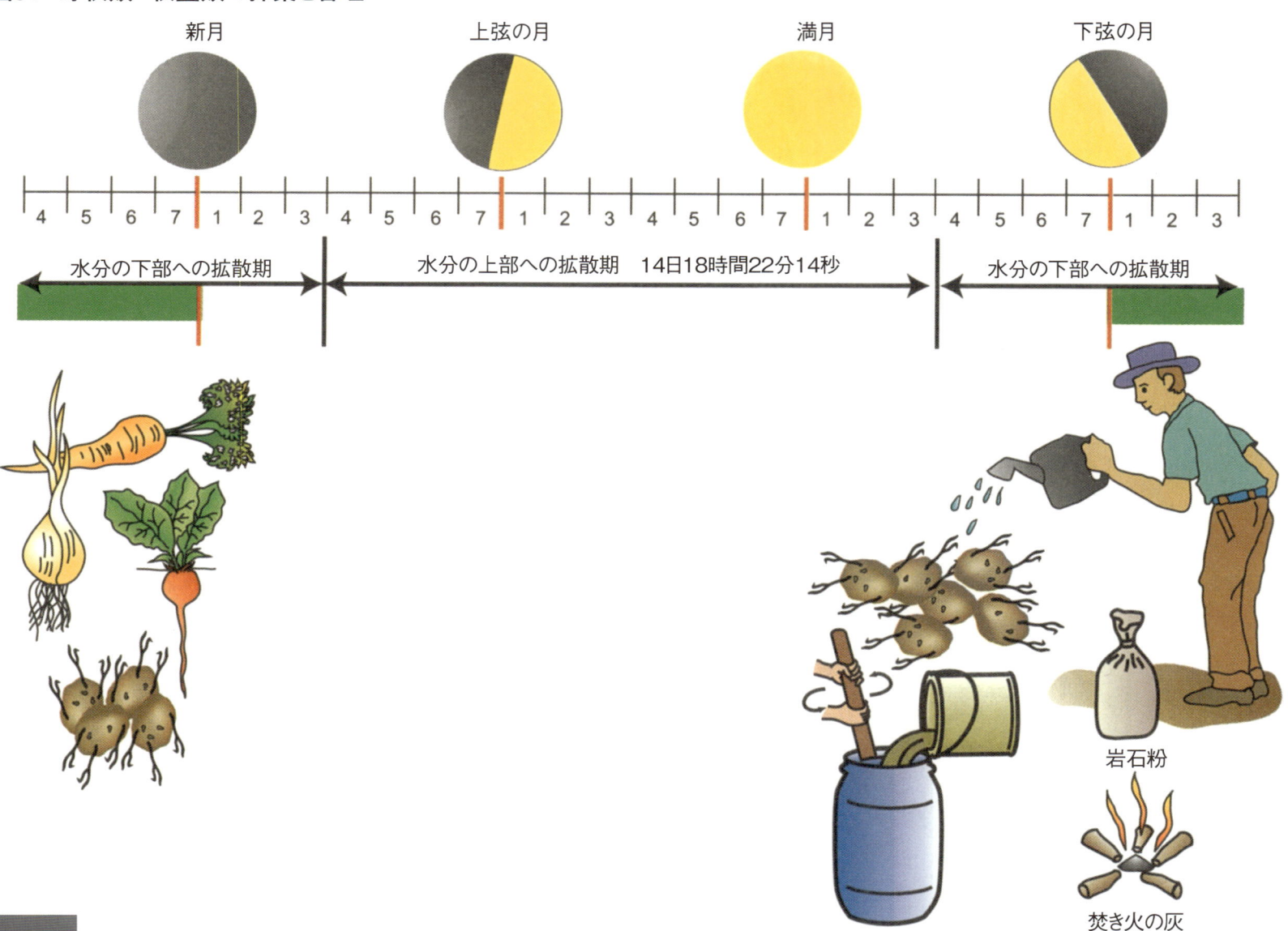

新月　　　　　上弦の月　　　　満月　　　　下弦の月

水分の下部への拡散期　　水分の上部への拡散期　14日18時間22分14秒　　水分の下部への拡散期

岩石粉

焚き火の灰

ハイロ・レストゥレポ・リベラ　フキラ・カンディドゥ財団2003

図82：薬草と乾燥花

| 新月 | 上弦の月 | 満月 | 下弦の月 |

水分の下部への拡散期 ← → 水分の上部への拡散期 ← → 水分の下部への拡散期

飾りつけ用乾燥花

薬用乾燥花

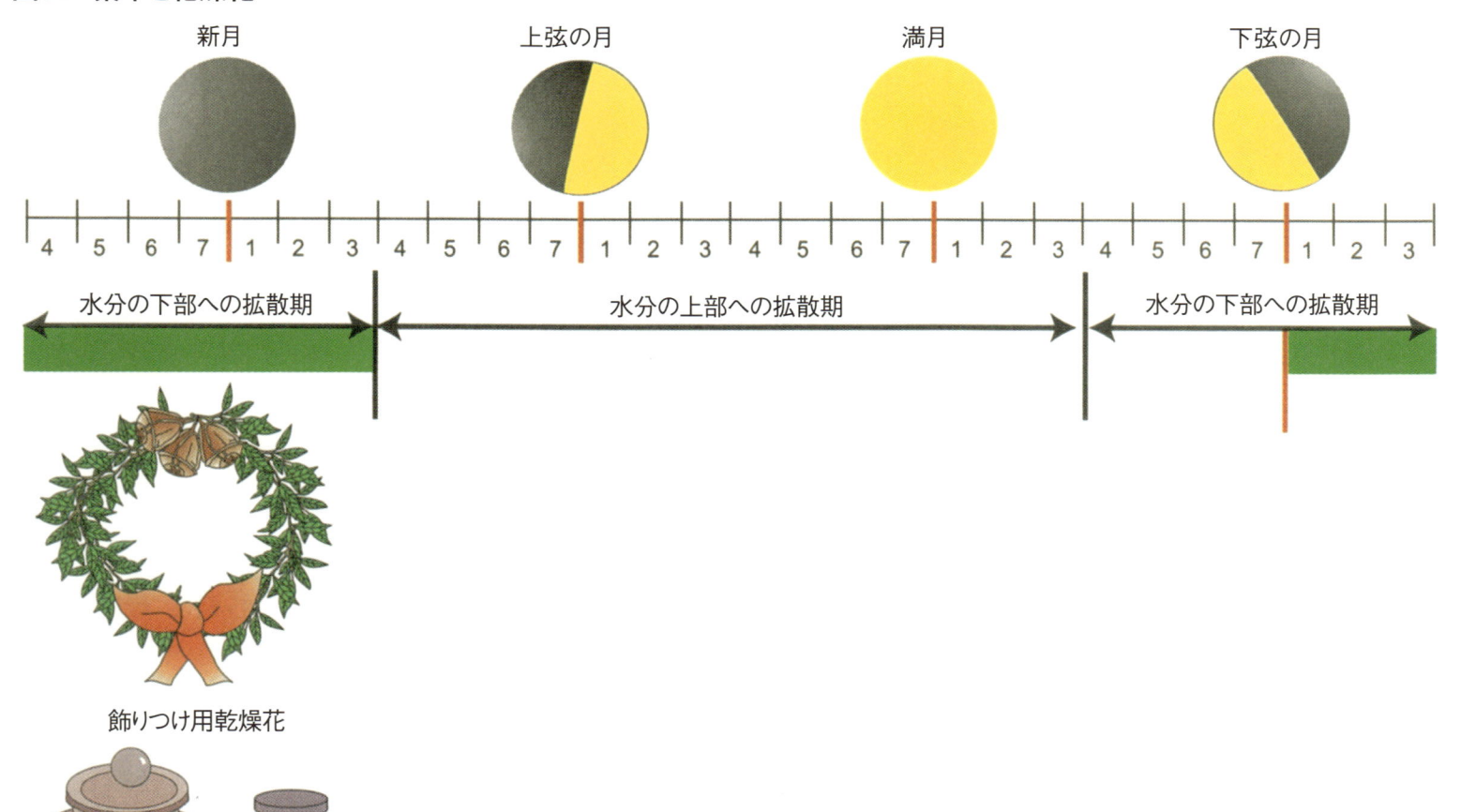

ハイロ・レストゥレポ・リベラ　フキラ・カンディドゥ財団2003

第3章 月齢が植物に及ぼす影響

図83：養分移動現象と忌避植物

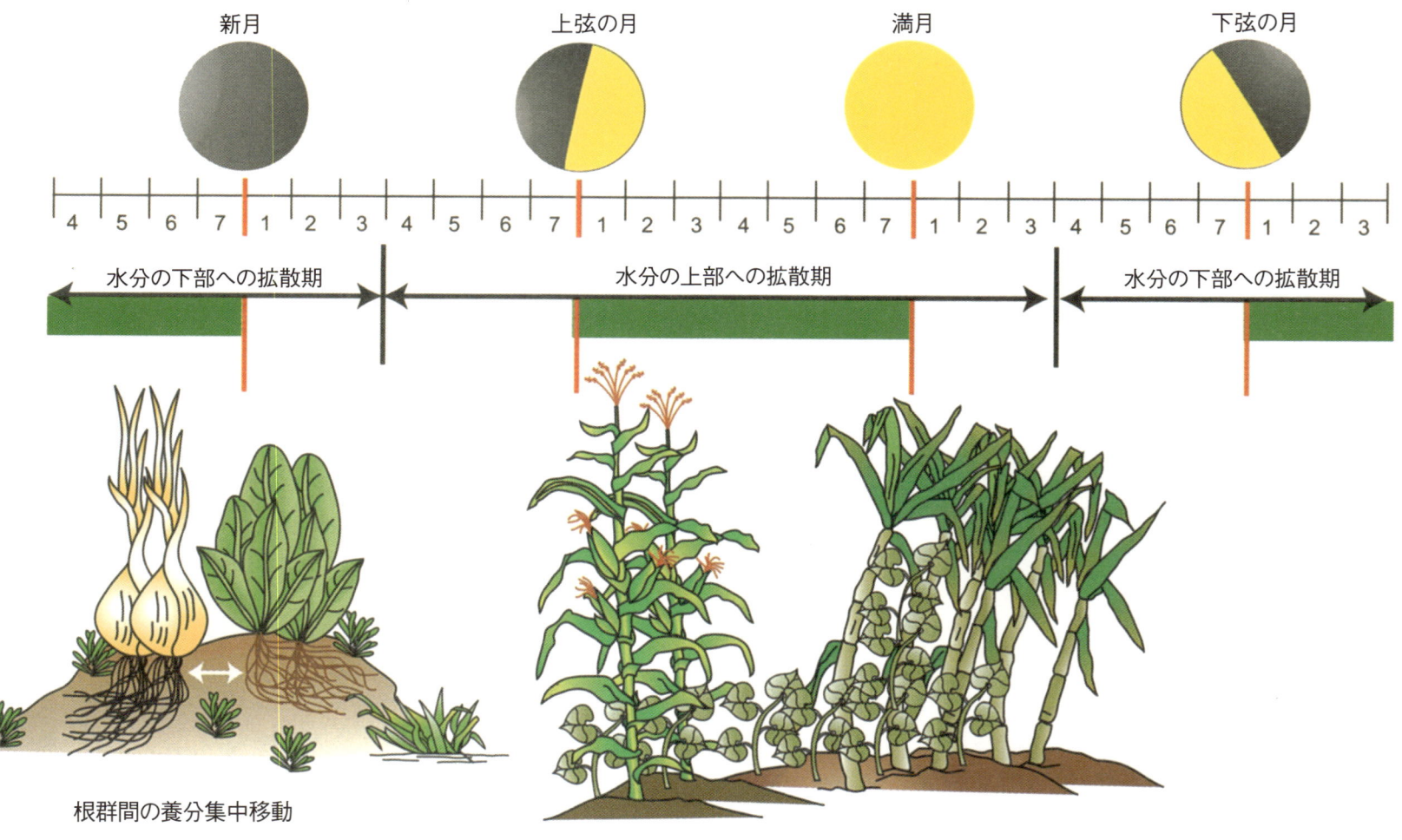

新月　　上弦の月　　満月　　下弦の月

水分の下部への拡散期　　水分の上部への拡散期　　水分の下部への拡散期

根群間の養分集中移動

空気中での養分移動

ハイロ・レストゥレポ・リベラ　フキラ・カンディドゥ財団2003

図84：有機質肥料の施肥管理

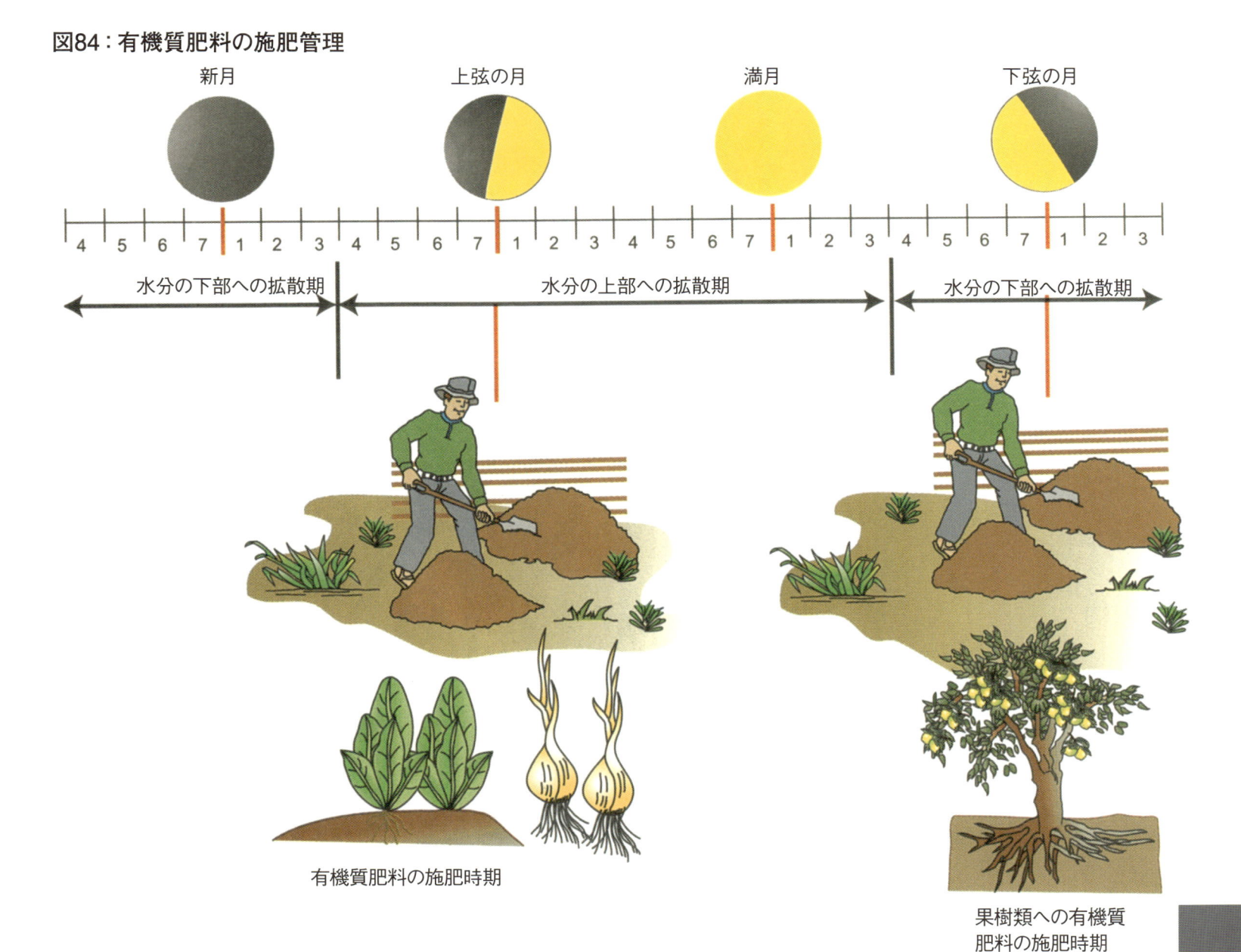

新月　　上弦の月　　満月　　下弦の月

4 5 6 7 1 2 3 4 5 6 7 1 2 3 4 5 6 7 1 2 3 4 5 6 7 1 2 3

水分の下部への拡散期　　水分の上部への拡散期　　水分の下部への拡散期

有機質肥料の施肥時期

果樹類への有機質肥料の施肥時期

ハイロ・レストゥレポ・リベラ　フキラ・カンディドゥ財団2003

第3章　月齢が植物に及ぼす影響

図85：生物液肥の散布時期

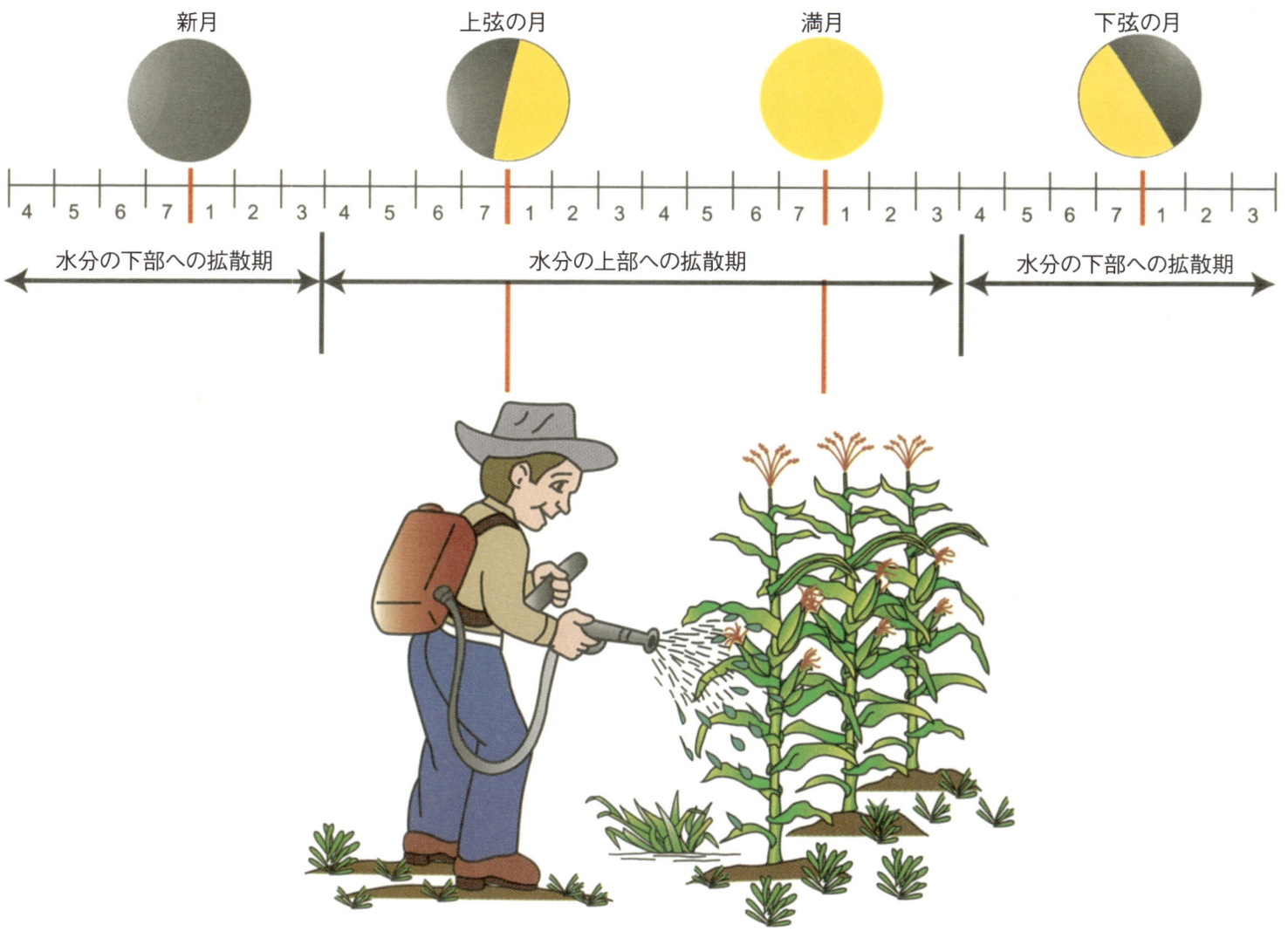

| 新月 | 上弦の月 | 満月 | 下弦の月 |

4 5 6 7 1 2 3 4 5 6 7 1 2 3 4 5 6 7 1 2 3 4 5 6 7 1 2 3

← 水分の下部への拡散期 → ← 水分の上部への拡散期 → ← 水分の下部への拡散期 →

生物液肥の散布最適期

ハイロ・レストゥレポ・リベラ　フキラ・カンディドゥ財団2003

図86：ボルドー液の散布時期

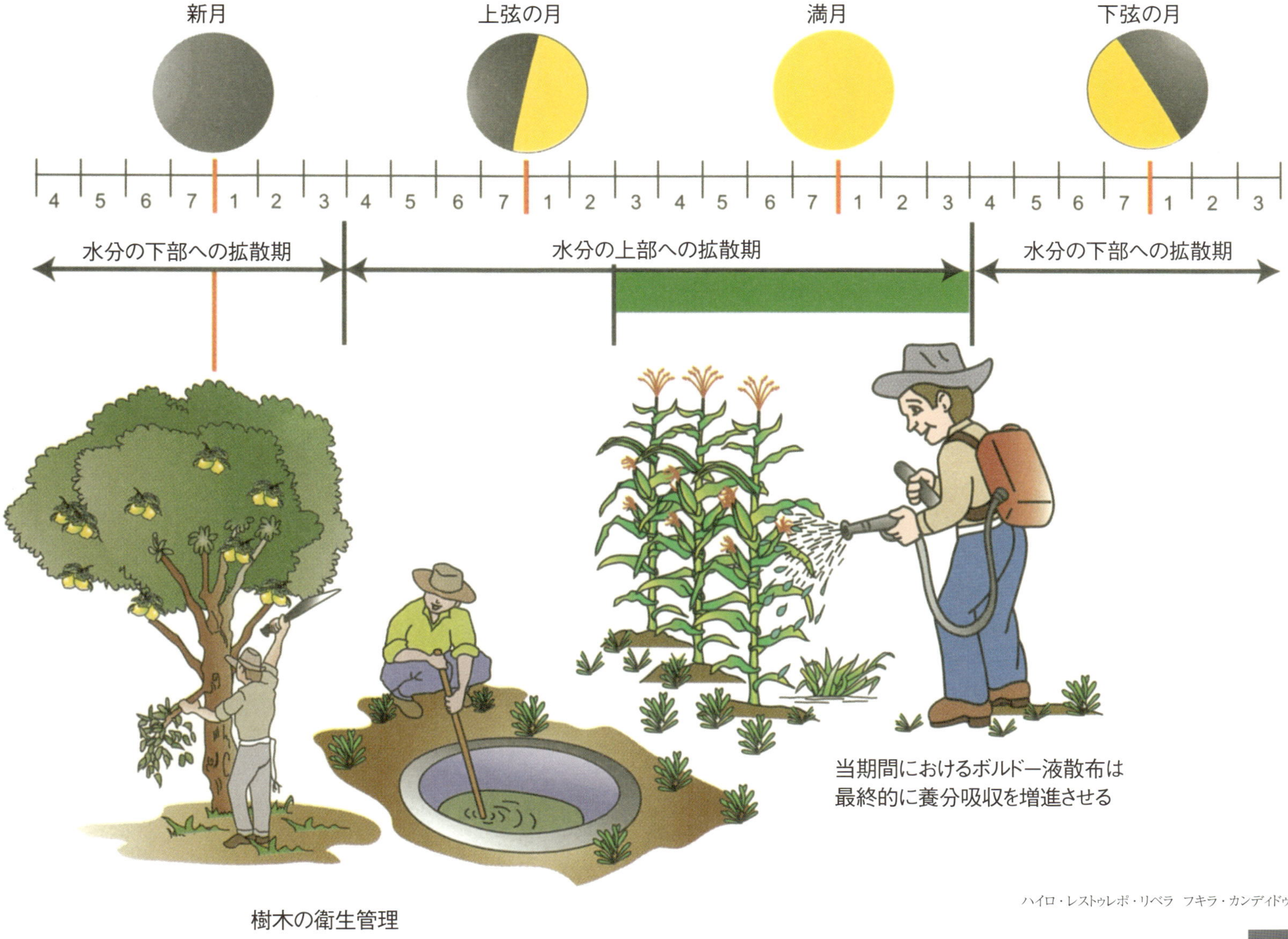
新月
上弦の月
満月
下弦の月
4 5 6 7 1 2 3 4 5 6 7 1 2 3 4 5 6 7 1 2 3 4 5 6 7 1 2 3
水分の下部への拡散期
水分の上部への拡散期
水分の下部への拡散期
当期間におけるボルドー液散布は
最終的に養分吸収を増進させる
樹木の衛生管理

ハイロ・レストゥレポ・リベラ　フキラ・カンディドゥ財団2003

第3章　月齢が植物に及ぼす影響

図87：月齢と植物体の栄養バランス

| 新月 | 上弦の月 | 満月 | 下弦の月 |

水分の下部への拡散期 ← → 水分の上部への拡散期 ← → 水分の下部への拡散期

せん定による樹木の衛生管理は栄養状態を強める

樹液の循環活動は活発であるが、同時に昆虫の飛来も多い

栄養分の補給は病弱な樹木を強靭にする

ハイロ・レストゥレポ・リベラ　フキラ・カンディドゥ財団2003

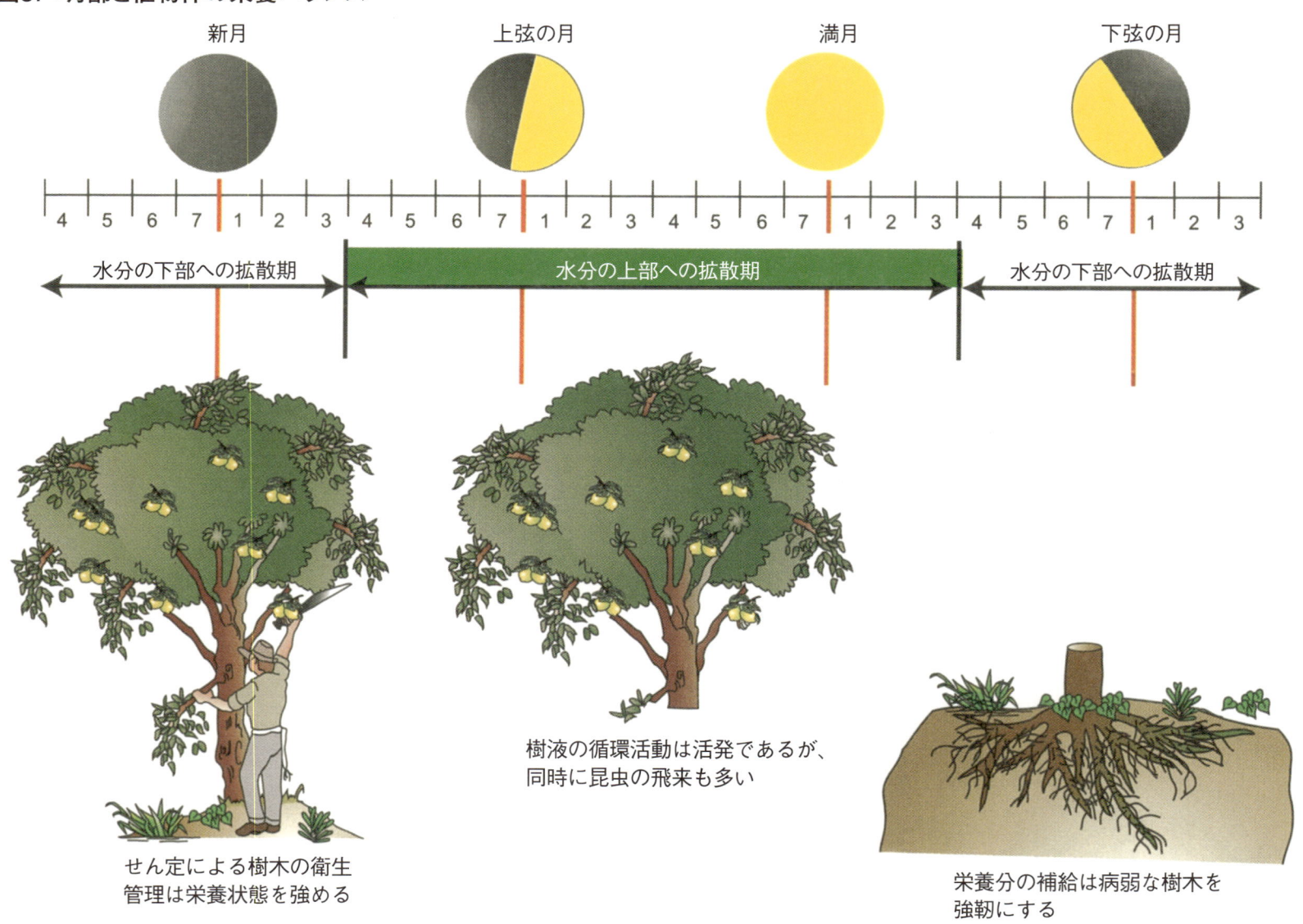

Cuarta Parte

第4章 月齢と動物との関係

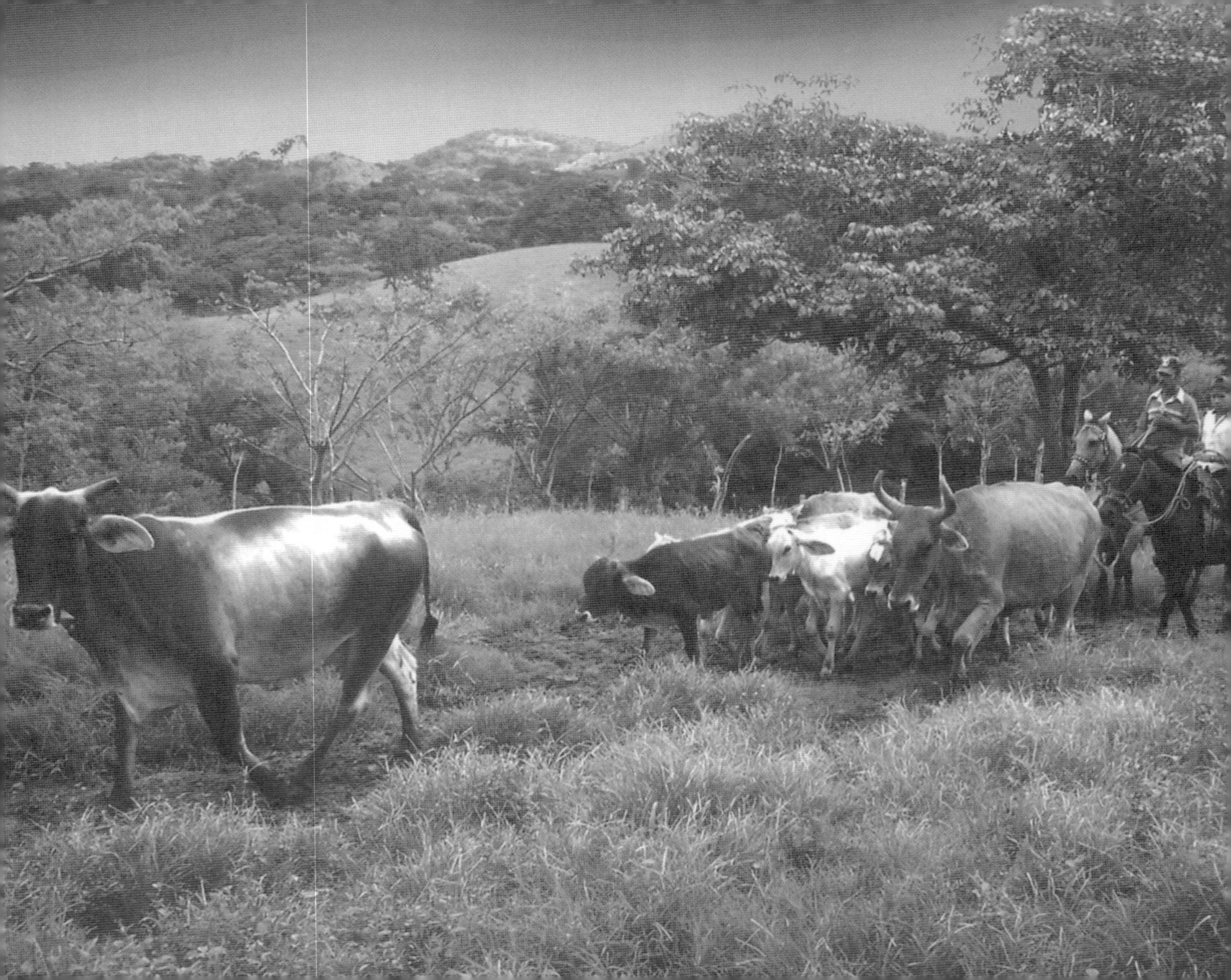

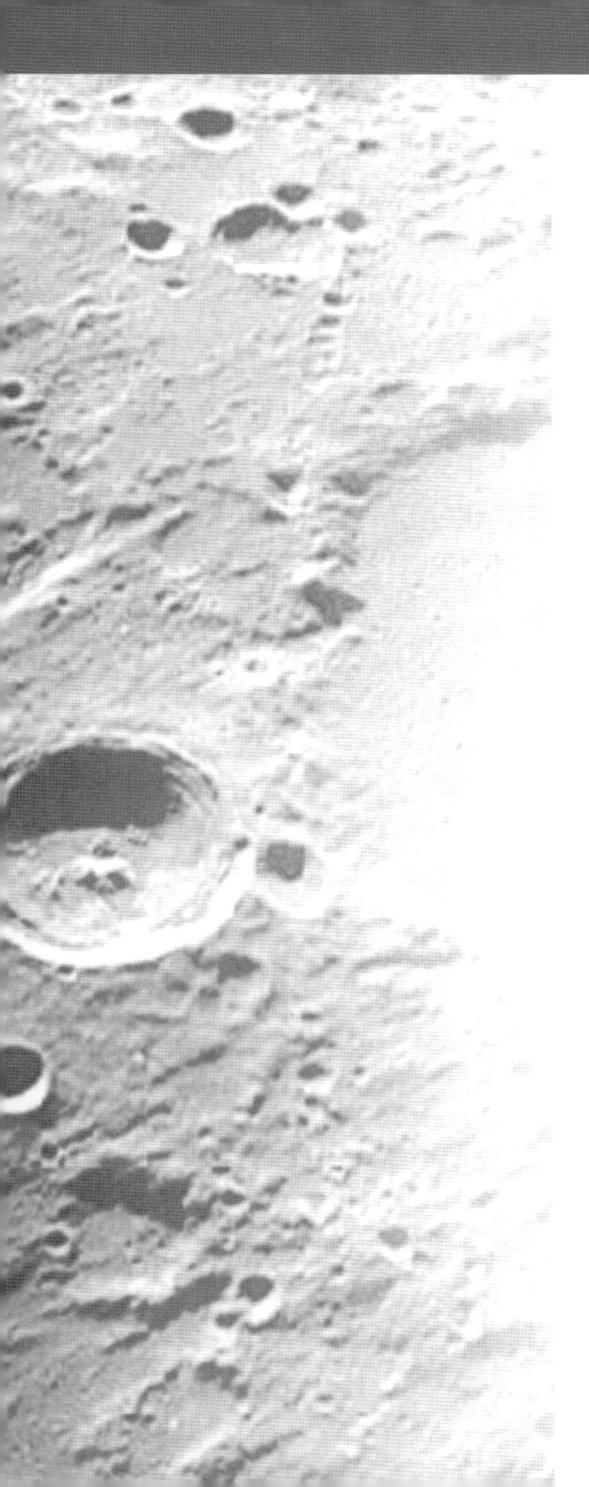

第4章　月齢と動物との関係

1. 月と動物の性

　三日月から満月にかけて海潮が上昇するのと同じく、動物の体内を流れる血液も騒ぐ。それは人間も同様で、植物でいうところの樹液の循環がよくなるのと同じである。この時期はまた、性交も盛んに促される。なぜならばこの時期に血液内を異常に強い性欲がめぐるためである。三日月から満月の間に、女性も男性も神経質になるのは単なる偶然ではない。満月の夜に常軌を逸した行動に出るという伝説、すなわち男は狼男に、女は狼女に変身するという話のことである。「満月の夜は、愛と戦争の夜」という言い伝えの通りである。

　動物の交尾は、どの動物も三日月から満月にかけての月齢が最適である。この時期(に交尾した子)は強く、よく育つという。他方、人間の場合性欲がもっとも高まりを見せるのは、満月の3日前から3日後にかけてで、(体内水分が上部に集中するとき)である。またこの月齢時にお産が多いこととも関連がある。なぜなら、妊娠の周期はほぼ265.5日で、月齢の1ヵ月は約29.5日。その9ヵ月分とこの周期とが一致するからである。

2. 月と魚介類の性

　歴史上に残る偉大な哲学者や思想家たちは、魚介類(カニ、ウニ、カキ、イセエビその他)をよく食していたという。思考能力を高めてくれる食材と信じられていたからである。とくに彼らをこれら魚介類を三日月から満月の真っ最中にかけて獲るよう要求したという。この要求はかなり厳格にもとめられていたようだ。これまで強く要求したのには訳があり、この時期の魚介類はその味ばかりか、生殖機能が最高に高まるため、これを食する者の知的能力を向

上させるのに有益だとされていたからである。満月には、魚介類は産卵と月の光に照らし出されるのを用心して海中深くもぐり、ひそんでしまうので、漁が非常に困難である。そのためこの時期に漁ができるものは、特別の腕をもった漁師と考えられていた。

三日月から満月にかけて、魚介類の生殖器官が目覚しく成長し、生殖腺には卵と精子があふれかえる。そうして、満月のまっただ中に卵が受精して育ち、魚は卵を海の中に産み落とす。漁業が盛んな多くの地域では満月のときは禁漁にしている。他方、二十六夜から新月にかけて獲れる魚介類は痩せて、生殖器官も前者に比べて未発達である。

最後に、回遊性の魚（海水魚また淡水魚も）の行動も月齢と密接に関わっている。通常、回遊が活発になるのは二十六夜から新月にかけての月齢である。これは、その後三日月から満月にかけて産卵の時期を迎えることと連動している。（図89参照）

3. 月齢と産み分け、去勢と解体

二十六夜から新月にかけて受精すると、その子は女に、逆に三日月から満月にかけて受精すると男となる。前者だと胎児があまり大きく育たないため、お産が軽くてすむ。それに反して後者では、胎児が大きく育つためお産も重い。

一方、お産は満月に集中する割合が高いと多くの国の産婆が報告している。地球上のあらゆる物質の水の流れにより、羊水もこのとき動き、お産を促す子宮収縮が盛んになり、出産につながるというのだ。（図90参照）

家畜の解体：

一般的には上弦の月のときに家畜を解体するのがよいという。逆に、二十六夜は解体にあまり適していない。その時期は体重が減っており、料理するには肉がまだ十分でないからである。（図91参照）

せん毛、毛とたてがみのカット：

「羊のせん毛に最適な月齢は新月から三日月にかけてで、刈った後に新しく生えてくる毛が長く細くなる」。ペルーのチクラヨ県サン・ホセ市の共同体で、羊毛を商う生産者、エクトル・タピアはこのように言明する。しかし、子羊を太らせたいなら、せん毛は二十六夜にすべきである。こうすると肉の質がよりよくなる。

一般的なルールとして、動物の毛とたてがみをカットするには、次のような月齢が実施している。二十六夜から新月の3日前までにすると、新しく生える毛は、短く太くなり、カットを三日月から満月の間にすると、発毛が促され長くなり、毛の質も細くなる。この同じ月齢は、散髪や爪の手入れにもよい時期とされている。これは、とくに女性にとって朗報であろうと思われる。（図92参照）

動物の蹄鉄：

蹄鉄職人は、二十六夜は、馬のひづめに蹄鉄を施すのに最適な月齢であるという。なぜなら、そうするとひづめが強く丈夫に仕上がるというのだ。角の手入れとカットは、短く強くなるように、二十六夜に実施することを推奨する。（図93参照）

動物の去勢：

動物の去勢を実施するのによい月齢は下弦の月である。動物の負担も少なく、極端な出血による危険も防げる。また、傷も早くふさがる。

上弦の月から満月にかけては、家畜に対してはどんな手術も避けるべきである。さ

もないと危険な大量出血を招き、傷の治りも悪くなる。しかし、メキシコの南からグァテマラの国境付近のマヤ族で聞き取り調査をしたところ、ほとんど9割の回答者が、月齢の三日月から満月にかけて去勢を実施していると答えた。これは、月齢が動物に及ぼす影響より、彼らの文明における神話的な意味合いのほうが強いためである。つまり、手術による出血が多ければ多いほど動物の魂は聖化され、傷の治りも早いのだという信仰による。(図94参照)

鳥と月：

　新月は、雌鶏が卵を産むのにもっとも適した月齢であるが、もし可能ならば、上弦の月に雄鶏に受精させると、卵が孵化する確率が上昇する。他方、闘鶏家は試合の準備のための昔からの儀式であるトサカを切ったり、トレーニングしたり、争いの後のリハビリをしたりするのによい時期として、二十六夜を挙げている。一方、闘争心への刺激を起こさせるのによい月齢は三日月である。(図95参照)

第4章 月齢と動物との関係

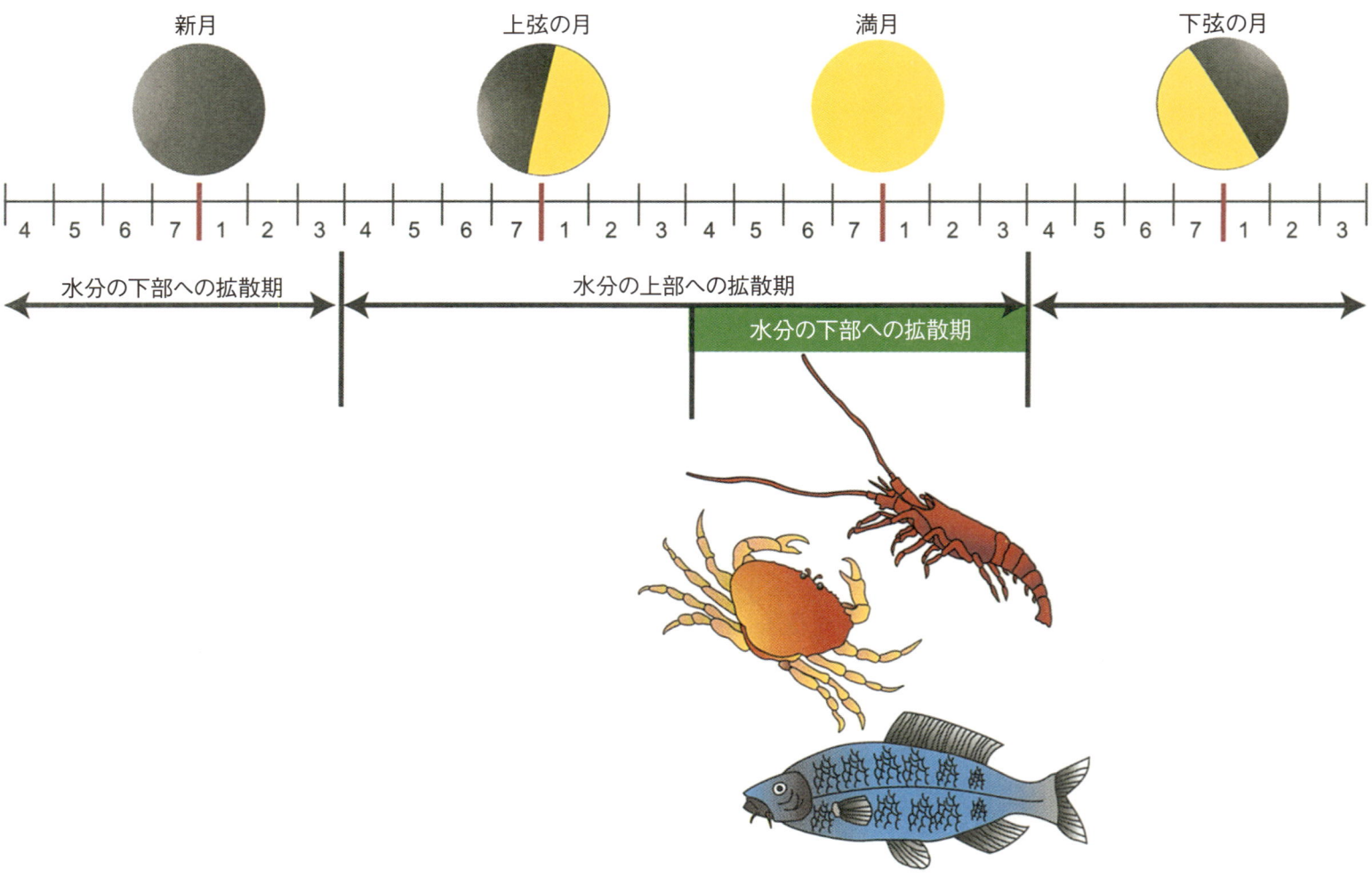

図89：魚介類とその性

| 新月 | 上弦の月 | 満月 | 下弦の月 |

4 5 6 7 1 2 3 4 5 6 7 1 2 3 4 5 6 7 1 2 3 4 5 6 7 1 2 3

水分の下部への拡散期　　　水分の上部への拡散期　　　　　　　　　　　　　水分の下部への拡散期

水分の下部への拡散期

当期間は品質、味覚、大きさ、繁殖など、
すべての面ですぐれている

ハイロ・レストゥレポ・リベラ　フキラ・カンディドゥ財団2003

図90：人類も含めた動物の生殖定義

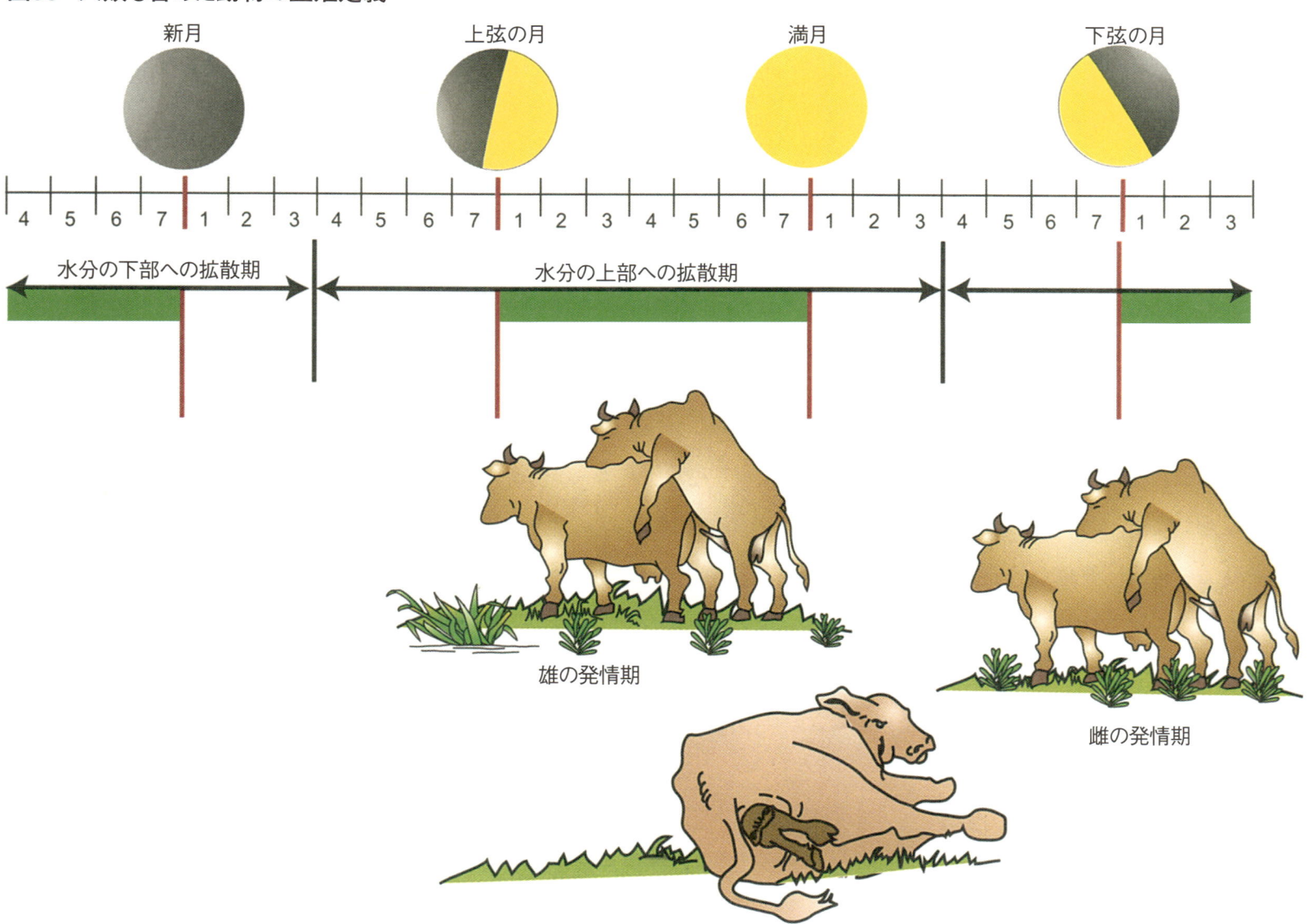

新月　　　上弦の月　　　満月　　　下弦の月

4 5 6 7 1 2 3 4 5 6 7 1 2 3 4 5 6 7 1 2 3 4 5 6 7 1 2 3

← 水分の下部への拡散期 → ← 水分の上部への拡散期 →

雄の発情期

雌の発情期

ハイロ・レストゥレポ・リベラ　フキラ・カンディドゥ財団2003

第4章　月齢と動物との関係

図91：家畜の解体

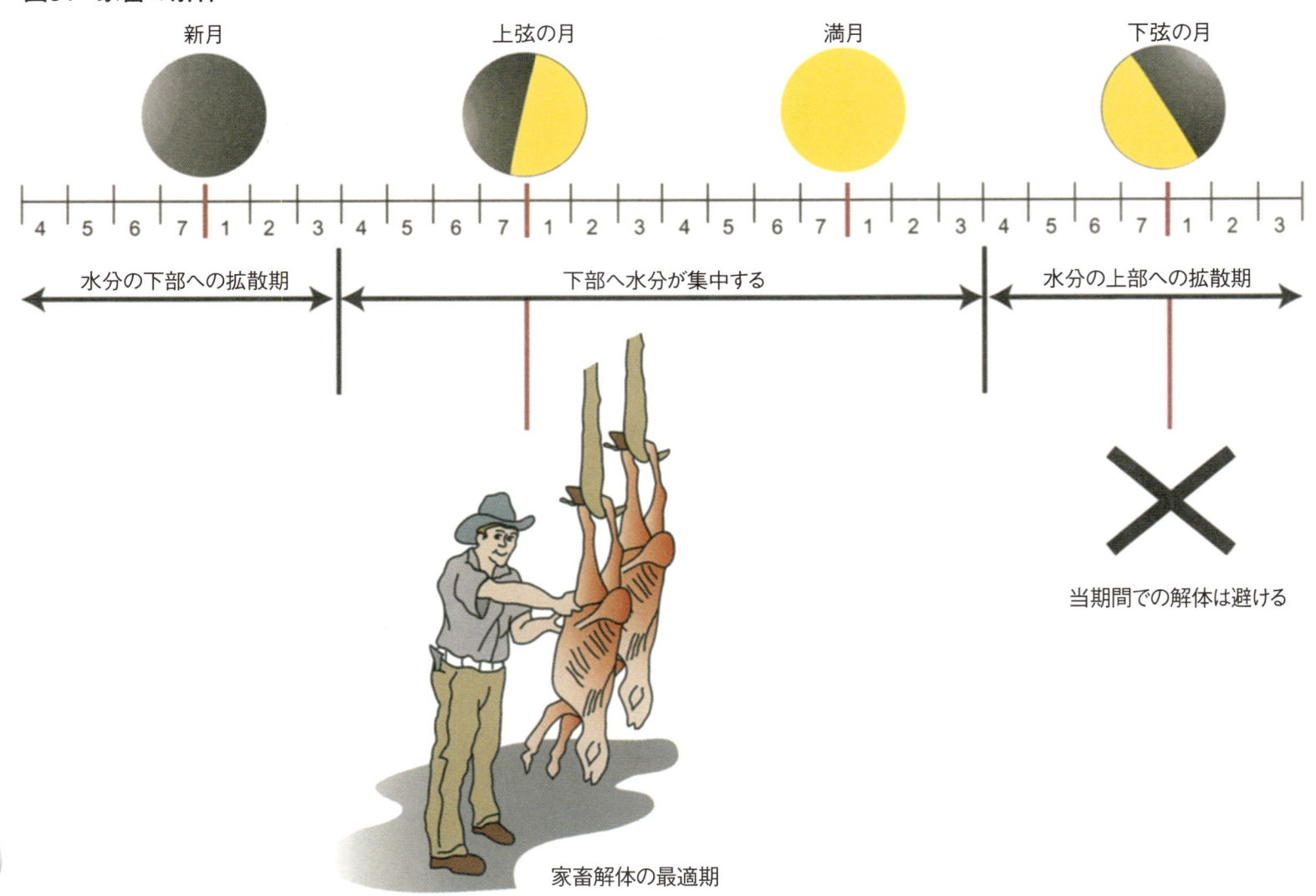

新月　　上弦の月　　満月　　下弦の月

4 5 6 7 1 2 3 4 5 6 7 1 2 3 4 5 6 7 1 2 3 4 5 6 7 1 2 3

水分の下部への拡散期　｜　下部へ水分が集中する　｜　水分の上部への拡散期

当期間での解体は避ける

家畜解体の最適期

ハイロ・レストゥレポ・リベラ　フキラ・カンディドゥ財団2003

図92：羊毛刈り

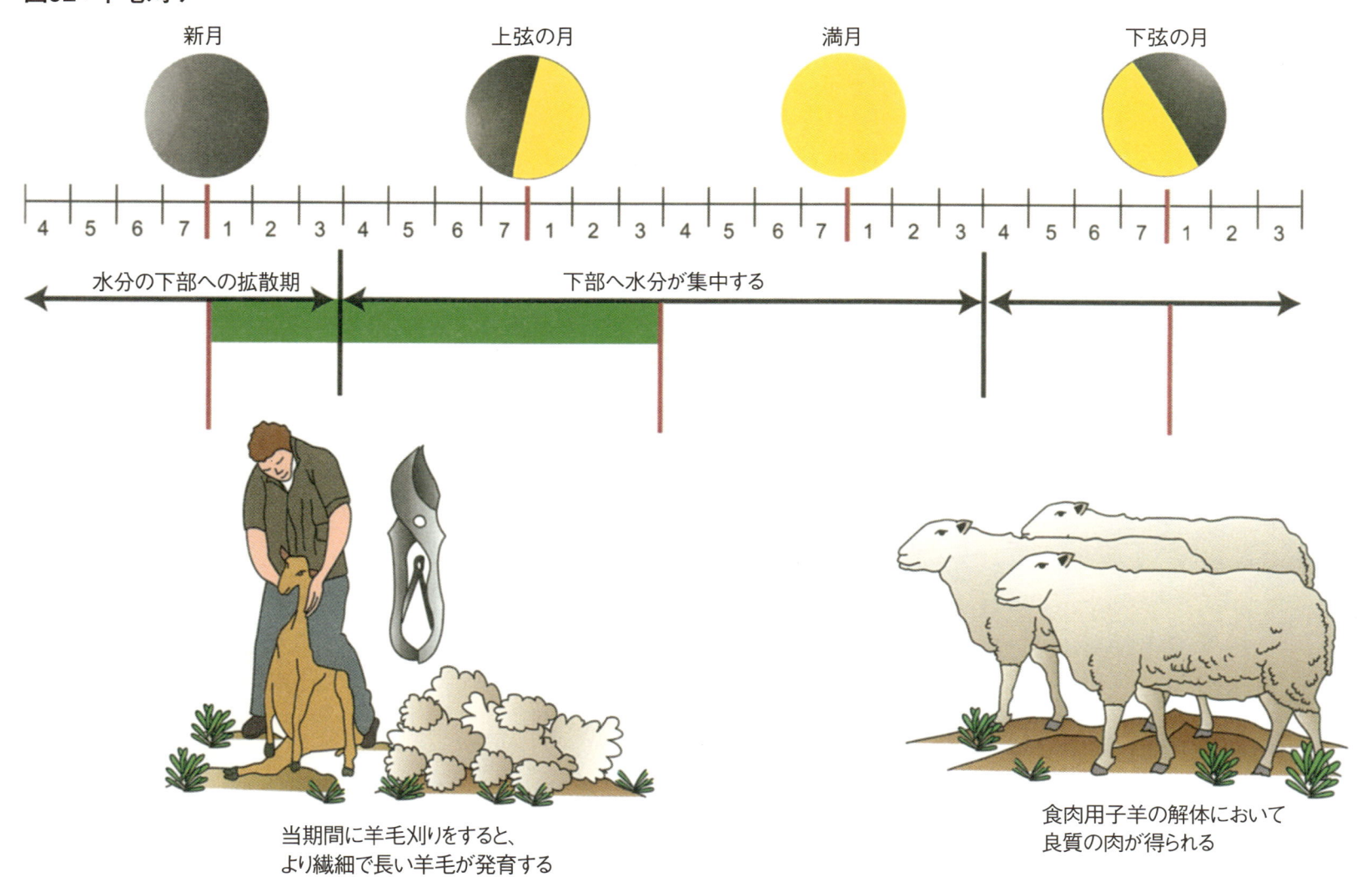

| 新月 | 上弦の月 | 満月 | 下弦の月 |

水分の下部への拡散期　　下部へ水分が集中する

当期間に羊毛刈りをすると、より繊細で長い羊毛が発育する

食肉用子羊の解体において良質の肉が得られる

ハイロ・レストゥレポ・リベラ　フキラ・カンディドゥ財団2003

図93：蹄鉄とひづめの管理

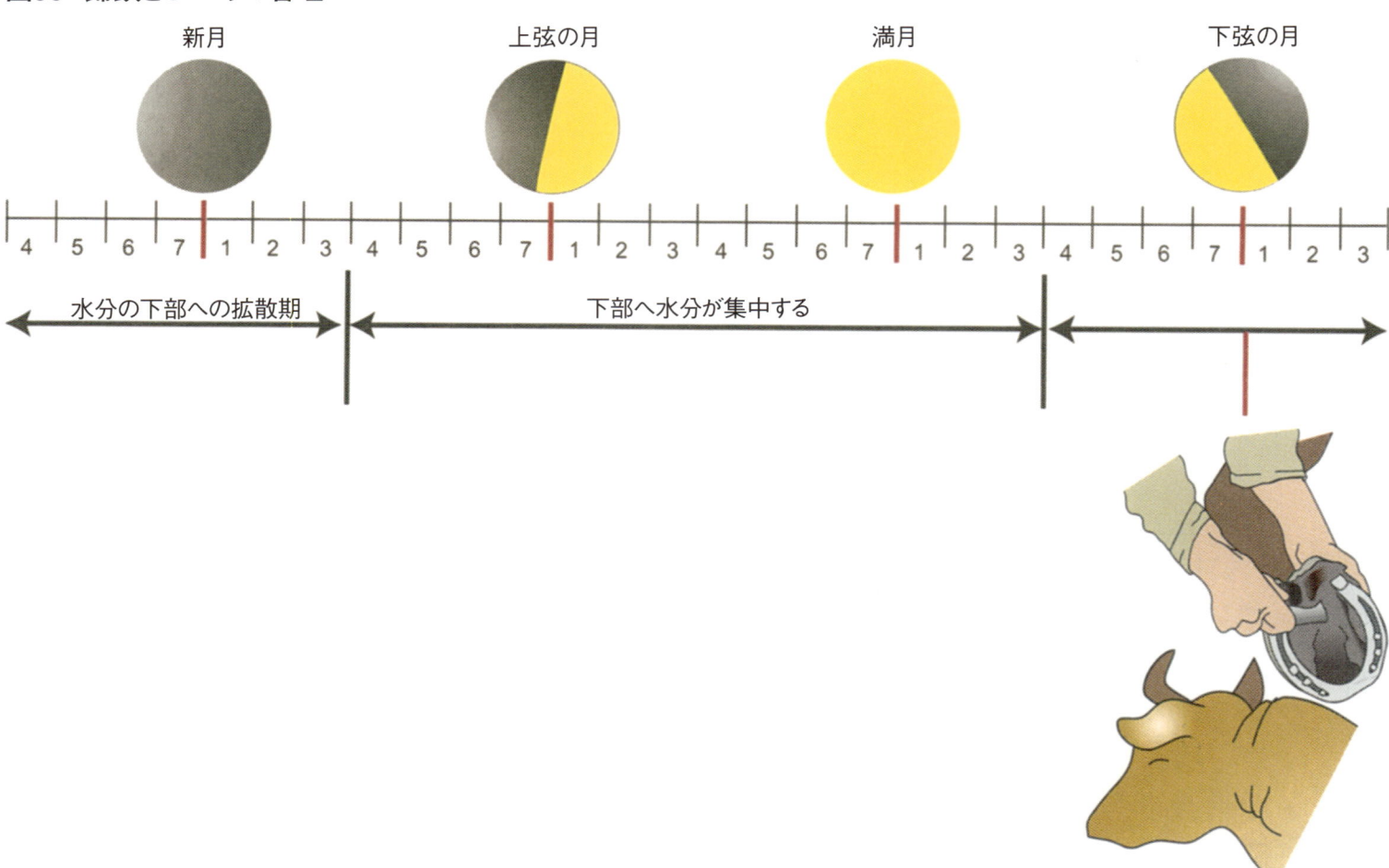

| 新月 | 上弦の月 | 満月 | 下弦の月 |

← 水分の下部への拡散期 → ← 下部へ水分が集中する → ← →

当期間での蹄鉄の取替えはより安全で強靭となる。
また、蹄の維持管理にもっとも適した時期といえる

ハイロ・レストゥレポ・リベラ　フキラ・カンデイドゥ財団2003

図94：家畜の去勢時期

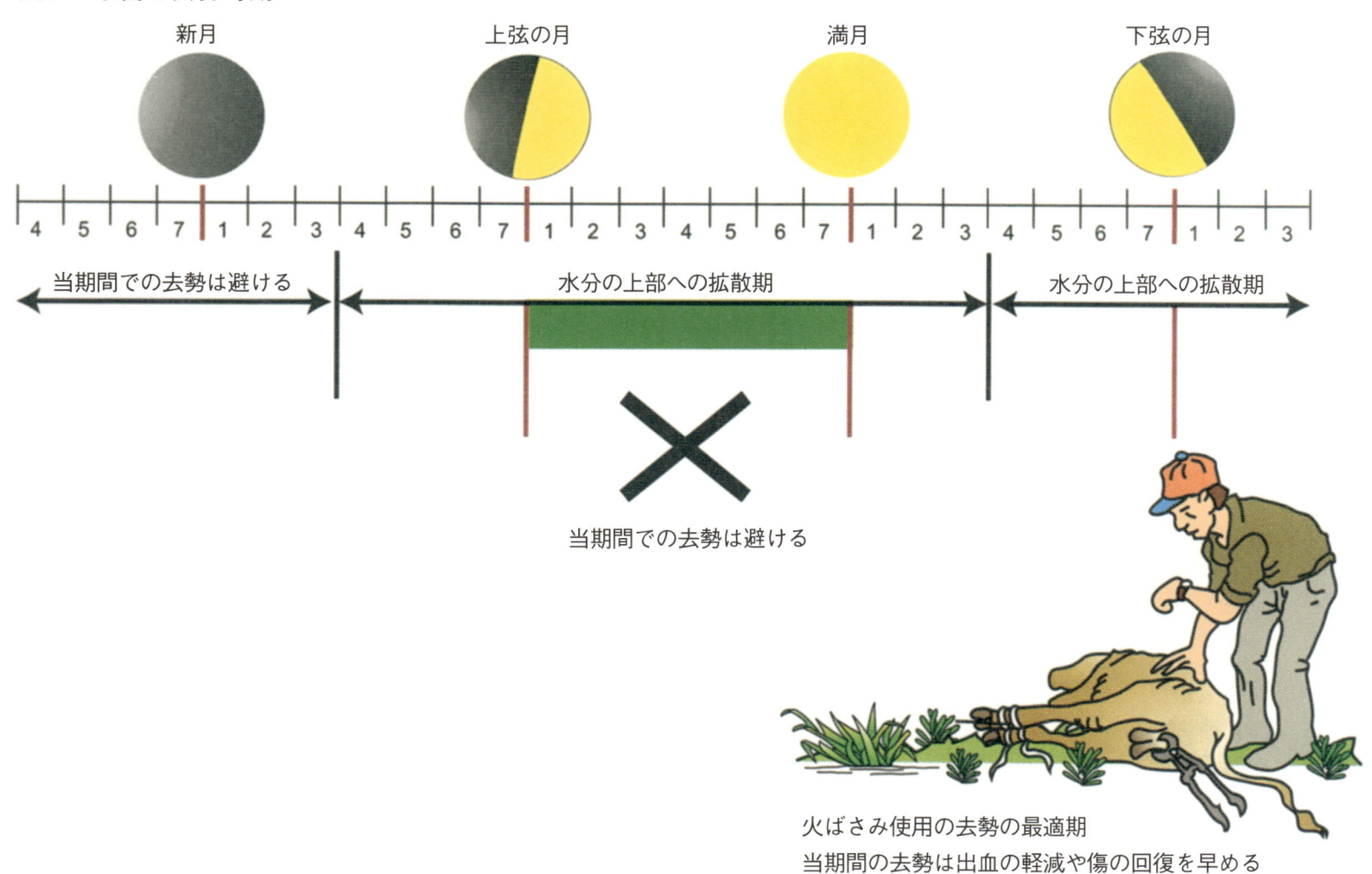

新月　　　　　上弦の月　　　　満月　　　　　下弦の月

| 4 5 6 7 | 1 2 3 4 5 6 7 | 1 2 3 4 5 6 7 | 1 2 3 4 5 6 7 | 1 2 3 |

←―― 当期間での去勢は避ける ――→　←―― 水分の上部への拡散期 ――→　←―― 水分の上部への拡散期 ――→

×

当期間での去勢は避ける

火ばさみ使用の去勢の最適期
当期間の去勢は出血の軽減や傷の回復を早める

ハイロ・レストゥレポ・リベラ　フキラ・カンディドゥ財団2003

第4章 月齢と動物との関係

図95：月齢と養鶏

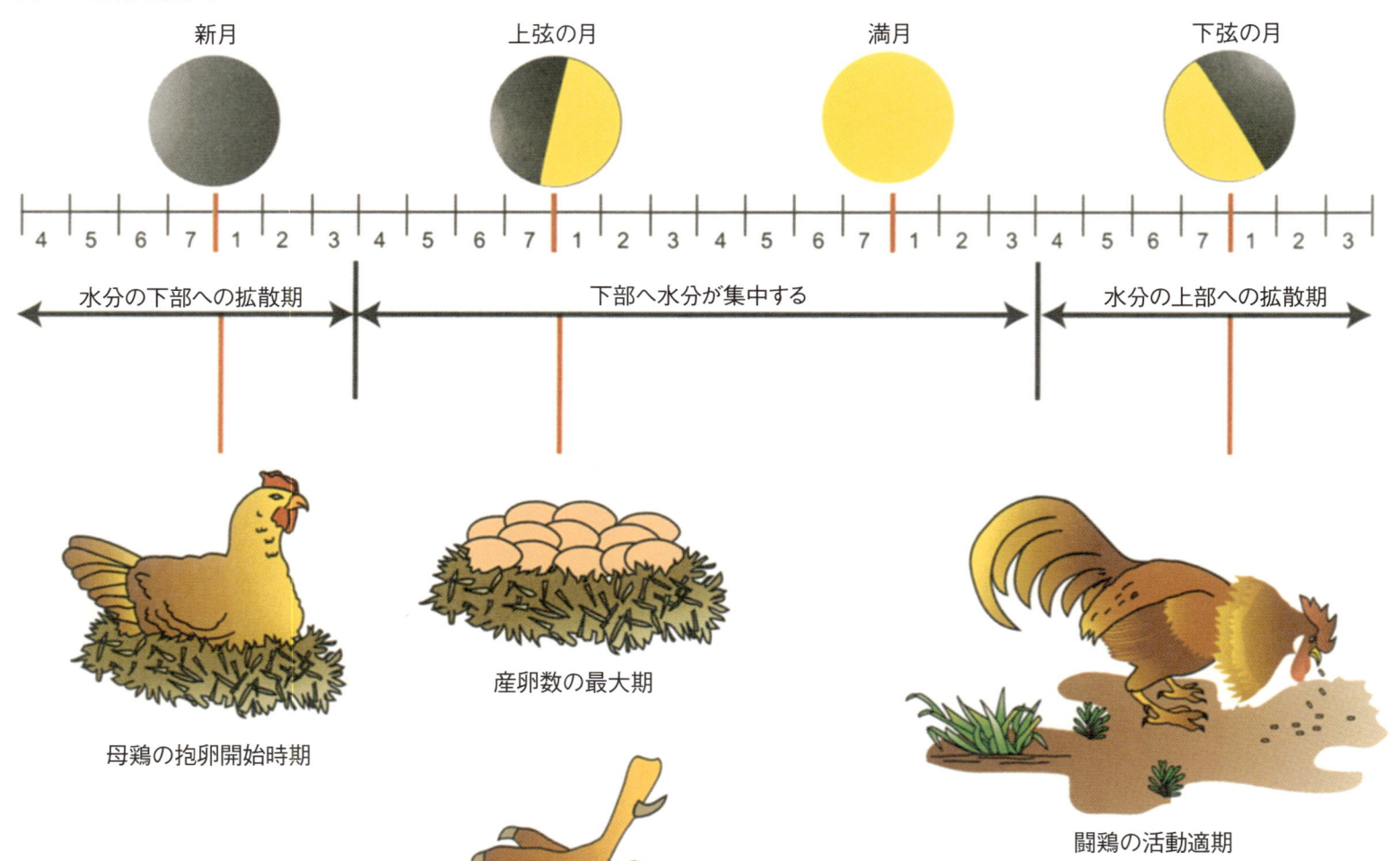

新月　　　　上弦の月　　　　満月　　　　下弦の月

水分の下部への拡散期　｜　下部へ水分が集中する　｜　水分の上部への拡散期

母鶏の抱卵開始時期

産卵数の最大期

雄鶏の爪がもっとも伸びる時期

闘鶏の活動適期

ハイロ・レストゥレポ・リベラ　フキラ・カンディドゥ財団2003

Quinta Parte

第5章　月齢が海に及ぼす影響

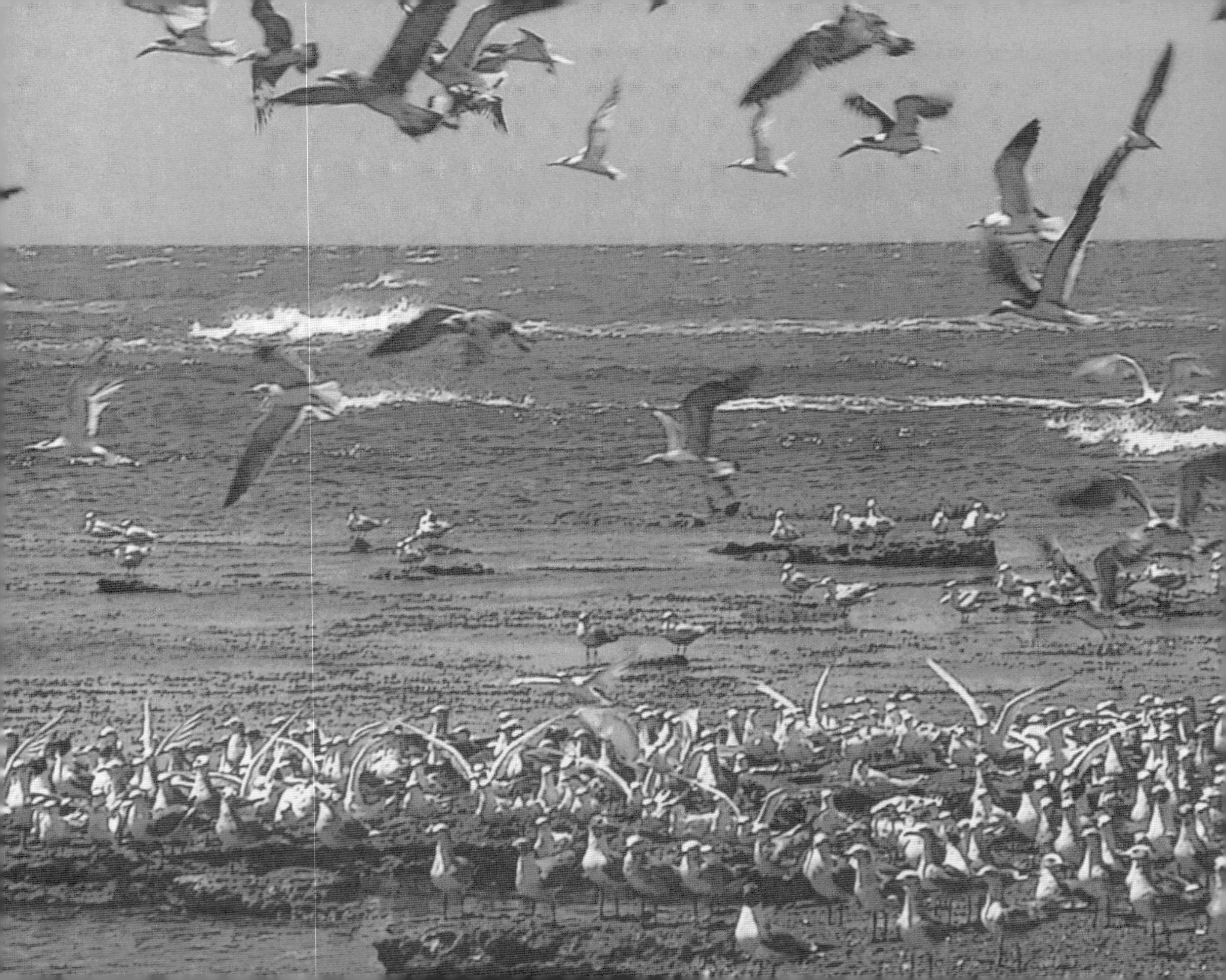

Uno de los fenómenos que más se destaca en la tierra, debido en gran parte a la influencia de la Luna, son las mareas, o sea el vínculo de las fases lunares con las dos subidas y bajadas del nivel del mar en un día

第5章　月齢が海に及ぼす影響

1. 潮の干満

　地球上で月の影響を大きく受ける現象の一つが、潮の満ち干である。つまり、1日のうちにくり広げられる海水面の上下、このことと月齢との関わりである。この現象は、月と太陽が地上に及ぼす引力による（海の干満は、主に月が地球上に及ぼす引力や気圧などの変化の結果である）。ニュートン（1642～1727）の引力の法則は、この現象を調整し理論づける説明として、物理学の歴史の上で不動のものとなった。

　地上の硬い物質部分である土や岩石は、月の引力の影響はほとんど受けない。これに対し海洋は、水であり流動的であるがゆえに、月の活動の影響をもっと受けやすい。それゆえ、岸からわれわれが見るように地球の動きにあわせて海も動いているのである。

　月がある位置にくると海水面は最大に高まり、別のある位置にくると、今度は最低の位置にまで下がる。この潮汐の変化は、規則的かつ継続的にくり返される。しかし、この潮の満ち干、干満差は、海の深さや海岸の傾斜、あるいは湾の形状などに影響されることを忘れてはならない。

　二つの満潮と干潮の間の時間差は12時間25分である。つまり、それぞれの満潮は、前の干潮から6時間12分経ったときに起こる。また、それぞれの月齢では、満月時と新月時に起こる最大の海面の変化と、三日月と二十六夜に起こる最少の海面の変化がある。前者を満潮が最大になる大潮、後者を干潮がきわまる小潮と呼んでいる。

潮の満ち干を二つに分類することができる：
* 　大潮：月の引力が、太陽の引力に重

なって水位がもっとも上がるとき。この現象は、満月時と新月時に見られ、1ヵ月のうち大体2回起こる。これは太陽と月が同時に作用する現象といえる。

❖ **小潮**：これは二つの星の力が対立するとき、つまり三日月と二十六夜に起こる。

地球に対し、月と太陽が同じ側にあって地球と直線状に並ぶとき、つまり会合（新月）で、引力の力が強まって大潮となる。もう一つの大潮は、地球が太陽と月に一直線上に挟まれ、太陽と月が対極になるとき、それは満月に重なるが、このときには地球を挟む両方の惑星が引力を最大に発揮する。

これらの大潮はまた、Sicigia（朔望）の大潮と呼ばれる。Sicigiaとは、ギリシア語で結合という意味である。これらが最盛を迎えるのは春分・秋分のときである。これは、太陽が赤道の側を通り、地球にもっとも接近するときである。これらは、春分・秋分の潮、生きた潮（Marea viva）、またはもっと一般的には満月と新月の満潮というふうに呼ばれている。**（図96参照）**

そうして、月と太陽が地球と一直線に並ばなくなると、潮は徐々に引いていく。太陽と月の活動はお互いに高められるのではなく、そのつど中和されていき、やがて地球との角度が90度になったところで無力となる。これらの潮は、死んだ潮、または二十六夜の潮と呼ばれている。

月と地球の距離によって近地点と遠地点が生じて、干満の変化が増幅される。近地点では、月と地球の距離が最短となり、潮の振幅が増す。逆に遠地点では、月と地球の距離が最長となり、潮の振幅が減少する。近地点の潮とSicigia（朔望）の潮が同時に起こったときに、潮の高さは最大15〜20mに達することもある。これは、カナダ南東の海岸線のファンディ湾で主に見られる。その反対に、遠地点と矩(注)の潮が同時に起こると、潮の引きが最高点に達する。こういった潮は年に1回あるのみである。

なお、興味深いのは、ギリシャやローマの哲学者や作家は、潮についてほとんど触れていないことである。これは、地中海では潮の満ち干がほとんどないという単純な理由からである。**（図97参照）**

§訳注　地球・月・太陽を結ぶ直線が90度になる状態。39ページ参照

2. 大気の潮

18世紀に世界で初めて、月と大気の潮または空気の波動との関係について、潮の満ち干と比較しながら記述された本がフランスで出版された。

この大気の潮は月が地球の側面を通過中が高く、大気圧ももっとも劣勢なことが計測されている。満ち潮が毎日2回あり、さらに大潮がひと月に2回起こることも明確になっている。

パウル・カッツェフ氏の本『月の不思議な力』によれば、月は毎夜24時間と50分ごとに現われ、さまざまな影響を及ぼしている。月の引力は気圧計を0.0254㎜上げる。しかしこの上昇率は地球上同一でなく、熱帯地域では中緯度地域（日本など）と比べて3倍も高くなる。科学者たちは月によって起こる風の速度や地表面の伸縮までも計測しており、それは1時間に約80m移動している。しかし、この速さが異常にはやいのか、あるいはせせらぎのごとくゆっくりしているのかはどちらとも言えないと、この存在を最初に解き明かしたカッツェフ氏は説明している。**（図98参照）**

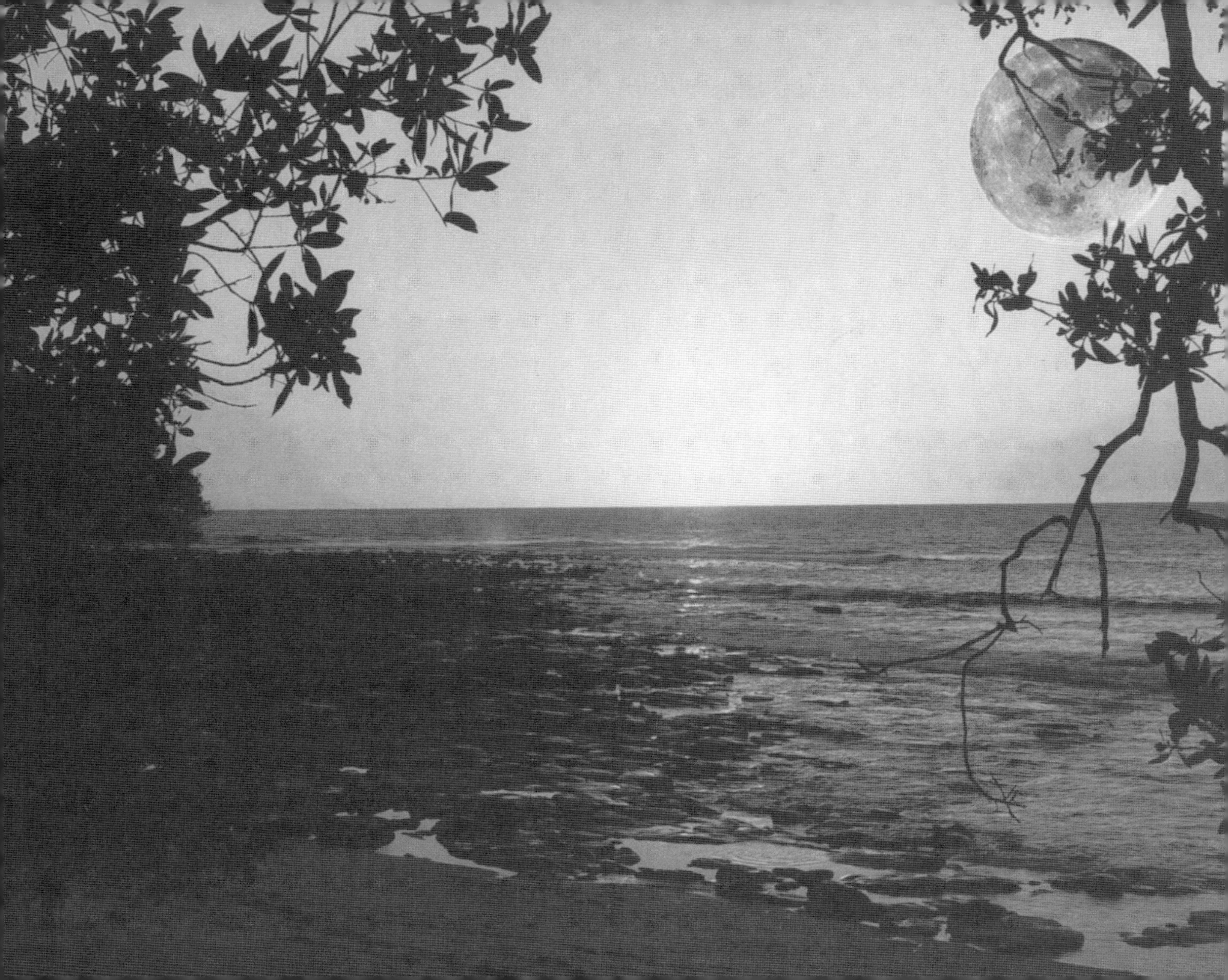

第5章　月齢が海に及ぼす影響

図96：月と海：大潮の起こり

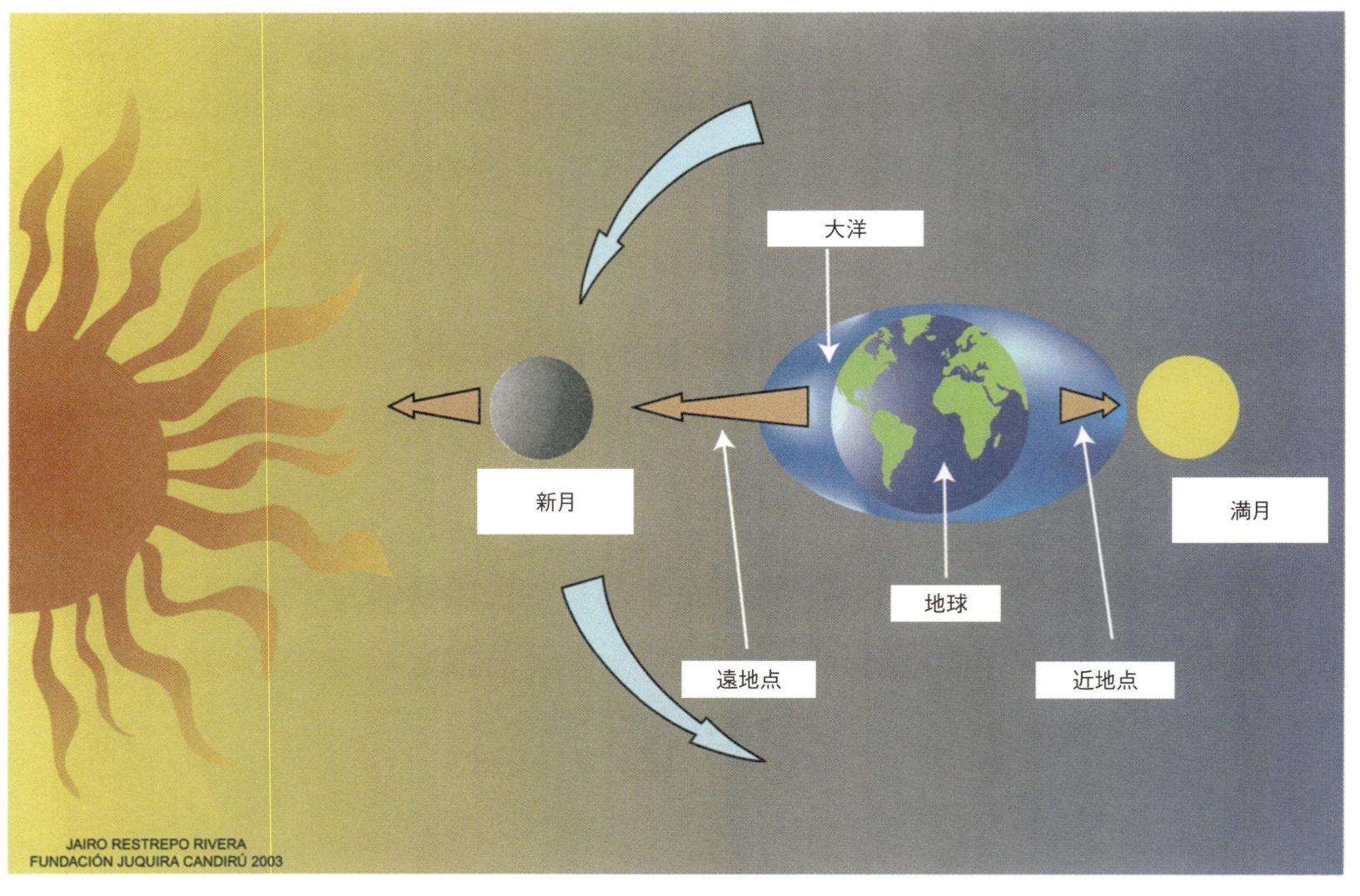

- 大洋
- 新月
- 遠地点
- 近地点
- 地球
- 満月

ハイロ・レストゥレポ・リベラ　フキラ・カンディドゥ財団2003

図97：月と海：小潮の起こり

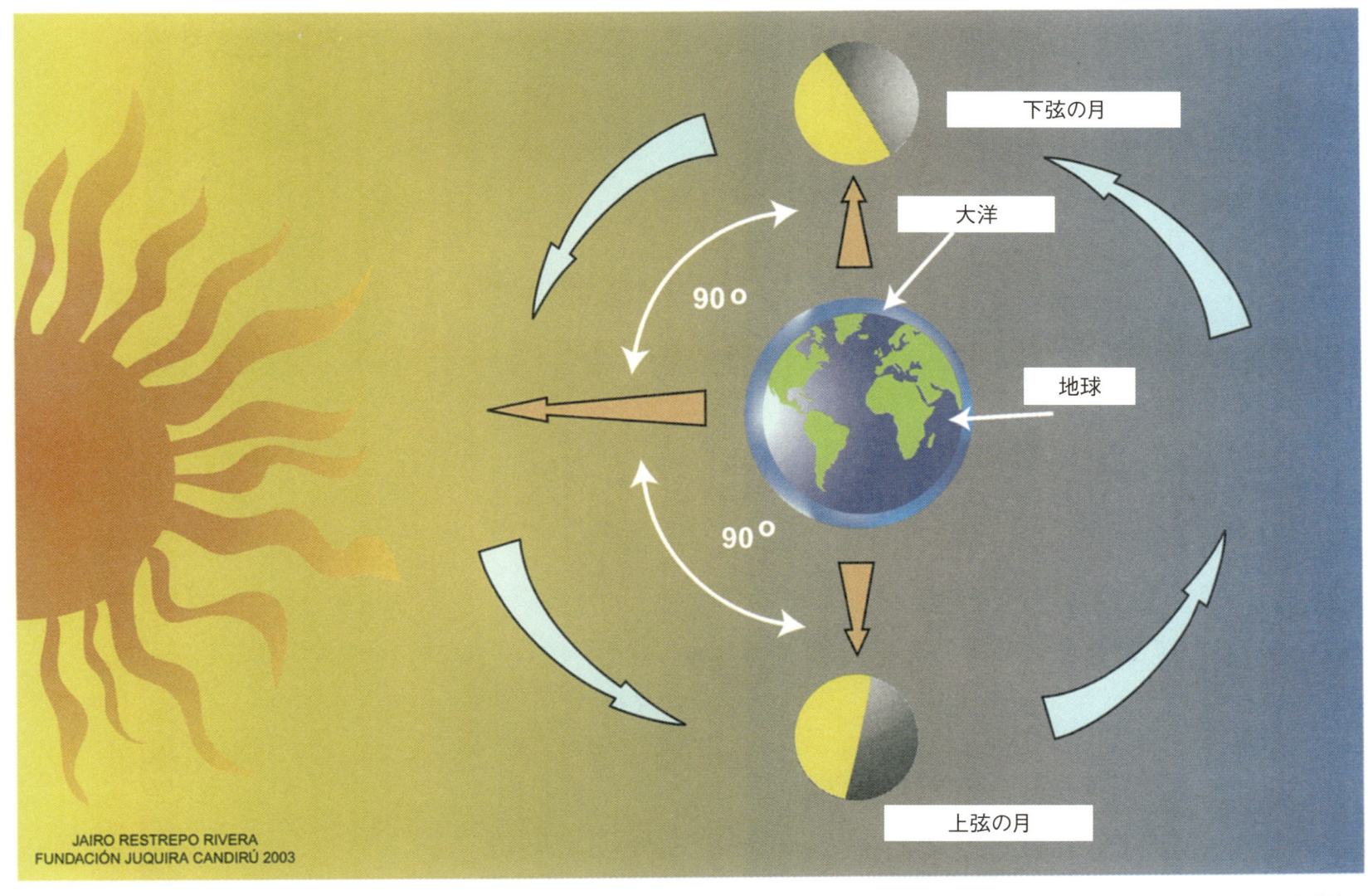

下弦の月

大洋

90°

地球

90°

上弦の月

JAIRO RESTREPO RIVERA
FUNDACIÓN JUQUIRA CANDIRÚ 2003

ハイロ・レストゥレポ・リベラ　フキラ・カンディドゥ財団2003

第5章　月齢が海に及ぼす影響

図98：大気の潮

ハイロ・レストゥレポ・リベラ　フキラ・カンディドゥ財団2003

Sexta Parte

第6章 星座と月齢の関係

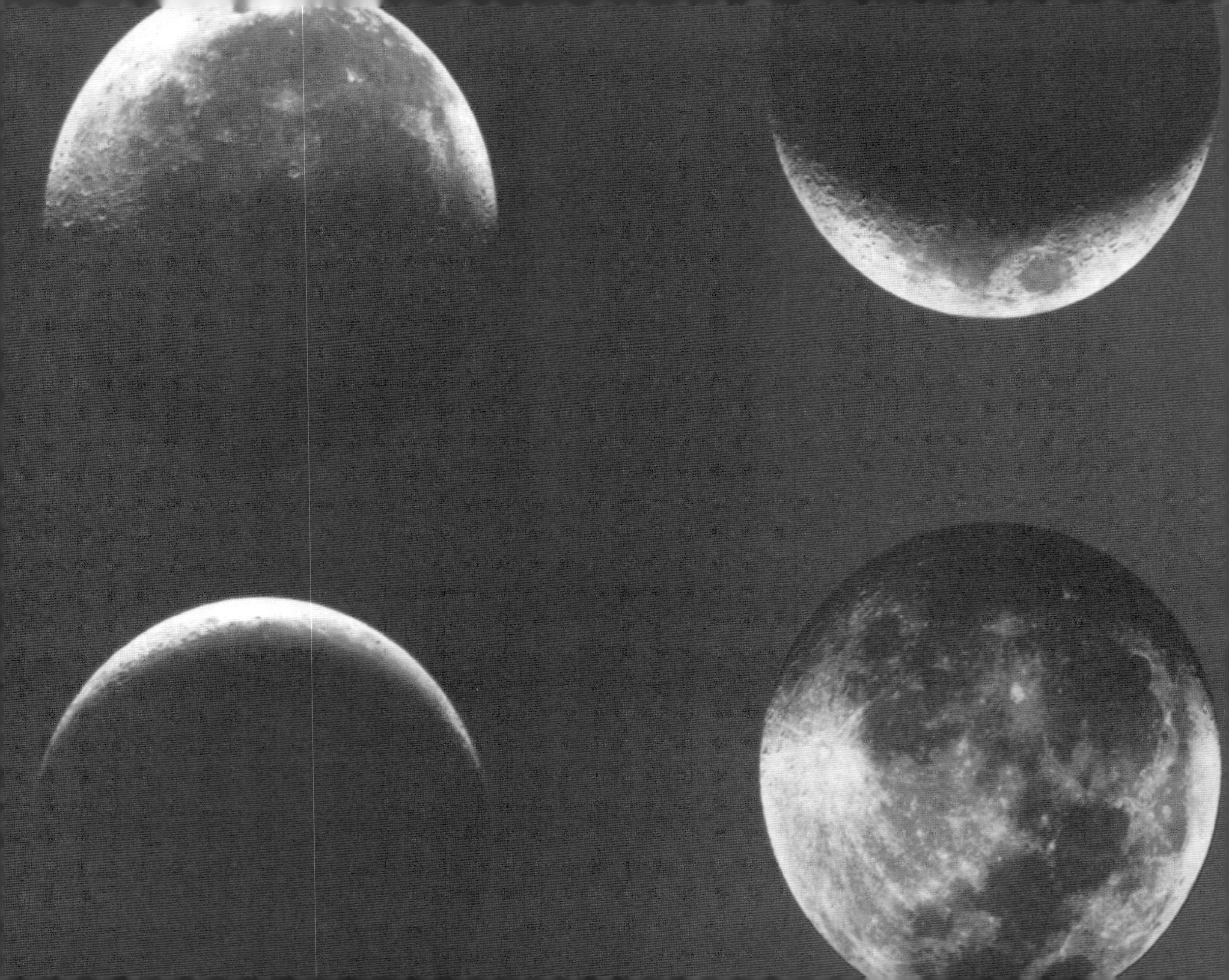

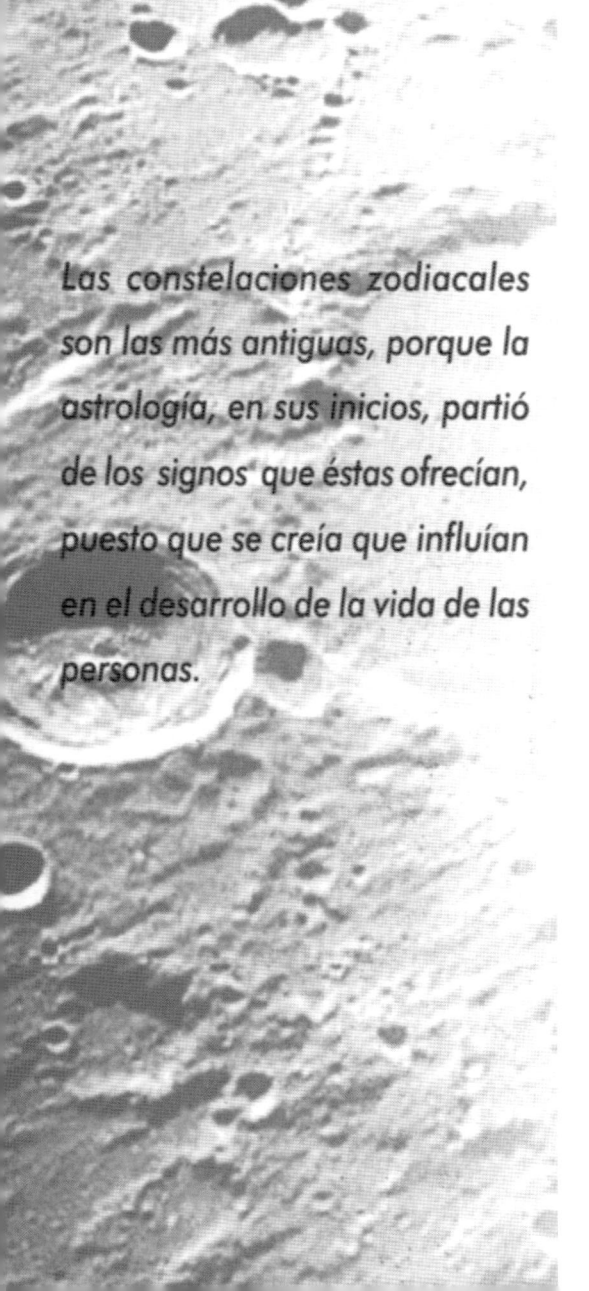

第6章　星座と月齢の関係

Las constelaciones zodiacales son las más antiguas, porque la astrología, en sus inicios, partió de los signos que éstas ofrecían, puesto que se creía que influían en el desarrollo de la vida de las personas.

　地球から夜空の星を眺めると、何かが描かれているように見える。われわれはこの形作られた星たちのことを星座と呼ぶ。地球から見た夜空には88の星座が連なり、それぞれは神話上の創造物の人格を代表するものとなっている。

　黄道星座に関しては非常に古くからの言い伝えがある。というのも占星術やその起こりなどが、人間の誕生自体からの発生に起因しているためである。

　黄道上の12の星座は一般によく知れている。

　黄道上には12の星座が連なっており（太陽のみかけの天空軌道にある）、月やその他の惑星の動きを強調するバックグランドのようなものとして存在している。太陽はこの12星座をすべて通過するのに約1ヵ月要する。この黄道上の星座は各自が符号をもち、太陽と向き合う日付けがある。そのおおよその日付けは次の通りである。

- 牡羊座　　4月19日
- 牡牛座　　5月14日
- 双子座　　6月21日
- 蟹座　　　7月21日
- 獅子座　　8月11日
- 乙女座　　9月17日
- 天秤座　　10月31日
- さそり座　11月23日
- 射手座　　12月22日
- 山羊座　　1月19日
- 水瓶座　　2月16日
- 魚座　　　3月12日

1. 黄道星座と植物の性

黄道を代表するそれぞれの星座と植物の性（雌雄）の決定とは関連性が高い。

すなわち、牡牛座、蟹座、乙女座、さそり座、山羊座、魚座の符号はメスを象徴し、牡羊座、双子座、獅子座、天秤座、射手座、水瓶座はオスを象徴する。

太陽は毎月これらの星座上に二日半位置し、月も同様にこれらの星座上に二日半とどまる。この二日半の月と星座との位置関係が、性を決定することに関係するとされている。このように月齢もまたこの性の決定に関して非常に大きな関わりをもっている。たとえば、魚座の位置で月齢が二十六夜から新月であれば性の発現はメスになる確率が優位である。**(表1参照)**

結局、われわれ人間の体や植物は空気・水・火・土の4個の要素からなり、黄道星座と親密な関係がある。**(表1、2参照)**

2. 黄道星座と栽培

天文学では大胆にも、月齢と黄道星座の位置が作物や家畜に相乗的あるいは直接的に影響を及ぼすことを断言している。とはいえ、はるか天空にある月や星座がわれわれの生活に本当に影響を及ぼしているかということについては、まだ明確に答えられない。ただ、作物や家畜に対して一つの決断をなす場合、月齢や星座での一定の判断に基づいた活動指標を得ている。

たとえば、良品質で大きなトマトを収穫しようとしたら、黄道星座の果実部の項にある牡羊座、獅子座や射手座で三日月の月齢を選ぶ。ピーマン、オクラ、キュウリなどでも同様に選択する。

また、葉菜のチシャ、コリアンダー、ホウレンソウ、西洋ネギ、セロリ、キャベツなどは葉が傷つくのを防ぐ意味で、黄道星座の葉部にある蟹座やさそり座、魚座で、月齢では二十六夜を選ぶ。

表1：黄道星座の位置と月齢との関係

星　　座	三日月	二十六夜
牡　羊　座	10月から4月	4月から10月
牡　牛　座	11月から5月	5月から11月
双　子　座	12月から6月	6月から12月
蟹　　　座	1月から7月	7月から1月
獅　子　座	2月から8月	8月から2月
乙　女　座	3月から9月	9月から3月
天　秤　座	4月から10月	10月から4月
さ　そ　り　座	5月から11月	11月から5月
射　手　座	6月から12月	12月から6月
山　羊　座	7月から1月	1月から7月
水　瓶　座	8月から2月	2月から8月
魚　　　座	9月から3月	3月から9月

根菜のダイコン、ニンジン、ビート、タマネギ、ハツカダイコンなどでは黄道星座の根の部の牡牛座、乙女座、山羊座の位置で、月齢では新月が関係する。

さらに、ジャガイモのような塊茎類の収穫は、満月から3日後、いわゆる下弦の月に行なう。

花卉やほとんどの薬用植物の栽培では黄道星座の花部の双子座、天秤座や水瓶座の位置が適しており、月齢では新月から三日月の期間にあたる。

3. 黄道星座と月齢が薬用植物に及ぼす影響

薬用植物を黄道星座と月齢を生かして収穫した場合、それで処置した患部の回復力や滋養強壮力の向上に非常に効果が高まる。（表3参照）

4. 月齢および星座と人間の健康との不可思議な関係

数千年の昔、人類は宇宙現象に興味をもち、長い年月をかけて太陽の1年の移り変わり、月のひと月の移り変わりを知り、また多くの星の集まりや黄道星座（黄道十二宮）の特定の星座と身体との関係を結びつけてきた。

黄道星座や特定の星座は太陽と月と一定の位置を保ちながら軌道を描いている。このことが人の好奇心を刺激し、人の生命力との関わりについて立証しようとさせてきた。その限りでは農業に対する月の影響は小さなもので、これは最終目的へ（つまり人の生命へ至る）通過点にすぎない。

これらいくつかの基本的な事象を書き残すたびに私は興奮し、あるテーマには情熱を呼びおこされ、興味をふくらませた。そして中南米の小農家の多くの考えが非常にシンプルで一般であり、今日の各国の政府が推奨する近代農業の考え方と異なるこ

表2：黄道星座

黄道	性	要素	器官
天秤座	オス	空気	花
双子座			
水瓶座			
蟹座	メス	水	葉
魚座			
さそり座			
牡羊座	オス	火	果実
獅子座			
射手座			
牡牛座	メス	土	根
山羊座			
乙女座			

表3：黄道星座と月齢の薬用植物との関連表

黄道星座	採集対象の薬草
牡羊座	頭痛、眼の痛み
牡牛座	喉の痛み、耳鳴り
双子座	肩の張り、呼吸（肺）関係
蟹座	気管支、胃腸気管、胆のう
獅子座	心臓の痛み、血液循環
乙女座	消化器系統とすい臓の連鎖的痛み、神経系統の痛み
天秤座	腰の痛み、尿道及び膀胱の痛み
さそり座	睾丸や生殖系統の痛み
この1日はすべての薬草採取適日	
射手座	血管の痛み
山羊座	関節痛、皮膚炎
水瓶座	血管の痛み
魚座	足の痛み

とを知り、この課題に関しての発表をすることにした。

基礎知識：

月は、太陽がいる同じ黄道星座（十二宮星座）に、ほぼ2日半ずつ滞在する。地球からだとこれは、月ごとに異なる十二宮の星座を移動するように見える。この現象の予測は計算が可能で、われわれの健康状態に関する黄道星座や月齢の関係を判断する基本となる。

太古の昔、多くの知識と知恵、伝承により長老たちは、ある黄道星座中の月の位置と病気の進行状態との関係を知っていた。

紀元前のギリシャの医学者ヒポクラテスは次のように述べている——「星の動きの重要性を考慮することなく医療を行なうのは愚かである」。またこうも言っている。「月がそのとき滞在している星座が支配する体の部分に対して、どのような手術も行なってはならない」。

次に、われわれの蔵書で注目すべき『月の影響』J.Paungger、T.Poppe著という本から、次の一部を引いておこう（この本はスペイン・バルセロナのMartinez Roca, S.A. 社から1993年に発行された）。

「黄道星座と月、人体の器官は関連しており、それらはわれわれにとって非常に有意義である。黄道星座における月の位置は、人間の器官に対して特定の影響を与える。つねに肉体の各部分は黄道星座の特定の動きによって支配されている」（表4参照）

長期間の医療活動の結果、以下のような原則を発見した：

月が横切っている黄道星座によって支配される体の部位へのすべての治療は、外

科的処置を例外にして、他の日によりよい効果が見られる。

月が横切っている黄道星座によって支配される体の部位に与える影響は他の日よりも負担やよくない影響を与える。

月が横切っている黄道星座に支配される臓器や身体の部位への外科的な処置は、可能な場合であれば延期しなければならない。明らかに緊急性を要する場合は別である。

満月に向かうときに黄道星座を横切るとき、支配する器官へのよい影響を与えるのですべての処置は、新月に向かうときよりもよい影響を与える。

新月に向かうときはその反対に、問題のある器官の有害物質を除去するための処置が満月に向かうときよりも成功する。

5. 植物生育や人の健康状態に月が及ぼす促進力、減退力

それは、黄道星座と月の交わり方に関連した考え方である。

太陽が横切るすべての黄道星座は、射手座から双子座へは力の上昇を意味し、拡大、発展、開花などが見られる。その反対に下降に向かうとき（双子座から射手座）は、十二星座の影響が完成された状態時で、成熟、収穫、衰退、安静などの力をもっている。

すべての黄道星座は月齢と関わって農業や動物の生死、医療行為に影響を及ぼす。月が黄道星座を横切るとき、それが満ちてくるのか欠けてゆくのかは、日々注意をしなければならない。

月が満ちてくるときは収穫の時期を意味し、月が欠けてゆくときは植え付けの時期を意味する。たとえば、月が満ちてくるとき（射手座から双子座）には植物の樹液

表4：黄道星座における人間の器官に対して特定の影響

星座	影響を及ぼす体の器官	組織系統
牡羊座	顔、脳、目	感受性系統
牡牛座	喉頭、うなじ、口、扁桃腺、耳鼻、歯	血液の循環系統
双子座	肩、腕、手、肺	内分泌線系統
蟹座	胸、肺、胃、肝臓、胆のう	神経系統
獅子座	心臓、背中、動脈、隔膜、血液循環	感受性系統
乙女座	胃腸、神経、脾臓、すい臓	血液の循環系統
天秤座	腰、腎臓、膀胱	内分泌線系統
さそり座	生殖器、尿道	神経系統
山羊座	膝関節、骨、関節、皮膚	血液の循環系統
水瓶座	すね、血管	内分泌線系統
魚座	足、足の指	神経系統

は上昇し、とくに果実をつける樹木、野菜類は生長する。したがって植物の地上部の発育にはよい影響を与える。

月が欠けてゆくとき（双子座から射手座）には、樹液は集まって下がり、根の形成と強化を助ける。**(表5参照)**

表6、7、8を利用して、われわれは農作業や牧畜作業をする日、求める結果を支配している黄道星座（十二宮星座）において月が正確にどの位置にいるかがわかる。さらに、月の力を示す表を用いて、そのときの月が上昇状態か、下降状態か、どちらの領域にあるのかを知ることができる。**(表6、7、8参照)**

三つの表の利用方法

まず表6から、われわれが農業活動を行ないたい日の月初めの十二宮星座の位置を見つける（この星座は表8でも使うので覚えておく）。

次に表7から、目的の農業活動を予定している日の横にある0～12までの数字を確認し、最後に表8（十二宮星座）を使って、あなたが農牧畜作業を行ないたい日の星座を見つけ出す。さらに、あなたがそれらの作業を行なう日の目的がわかっているのなら、月齢表を参照することを忘れないようにする。

6. 黄道表の便利な利用法

たとえば、2002年10月21日の満月の月の力を支配する星座の位置を見つける方法について説明すると——

表6で、2002年10月の月の位置は獅子座にある。

表7で、21日を探す。そうすると9という数字が導き出される。

表8で、獅子座を最初の場所として、星座表で見つけた9を加えて星座を進める。その結果、その日に影響を与える星座の牡牛座に到る。最後に月齢表（表5）を参照すると、月が低く上昇の相であることがわかる。

当期間は接ぎ木、薪をとる木材の伐採、整枝せん定、接ぎ木用穂木の採取、羊のせん毛などの（作業が）理想的な時期といえる。

農業への影響と同様、十二宮のすべての星座は、医療的にも家畜の体の各部位へ影響を与えると言われる。たとえば、牡羊座と牡牛座の影響は月が満ちていく状態で決定される。この二つの十二宮星座は、体の上部、うなじと両肩などに影響し、十二宮最後の4つの星座である射手座（変わり目）、山羊座、水瓶座と魚座も同じく上昇であり、四肢を支配し、太腿、膝、下肢、足に影響を与える。これらはまた体の外部にも影響を与え、月が満ちてくる状態で両肩、わき腹、両膝に関与する。

十二宮星座の真ん中の六つの星座（双子座から射手座）は体の内側を支配し、主に内臓に影響を与える：胸、肺、肝臓の腰などである。**(表9参照)**

表5　月齢の効力

月が満ちてくる時期 🌙	月が欠けてゆく時期 🌙
射手座	双子座
山羊座	蟹座
水瓶座	獅子座
魚座	乙女座
牡羊座	天秤座
牡牛座	さそり座
（双子座）	（射手座）

注：星座は連続的にくり返す。12番目の後に1番目がくることを覚えておく。

表6：2000年から2056年までの月初めの十二宮星座の位置

西暦			1月	2月	3月	4月	5月	6月	7月	8月	9月	10月	11月	12月
2000	2019	2038	さそり	射手	山羊	水瓶	牡羊	牡牛	双子	獅子	天秤	さそり	射手	山羊
2001	2020	2039	魚	牡牛	牡牛	蟹	獅子	天秤	さそり	射手	水瓶	魚	牡牛	双子
2002	2021	2040	獅子	乙女	天秤	さそり	射手	水瓶	魚	牡牛	蟹	獅子	乙女	天秤
2003	2022	2041	射手	山羊	水瓶	魚	牡牛	双子	獅子	乙女	さそり	射手	水瓶	魚
2004	2023	2042	牡牛	双子	双子	獅子	乙女	さそり	射手	水瓶	魚	山羊	双子	蟹
2005	2024	2043	乙女	さそり	さそり	山羊	水瓶	魚	牡牛	双子	獅子	乙女	天秤	射手
2006	2025	2044	山羊	魚	魚	牡牛	双子	獅子	乙女	さそり	射手	山羊	魚	牡羊
2007	2026	2045	牡牛	蟹	蟹	乙女	天秤	射手	山羊	魚	牡羊	双子	蟹	獅子
2008	2027	2046	天秤	射手	射手	水瓶	魚	牡牛	双子	蟹	乙女	天秤	射手	山羊
2009	2028	2047	魚	牡羊	牡牛	双子	蟹	乙女	天秤	射手	山羊	水瓶	牡羊	牡牛
2010	2029	2048	蟹	乙女	乙女	天秤	射手	山羊	魚	牡羊	双子	蟹	乙女	天秤
2011	2030	2049	さそり	山羊	山羊	魚	牡羊	双子	蟹	乙女	さそり	射手	山羊	水瓶
2012	2031	2050	牡羊	牡牛	双子	獅子	乙女	天秤	さそり	山羊	魚	牡羊	牡牛	蟹
2013	2032	2051	獅子	天秤	天秤	射手	山羊	魚	牡羊	牡牛	蟹	獅子	天秤	さそり
2014	2033	2052	山羊	水瓶	魚	牡羊	牡牛	蟹	獅子	天秤	さそり	山羊	水瓶	牡羊
2015	2034	2053	牡牛	蟹	蟹	乙女	天秤	射手	山羊	水瓶	牡羊	牡牛	蟹	獅子
2016	2035	2054	天秤	さそり	射手	山羊	水瓶	牡羊	牡牛	双子	獅子	乙女	さそり	射手
2017	2036	2055	水瓶	牡羊	牡羊	双子	蟹	獅子	乙女	さそり	山羊	水瓶	牡羊	牡牛
2018	2037	2056	双子	獅子	獅子	天秤	さそり	山羊	水瓶	牡羊	牡牛	双子	獅子	乙女

第6章 星座と月齢の関係

表7：毎月の日時における十二宮星座を加算し、その日の行動計画の決定

日	加算数（十二宮）	日	加算数（十二宮）
1	0	16	7
2	1	17	7
3	1	18	8
4	1	19	8
5	2	20	9
6	2	21	9
7	3	22	10
8	3	23	10
9	4	24	10
10	4	25	11
11	5	26	11
12	5	27	12
13	5	28	12
14	6	29	1
15	6	30	1
		31	2

表8：黄道十二宮星座

1 牡羊座		7 天秤座	
2 牡牛座		8 さそり座	
3 双子座		9 射手座	
4 蟹座		10 山羊座	
5 獅子座		11 水瓶座	
6 乙女座		12 魚座	

表9：黄道星座（十二宮星座）表

黄道星座	十二宮符号	影響を及ぼす体の器官	組織系統	植物部位	要素	月の状態
牡羊座		顔、脳、目、鼻	感受性系統	果実	火	
牡牛座		咽喉、のど、耳、首	血液循環	根	土	
双子座		肩、腕、手、肺	内分泌線	花	空気	
蟹座		胸、肺、胃、肝臓	神経系統	葉	水	
獅子座		心臓、背中、大隔膜	感覚系統	果実	火	
乙女座		胃腸、すい臓、消化器	血液循環	根	土	
天秤座		腰、膀胱、利尿器	内分泌線	花	空気	
さそり座		生殖器、尿道	神経系統	葉	水	
射手座		もも、血管	感覚系統	果実	火	
山羊座		関節、ひざ、骨、足	血液循環	根	土	
水瓶座		すね、足、血管	内分泌線	花	空気	
魚座		足、足首	神経系統	葉	水	

日本語版監修：福岡正行

1954年京都府生まれ。1992年、青年海外協力隊としてボリビア共和国で農産加工の指導を行なう。2007年からふたたびシニアボランティアとしてニカラグアに赴任。

同　：小寺義郎

1948年岡山県生まれ。青年海外協力隊や米州機構CATIE客員研究員、JICA専門家、シニア海外ボランティアとしてバングラデシュ、ケニア、ボリビア、パラグアイなど各国で、主に果樹栽培の指導に従事。現在、㈲アールディーアイ技術部主任研究員

訳者：近藤恵美

スペイン語の通訳、翻訳を手がけるかたわら、国際協力機構のボランティア調整員としてパラグアイ、ニカラグア、ベネズエラなどで活動。

月と農業
中南米農民の有機農法と暮らしの技術

2008年3月31日　第1刷発行
2024年6月30日　第10刷発行

著者：ハイロ・レストレポ・リベラ

日本語版監修：福岡　正行
　　　　　　　小寺　義郎

訳：近藤　恵美

発行所　一般社団法人 農山漁村文化協会
郵便番号　335-0022　埼玉県戸田市上戸田2-2-2
電話 048(233)9351(営業)　048(233)9355(編集)
FAX 048(299)2812　振替 00120-3-144478
URL　https://www.ruralnet.or.jp/

DTP／ニシ工芸㈱
印刷・製本／TOPPAN㈱

ISBN978-4-540-07296-3
〈検印廃止〉
©Jairo Restrepo Rivera, M. Fukuoka, Y. Kodera, E. Kondou 2008
Printed in Japan
定価はカバーに表示
乱丁・落丁本はお取り替えいたします。